高等医学院校基础医学实验教学改革系列教材

生物学实验教程

主　编　罗桐秀
副主编　刘　佳　黄秋霞　衡建福
编　者（以姓名汉语拼音为序）
　　　　陈珂珂　龚　琳　贺气志　衡建福　黄秋霞
　　　　刘　佳　刘华友　刘一舟　罗　琼　罗桐秀
　　　　罗映红　唐　亮　曾　琛　曾　杰　张敬敬
　　　　赵　娟　郑建军　周　鹏
秘　书　衡建福

北京大学医学出版社

SHENGWUXUE SHIYAN JIAOCHENG

图书在版编目（CIP）数据

生物学实验教程/罗桐秀主编．—北京：北京大学医学出版社，2014.8
高等医学院校基础医学实验教学系列教材
ISBN 978-7-5659-0903-0

Ⅰ．①生… Ⅱ．①罗… Ⅲ．①生物学—实验—高等学校—教材 Ⅳ．①Q-33

中国版本图书馆CIP数据核字（2014）第161210号

生物学实验教程

主　　编：罗桐秀
出版发行：北京大学医学出版社
地　　址：（100191）北京市海淀区学院路38号 北京大学医学部院内
电　　话：发行部 010-82802230；图书邮购 010-82802495
网　　址：http://www.pumpress.com.cn
E - mail：booksale@bjmu.edu.cn
印　　刷：北京画中画印刷有限公司
经　　销：新华书店
责任编辑：张彩虹　　**责任校对**：张雨　　**责任印制**：张京生
开　　本：787mm×1092 mm　1/16　印张：19.25　字数：487千字
版　　次：2014年8月第1版　2014年8月第1次印刷
书　　号：ISBN 978-7-5659-0903-0
定　　价：39.00元

版权所有，违者必究

（凡属质量问题请与本社发行部联系退换）

高等医学院校基础医学实验教学改革系列教材编审委员会

主　任　何彬生

副主任　卢捷湘　何建军　罗怀青　周启良

委　员（以姓名汉语拼音为序）

　　　　　何彬生　何建军　何月光　黄春霞　刘　佳
　　　　　刘万胜　卢捷湘　罗怀青　罗桐秀　秦晓群
　　　　　孙继虎　吴长初　谢应桂　袁爱华　曾　明
　　　　　张子敬　周启良　祝继明　朱传炳

总策划　罗怀青

序

随着我国医学教育改革的不断深入，医学教育的目标已向培养高素质、强能力、具有创新精神的综合型人才的目标转变。医学实验教学是医学人才培养的重要环节，国内各高校对实验教学内容、教学方法和手段、管理体制等进行了大量的改革和探索。教育部在全国开展医学院校专业认证评估，把实验教学改革再次推向新的高度。

在医学教育认证标准中（WFME 和 IIME），课程整合是其中一项重要的观察指标，实验课程融合和教学改革是其中的重要部分。为加强学生动手能力培养，强化学生创新思维训练，有效开展实验课程的融合，促进医学人才质量的提高，适应医学专业认证评估的需要，长沙医学院开展了基础医学实验教学改革的探索，并组织编写了本系列教材。

本系列教材的编写，综合了"本科医学教育国际标准"和"全球医学教育最低基本要求"两个国际医学教育标准，更加注重学生能力培养的个性化教学需求，注重创新思维和创新精神的培养，注重基础与基础、基础与临床的知识融合及知识运用能力的培养。

首先，对基础医学课程实验教学内容进行优化整合，形成形态学实验、机能学实验、生物化学与分子生物学实验、病原生物免疫学实验、化学实验等实验教学。

其次，实验项目按照"基础性实验""综合性实验""设计创新性实验"三大模块编写，精简了基础性实验和重复的实验项目，增加了"三性"实验项目，联系后续课程内容及临床，重点突出知识点的横向与纵向联系。

同时，融合最新的科研成果，将其转化为不同课程之间的综合性、创新性实验项目，有助于全面提升医学专业人才培养质量。

本次出版的基础医学实验教学改革系列教材是长沙医学院教育教学改革成果的重要组成部分，我们期盼着这些成果能够成为医学人才培养质量迈上新台阶的标志。

欢迎兄弟院校专家学者雅正指导！

前　言

　　根据生物技术专业和医学各专业人才培养方案，我们组织编写了《生物学实验教程》。编写本实验教材的宗旨：一是本着创新、实用的原则，深化教学改革，增加综合性、创新性实验内容；二是规范生物学实验教学；三是重在培养学生的思维能力、动手能力和独立解决问题的能力；四是为学生做毕业论文和进行课外研究提供参考资料。

　　本实验教材包含了植物学、动物学、微生物学、细胞生物学、生物化学、遗传学、分子生物学、发酵工程课程的实验教学内容。在编写时，考虑了生物学实验的系统性，按基础性实验、综合性实验、设计创新性实验顺序编写，每门课程的实验内容均符合教学大纲要求。本实验教材主要供生物技术、临床医学、护理学、医学检验、口腔医学和预防医学等专业教师和学生实验教学使用；还可供学生做毕业论文和课外研究使用。

　　本实验教材是在长沙医学院领导、教务处领导和各系领导的大力支持下，由相关专业老师参与编写，并通过集体讨论、修改而成的。在此表示衷心的感谢！

　　由于时间仓促、水平有限，书中难免有错误和不妥之处，请老师和同学们在使用过程中发现问题，及时提出修改意见，以便再版时进一步完善。

罗桐秀
2014 年 6 月

目 录

第一篇　基础知识

一、学生实验总则 2

二、生物学实验绘图要求 2

三、溶液配制 3

第二篇　基础性实验

第一章　植物学 13
实验一　光学显微镜的构造、使用和植物临时装片的制作 13
实验二　植物细胞 17
实验三　植物组织 19
实验四　根的初生结构、次生结构及侧根的发生 21
实验五　植物茎的解剖结构 24
实验六　叶的解剖结构 27
实验七　花的构造 30
实验八　花药和胚囊的解剖结构 32
实验九　藻类观察 33
实验十　苔藓植物、蕨类植物的观察 35

第二章　动物学 39
实验一　草履虫和变形虫等水体原生动物的观察 39
实验二　多细胞动物的胚胎发育和基本组织 40
实验三　蛔虫的解剖与观察 43
实验四　螯虾的解剖与观察 45
实验五　鲫鱼的解剖与观察 47

  实验六 家鸽的解剖与观察 49

  实验七 蟾蜍的解剖与观察 51

  实验八 家兔的解剖与观察 53

第三章 微生物学 59

  实验一 微生物学实验室常用器皿的认识和使用 59

  实验二 细菌形态的观察 64

  实验三 细菌单染色法及口腔微生物的观察 65

  实验四 细菌的革兰染色 67

  实验五 常用培养基的制备 68

  实验六 灭菌与除菌 71

第四章 细胞生物学 79

  实验一 动物细胞基本形态的观察 79

  实验二 细胞膜的渗透性 81

  实验三 动物细胞有丝分裂的观察 83

  实验四 动物细胞减数分裂的观察 85

  实验五 细胞计数 87

  实验六 线粒体的制备与观察 89

  实验七 细胞器的制备与观察 91

  实验八 细胞内多糖和过氧化物酶的定位 93

  实验九 植物染色体标本的制作与观察 94

  实验十 免疫胶体金技术 96

  实验十一 细胞的吞噬活动 98

第五章 生物化学 101

  实验一 生物化学实验基本操作 101

  实验二 糖类的还原作用 105

  实验三 还原糖和总糖的测定 107

  实验四 蛋白质的呈色反应、沉淀反应及等电点的测定 109

  实验五 考马斯亮蓝 G-250 测定蛋白质含量 111

  实验六 酶的特性验证 113

  实验七 紫外分光光度法测定水果中维生素 C 的含量 118

  实验八 氨基酸的分离鉴定——纸层析 120

  实验九 葡萄糖氧化酶法测定血糖浓度 122

实验十　氧化酶法测定血清总胆固醇...124
　　实验十一　血清谷丙转氨酶活力测定..126

第六章　遗传学..129
　　实验一　人类非显带染色体核型分析..129
　　实验二　人类G显带染色体核型分析..131

第七章　分子生物学..137
　　实验一　碱裂解法提取质粒DNA...137
　　实验二　DNA的琼脂糖凝胶电泳检测...138
　　实验三　组织样品RNA的抽提及检测...141
　　实验四　聚合酶链反应扩增目的基因..143
　　实验五　PCR产物的纯化回收...146
　　实验六　PCR产物与T载体连接..147
　　实验七　外源DNA与质粒载体连接..149
　　实验八　SDS-PAGE电泳..151

第八章　发酵工程..155
　　实验一　土壤中产酸醋酸菌的分离筛选..155
　　实验二　细菌生长曲线的测定..156
　　实验三　醋酸菌的紫外线诱变选育..158
　　实验四　亚硫酸盐氧化法测定体积溶氧系数..160
　　实验五　红葡萄酒的酿造..162
　　实验六　5L机械搅拌通风发酵罐结构的认识..163
　　实验七　5L机械搅拌通风发酵罐的操作..166

第三篇　综合性实验

第一章　植物学..171
　　实验一　被子植物分类观察..171
　　实验二　植物标本的制作..173

第二章　动物学..177
　　实验一　牛蛙骨骼标本的制作..177
　　实验二　昆虫标本的采集、制作及保存方法..178

第三章　微生物学 ... 183
    实验一　微生物数量的测定 ... 183
    实验二　细菌的生理生化反应 ... 186
    实验三　微生物的分离、纯化培养及无菌操作技术 ... 188
    实验四　微生物菌落形态观察与判断 ... 192
    实验五　乙醇发酵及糯米甜酒的酿制 ... 195
    实验六　乳酸发酵与乳酸菌饮料 ... 197

第四章　细胞生物学 ... 201
    实验一　动物细胞培养 ... 201

第五章　生物化学 ... 205
    实验一　细菌基因组 DNA 提取与鉴定 ... 205
    实验二　血清 IgG 的分离与鉴定 ... 207

第六章　遗传学 ... 211
    实验一　动、植物细胞减数分裂玻片标本制作及观察 ... 211
    实验二　果蝇唾液腺染色体的制备和观察 ... 217
    实验三　人类 X 染色质的检测 ... 220
    实验四　人类指纹花样的遗传分析 ... 223
    实验五　果蝇性别鉴定性状观察与饲养方法 ... 228
    实验六　果蝇综合杂交 ... 230
    实验七　植物 DNA 的提取及测定 ... 233
    实验八　哺乳类骨髓细胞染色体标本制片与观察 ... 235
    实验九　人体外周血淋巴细胞培养和染色体标本的制备 ... 237
    实验十　小鼠骨髓嗜多染红细胞微核制片技术 ... 240

第七章　分子生物学 ... 245
    实验一　质粒 DNA 及 λDNA 的酶切、连接、转化及重组子的筛选鉴定 ... 245
    实验二　反转录 – 聚合酶链反应 ... 249
    实验三　蛋白质免疫印迹分析 ... 252

第八章　发酵工程 ... 255
    实验一　地衣芽孢杆菌的液体发酵 ... 255
    实验二　红曲霉固态发酵及红曲色素的分离 ... 257

第四篇　设计创新性实验

第一章　植物学 263
实验一　植物向性运动实验设计 263

第二章　动物学 265
实验一　动物再生试验设计 265

第三章　微生物学 267
实验一　不同来源自来水中菌落总数和大肠菌群的测定 267
实验二　发酵食品中的微生物检测 269

第四章　细胞生物学 273
实验一　某药物对肿瘤细胞生长增殖的影响 273

第五章　生物化学 275
实验一　碱性磷酸酶的分离、性质鉴定及活性测定 275

第六章　遗传学 277
实验一　番木瓜 DNA 提取与性别分子鉴定 277

第七章　分子生物学 281
实验一　聚合酶链反应引物的电子设计 281

第八章　发酵工程 291
实验一　微生物发酵条件的优化 291

主要参考文献 293

第一篇

基础知识

一、学生实验总则

1. 学生进入实验室工作与学习之前，须认真阅读本总则及实验室其他规章制度，并严格遵守。

2. 实验前应认真进行预习，明确实验目的和要求，了解所做实验的原理、所用仪器和注意事项，掌握实验内容、方法和步骤，以便正确地进行实验操作。

3. 任何人不得私自挪用实验室的仪器设备、标本等。实验时除指定使用的仪器外，不得随意动用其他仪器。

4. 学生在实验时必须按编定的组别和指定的席位就座，不得任意调动。应遵守上课时间，不得无故迟到、早退、缺席。因故不能上实验课者，应向指导教师请假，所缺实验课应及时补上。无故不参加实验者作旷课处理。

5. 进入实验室或其他实验场地，必须着实验服，保持安静，严禁喧哗、吸烟、吃零食、随地吐痰和乱扔纸屑，不准做与实验无关的事。

6. 实验前检查、清理好所需的仪器、用具等。如有缺损，应及时向指导教师报告，不得自己任意挪用，不准擅自将任何实验器材、试剂、药品等带出实验室。

7. 实验时，服从教师指导，按规定和步骤进行实验，认真操作、细心观察，真实地记录各种实验数据，不允许抄袭他人数据，不得擅自离开操作岗位。

8. 注意安全与防护，严格遵守操作规程。爱护仪器设备，节约水、电、试剂和药品等。实验结束后，废液、废渣、废气、标本及含病菌的其他材料要按指定要求处置，不得随意丢弃。

9. 在实验过程中如仪器设备发生故障，应立即报告指导教师及时处理。凡违反操作规程或不听从指导而造成仪器设备损坏等事故者，必须写出书面检查，并按学校有关规定处理。

10. 实验结束后，学生应负责将仪器整理还原，桌面、凳子收拾整齐。由值日学生打扫卫生并协助教师收拾整理试剂及仪器，经指导教师审核测量数据和仪器还原情况并同意后方可离开实验室。

11. 应在指导教师规定时间内上交实验报告。

12. 开放性实验一般安排在非实验课时间，学生可以结合自己的兴趣爱好，选择合适的时间段进行开放性实验操作。

13. 对课外开放实验所需的仪器设备，须经指导教师签字同意后办理借用手续，实验结束后及时归还。归还时，经实验室人员认真检查后，方可离开。如发现损坏、遗失，按学校有关规定处理。消耗材料的领用按实验室规定办理手续。

二、生物学实验绘图要求

使用显微镜的实验要求按照显微镜下观察到的实际形态绘图。生物学实验绘图要求如下：

1. 在仔细观察的基础上，选择典型结构进行描绘，要求真实、准确（注意各部结构的比例关系），不得随意绘图、想象绘图。

2. 用铅笔绘图，线条要明确清晰，图的深浅、明暗一律以点的疏密来表示，点要圆而一致，不得涂暗影或进行其他美术加工。

3. 各部结构名称要在一侧（右侧）引直线注明。各引线要平行，不宜交叉。各引线终点对齐，注字对齐。

4. 每幅图的大小应与实验报告纸大小相适应；每幅图的位置在实验报告上必须安排得当，并注意纸面的整洁、美观。

5. 绘制的显微镜下图应注明放大倍数。

三、溶液配制

（一）植物学实验溶液配制

1. I_2-KI 溶液　称取碘化钾 3g 溶解于 100ml 蒸馏水中，待全部溶解后，再加 1g 碘，振荡溶解后，保存在棕色玻璃瓶中。

2. 苏丹Ⅲ溶液　称取苏丹Ⅲ干粉 0.1g，溶解于 10ml 95% 乙醇中，过滤后加入 10ml 甘油。

3. 间苯三酚溶液　称取间苯三酚 5g 溶解于 100ml 95% 乙醇中（溶液如呈黄褐色即失效）。

4. 碘-氯化锌溶液　称取碘化钾 1g 溶解于 20ml 蒸馏水，再加入 0.5g 碘振荡溶解，标为 A 液。称取氯化锌 20g 加入蒸馏水 8.5ml，加热溶解，标为 B 液。待 B 液冷却后，将 A 液逐滴加入 B 液中，待出现碘的沉淀物且振荡不消失后即可。

（二）动物学实验溶液配制

1% 乙酸甲基绿溶液剂　称取乙酸甲基绿 1g 溶解于 100ml 蒸馏水中，振荡溶解后，保存在玻璃瓶中。

（三）微生物学实验溶液配制

1. 牛肉膏蛋白胨培养基（用于细菌培养）　牛肉膏 3g，蛋白胨 10g，NaCl 5g，水 1000ml，pH 7.4～7.6。固体培养基加入 1.5% 琼脂。

2. 高氏 1 号培养基（用于放线菌培养）　可溶性淀粉 20g，KNO_3 1g，NaCl 0.5g，$K_2HPO_4 \cdot 3H_2O$ 0.5g，$MgSO_4 \cdot 7H_2O$ 0.5g，$FeSO_4 \cdot 7H_2O$ 0.01g，水 1000ml，pH 7.4～7.6。配制时应注意，可溶性淀粉要先用冷水调匀后再加入以上培养基中。固体培养基加入 1.5% 琼脂。

3. 马丁（Martin）培养基（用于从土壤中分离真菌）　K_2HPO_4 1g，$MgSO_4 \cdot 7H_2O$ 0.5g，蛋白胨 5g，葡萄糖 10g，1/3000 孟加拉红水溶液 100ml，水 900ml，自然 pH，121℃ 湿热灭菌 30min，待培养基溶化后冷却至 55～60℃ 时，加入链霉素（链霉素含量为 30μg/ml）。固体培养基加入 1.5% 琼脂。

4. 乳糖蛋白胨培养液（用于多管发酵法检测水体中大肠菌群）　蛋白胨 10g，牛肉膏 3g，乳糖 5g，NaCl 5g，蒸馏水 1000ml，1.6% 溴甲酚紫乙醇溶液 1ml，调 pH 至 7.2，分装于试管（10ml/ 管），并倒置放入杜氏小管，115℃ 湿热灭菌 20min。

5. 糖发酵培养基（用于细菌糖发酵试验）　蛋白胨 0.2g，NaCl 0.5g，K_2HPO_4 0.02g，水 100ml，溴麝香草酚蓝（1% 水溶液）0.3ml，糖类 1g。分别称取蛋白胨和 NaCl，溶解于热水中，调节 pH 至 7.4，再加入溴麝香草酚蓝（先用少量 95% 乙醇溶解后，再加水配成 1% 水溶液），加入糖类，分装于试管中，装量 4～5cm 高，并倒置放入杜氏小管（管口向下，管内充满培养液），115℃ 湿热灭菌 20min。灭菌时应注意适当延长煮沸时间，尽量将冷空气排尽以使杜氏小管内不残存气泡。常用的糖类有葡萄糖、蔗糖、甘露糖、麦芽糖、乳糖、半乳糖等（后两种糖的用量常加大为 1.5%）。

6. 蛋白胨水培养基（用于吲哚试验）　蛋白胨 10g，NaCl 5g，水 1000ml，调 pH 至 7.2～7.4，

121℃湿热灭菌 20min。

7. 乙醇发酵培养基（用于乙醇发酵） 蔗糖 10g，$MgSO_4 \cdot 7H_2O$ 0.5g，NH_4NO_3 0.5g，20% 豆芽汁 2ml，KH_2PO_4 0.5g，水 100ml，自然 pH。

8. BCG 牛乳培养基（用于乳酸发酵） A 溶液：脱脂乳粉 100g，水 500ml，加入 1.6% 溴甲酚绿（B.C.G）乙醇溶液 1ml，80℃灭菌 20min。B 溶液：酵母膏 10g，水 500ml，琼脂 20g，pH 6.8，121℃湿热灭菌 20min。以无菌操作趁热将 A、B 溶液混合均匀后倒平板。

9. 乳酸菌培养基（用于乳酸发酵） 牛肉膏 5g，酵母膏 5g，蛋白胨 10g，葡萄糖 10g，乳糖 5g，NaCl 5g，水 1000ml，pH 6.8，121℃湿热灭菌 20min。

10. 脱脂乳试管 直接选用脱脂乳液或按脱脂乳粉与 5% 蔗糖水为 1:10 的比例配制，装量以试管 1/3 为宜，115℃灭菌 15min。

（四）细胞生物学实验溶液配制

1. Ringer 溶液

氯化钠	0.85g
氯化钾	0.25g
氯化钙	0.03g
蒸馏水	100ml

2. 1/5 000 詹姆斯绿 B 溶液

1% 詹姆斯绿 B 溶液（原液）：称取 50mg 詹姆斯绿 B 于 5ml Ringer 液中，稍加微热（30~40℃），使之溶解，用滤纸过滤后，即为 1% 原液。实验前用 Ringer 液稀释 50 倍，即为 1/5 000 使用浓度。

3. 高碘酸溶液（配制 50ml） 取一小烧杯，首先加入 95% 乙醇 35ml，再加入蒸馏水 10ml，然后吸取 5ml 1/5mol/L 醋酸钠溶液（2.72g 醋酸钠溶解于 100ml H_2O），最后加入高碘酸（$HIO_4 \cdot 2H_2O$）0.4g，用玻璃棒搅拌均匀。

4. Schiff 试剂（配制 100ml） 称取 0.5g 碱性品红加入 100ml 煮沸的蒸馏水中（用锥形瓶），边加边搅拌，持续煮 5min（勿使之沸腾），使之充分溶解。然后待之冷却至 50℃时，再用滤纸过滤至锥形瓶中，滤液中加入 10ml 1mol/L HCl，冷却至 25℃时，再加入 0.5g $Na_2S_2O_5$（偏重亚硫酸钠），塞紧瓶塞，充分振荡后，用黑纸包裹好锥形瓶，放置到室温暗处静置至少 24h（有时需 2~3 天），使其颜色退至淡黄色，然后加入 0.5g 活性炭，用力振荡 1min，最后用粗滤纸过滤于棕色瓶内，封严瓶塞，外包黑纸。如果试剂配制正确，滤液应为无色，也无沉淀。配制好的溶液置于 4℃冰箱中保存，备用。如果滤液中有白色沉淀，则不能再使用。如果滤液颜色变红，可加入少许偏重亚硫酸钠或钾，使之再转变为无色时，仍可再用。

5. 亚硫酸水溶液 该溶液需在使用前配制，避免 SO_2 逸出而失效。配制方法如下：在一个烧杯中首先加入 200ml 蒸馏水，然后加 10ml 10% 偏重亚硫酸钠（或偏重亚硫酸钾）水溶液和 10ml 1mol/L HCl，用玻璃棒搅拌均匀。

6. 联苯胺溶液（配制 100ml） 先配制 100ml 0.85% NaCl 溶液，然后向 NaCl 溶液内加入联苯胺至饱和为止。临用前按体积比加入 20% H_2O_2。

7. 0.1% 钼酸铵溶液（配制 100ml） 先配制 100ml 0.85% NaCl 溶液，然后称取 0.1g 钼酸铵溶解于 NaCl 溶液中，混匀。

8. 改良苯酚品红染色液

母液 A：称取 3g 碱性品红于烧杯中，加入 100ml 70% 乙醇，混匀。此液可放置 4℃ 冰箱中长期保存。

母液 B：取 A 液 10ml，加入 90ml 5% 苯酚水溶液。此液 2 周内可以使用。

然后取 B 液 45ml 于烧杯中，再分别加入冰醋酸 6ml 和 37% 甲醛 6ml，混匀。此即为苯酚品红染色液。

再取苯酚品红染色液 10ml，分别加入山梨醇 1.8g 和 45% 乙酸 90ml，混匀。此液为改良苯酚品红染色液。此液放置 2 周后，染色效果较好。

9. Carnoy 固定液　甲醇 – 冰醋酸以体积比 3∶1 混合。

10. 50% 硝酸银溶液　5g 硝酸银溶解在 10ml 蒸馏水中（最好在染色前一天配制）。

11. 明胶显影液　称取 2g 明胶粉末，溶解在 99ml 蒸馏水中，加 1ml 甲酸。

（五）生物化学实验溶液配制

1. 重铬酸钾洗液　称取重铬酸钾 20g 溶解于 20ml 蒸馏水中，加热至沸。冷却后再将 200ml 浓硫酸缓慢加入，边加边搅拌。注意：此时可产生高热。为防止容器破裂，应选用耐酸搪瓷缸或耐高温的玻璃器皿，切忌用量筒及试剂瓶等配制。为防止洗液吸收空气中的水分而被稀释变质，洗液应贮存于带盖的容器中。当洗液清洁效力降低时，再加入少量重铬酸钾及浓硫酸就可继续使用。

2. 斐林试剂

甲液（硫酸铜溶液）：称取 34.6g $CuSO_4 \cdot 5H_2O$ 溶解于 500ml 蒸馏水中，待用。

乙液（碱性酒石酸盐溶液）：称取 125g 氢氧化钠和 137g 酒石酸钾钠溶解于 500ml 蒸馏水中。甲、乙液分开保存，用前将甲、乙液按等量体积混合即可。

3. Benedict 试剂　称取柠檬酸钠 173g 及碳酸钠 100g，加入 600ml 蒸馏水中，加热使其溶解，冷却，稀释至 850ml。

另称取 17.3g 硫酸铜溶解于 100ml 热蒸馏水中，冷却，稀释至 150ml。

最后将硫酸铜溶液缓慢加入柠檬酸钠 – 碳酸钠溶液中，边加边搅拌，混匀。如有沉淀，应过滤。配制的溶液贮存于试剂瓶中，可长期使用。

4. 3，5- 二硝基水杨酸（DNS）试剂　称取 6.5g DNS 溶解于少量热蒸馏水中，溶解后移入 1000ml 容量瓶中，加入 2mol/L 氢氧化钠溶液 325ml，再加入 45g 丙三醇，混匀，冷却后定容至 1000ml。

5. $KI-I_2$ 溶液　称取 5g 碘和 10g 碘化钾，溶解于 100ml 蒸馏水中。

6. 酚酞指示剂　称取 0.1g 酚酞，溶解于 250ml 70% 乙醇中。

7. 饱和 $(NH_4)_2SO_4$ 溶液　称取硫酸铵 220g，研磨成粉末状，加入蒸馏水 250ml，加热至大部分硫酸铵固体溶解，趁热过滤，放置于室温平衡 1~2 天，有固体析出时即达到 100% 饱和度，取上层液体使用。

8. 0.5% 酪蛋白醋酸钠溶液　称取纯酪蛋白 0.25g，置于 50ml 容量瓶内，准确地加蒸馏水 20ml 及 1mol/L NaOH 5ml，摇匀，使酪蛋白溶解，然后准确地加 1mol/L 醋酸溶液 5ml，最后用蒸馏水稀释至刻度。

9. 考马斯亮蓝 G-250 染液　称取 0.1g 考马斯亮蓝 G-250，溶解于 50ml 95% 乙醇中，加入 85% 磷酸 100ml，最后用蒸馏水定容至 1000ml，过滤，在棕色瓶中保存。此溶液不宜久存，在常温中可放置 1~2 个月。

10. 扩展剂（水饱和的正丁醇和乙酸混合液） 将正丁醇和乙酸以体积比 4:1 在分液漏斗中进行混合，所得混合液再按体积比 5:3 与蒸馏水混合，充分振荡，静置后分层，放出下层水层，分液漏斗中的溶液即为扩展剂。

11. 0.01 mol/L pH 7.0 磷酸盐缓冲液 称取无水 Na_2HPO_4 18.5 g 和 KH_2PO_4 5.3 g 溶解于 800 ml 蒸馏水中，用少量 1 mol/L NaOH 或 HCl 调 pH 至 7.0，再加蒸馏水稀释至 1 L。

12. 酶试剂 取 GA 1200 U、PA 1200 U、4-氨基安替吡啉 10 mg、叠氮钠 100 mg，加 0.01 mol/L（pH 7.0）磷酸盐缓冲液至 80 ml 左右，调 pH 至 7.0，再加该磷酸盐缓冲液至 100 ml，混匀。冰箱内保存可稳定 3 个月。

13. 苯酚试剂 苯酚 100 mg 溶解于 100 ml 蒸馏水中。因苯酚易在空气中氧化成红色，可先配制成浓度为 50 g/dl 的溶液，贮存于棕色瓶中。临用前稀释。

14. 酶-酚混合试剂 将酶试剂和苯酚试剂等体积混合，即得酶-酚混合试剂。冰箱内保存可稳定 1 个月。

15. 葡萄糖标准贮存液（20 mg/ml） 将无水 D-葡萄糖于 80℃ 烤箱内干燥恒重，冷却后，称取 2.0 g，以 0.25% 苯甲酸溶解，稀释，定容至 100 ml。

16. 葡萄糖应用标准液（5.5 mmol/L） 取葡萄糖标准贮存液 5 ml，加 0.25% 苯甲酸溶液稀释，定容至 100 ml。

17. 蛋白沉淀剂 称取 Na_2HPO_4 10 g、Na_2WO_4 10 g、NaCl 19 g，溶解于 800 ml 蒸馏水中，再加入 1 mol/L HCl 125 ml，加蒸馏水至 1000 ml，混匀。

18. 胆固醇液体酶试剂

Good's 缓冲液（pH 6.7）	50 mmol/L
胆固醇酯酶	≥200 U/L
胆固醇氧化酶	≥100 U/L
过氧化物酶	≥3000 U/L
4-AAP	0.3 mmol/L
苯酚	5 mmol/L

19. 5.17 mmol/L（200 mg/dl）胆固醇标准溶液 精确称取胆固醇 200 mg，用异丙醇配制成 100 ml 溶液，分装后，置 4℃ 环境下保存，临用时取出。

20. 0.1 mol/L 磷酸盐缓冲液（pH 7.4） 称取无水 Na_2HPO_4 9.47 g 和 KH_2PO_4 9.078 g，分别溶解于 1000 ml 蒸馏水中。分别取磷酸氢二钠溶液 825 ml 与磷酸二氢钾溶液 175 ml，混匀即可。

21. GTP 基质液 称取 α-酮戊二酸 29.2 mg 和 DL-丙氨酸 1.78 g，溶解于 20 ml pH 7.4 的磷酸盐缓冲液中，再加该缓冲液 70 ml，并移入 100 ml 容量瓶中，加 1 mol/L 氢氧化钠溶液 0.5 ml，调 pH 至 7.4，再以 pH 7.4 的磷酸盐缓冲液定容。贮存于冰箱中备用，可保存 1 周时间。

22. 2,4-硝基苯肼溶液 称取 2,4-二硝基苯肼 20 mg，先溶解于 10 ml 浓盐酸中，再以蒸馏水稀释至 100 ml，置棕色试剂瓶内保存。

23. 丙酮酸标准液 精确称取丙酮酸钠 22 mg，溶解后转入 100 ml 容量瓶中，用 pH 7.4 的磷酸盐缓冲液定容即可。

24. TE 溶液 取 1 mol/L pH 8.0 的 Tris-HCl 5 ml，0.5 mol/L EDTA 1 ml，加 400 ml 双蒸水，混匀，定容至 500 ml，高压灭菌。

25. 10% SDS 将 10 g SDS 溶解于 60 ml 左右双蒸水，定容至 100 ml，高压灭菌。

26. 蛋白酶 K　称取 20 mg 蛋白酶 K 溶解于 1 ml 双蒸水中即可。

27. 酚/氯仿/异戊醇（25∶24∶1）　分别取苯酚、氯仿和异戊醇 50 ml、48 ml 和 2 ml 混匀即可。

28. 氯仿/异戊醇（24∶1）　分别取氯仿和异戊醇 48 ml 和 2 ml 混匀即可。

29. 溴化乙锭（EB）（10 mg/ml）　称取 0.1 g 溴化乙锭，加入去离子水 10 ml，充分搅拌数小时至完全溶解，4℃避光保存。EB 的工作浓度为 0.5 μg/ml。

30. TAE 缓冲液　称取 4.84 g Tris，加入 1.1 ml 冰乙酸和 40 ml EDTA 溶液（pH 8.0）中溶解，混匀，加灭菌双蒸水定容至 1L。

31. 5× 样品缓冲液（10 ml）　0.6 ml 1 mol/L Tris-HCl（pH 6.8），5 ml 50% 甘油，2 ml 10% SDS，0.5 ml 巯基乙醇，1 ml 1% 溴酚蓝，0.9 ml 蒸馏水，混匀。可在 4℃保存数周，或在 -20℃保存数月。

32. 凝胶贮存液　在通风橱中，称取丙烯酰胺 30 g，甲叉双丙烯酰胺 0.8 g，加重蒸水溶解后，定容至 100 ml。过滤后置棕色瓶中，4℃保存，一般可放置 1 个月。

33. pH 8.9 分离胶缓冲液　称取 Tris 36.3 g，加入 48 ml 1 mol/L HCl 中，加重蒸水 80 ml 使其溶解，调 pH 至 8.9，定容至 100 ml。4℃保存。

34. pH 6.7 浓缩胶缓冲液　称取 Tris 5.98 g，加入 48 ml 1 mol/L HCl 中，加重蒸水 80 ml 使其溶解，调 pH 至 6.7，定容至 100 ml。4℃保存。

35. 10% 过硫酸铵（用双蒸水新鲜配制）　称取 1 g 过硫酸铵，加入 ddH$_2$O 溶解至终体积 10 ml，4℃避光保存，不超过 2 周。

36. pH 8.3 Tris-甘氨酸电极缓冲液　称取 Tris 6.0 g，甘氨酸 28.8 g，加蒸馏水约 900 ml，调 pH 至 8.3，用蒸馏水定容至 1000 ml。置 4℃下保存，临用前稀释 10 倍。

（六）遗传学实验溶液配制

1. 醋酸洋红溶液　量取 45 ml 冰醋酸，加蒸馏水 55 ml，煮沸后徐徐加入洋红 1 g，搅拌均匀后加入 1 颗铁锈钉，煮沸 10 min，冷却后过滤，所得溶液贮存在棕色瓶内。

2. 改良卡宝品红溶液　先配成三种原液，再配成染色液。

原液 A：称取 3 g 碱性品红溶解于 100 ml 70% 乙醇中，摇匀，备用。

原液 B：取原液 A 10 ml 加入 90 ml 5% 苯酚水溶液中，摇匀，备用。

原液 C：取原液 B 55 ml，加入 6 ml 冰醋酸和 6 ml 福尔马林（38% 甲醛）。

（原液 A 和原液 C 可长期保存，原液 B 限 2 周内使用）。

染色液：取原液 C 10~20 ml，加 45% 冰醋酸 80~90 ml，再加山梨醇 1.8 g，配成浓度为 10%~20% 的苯酚品红溶液，放置 2 周后使用，效果显著（若立即用，则着色能力差）。

3. 1640 培养液　称取 RPMI-1640 粉末 1.04 g 溶解于 100 ml 三蒸水中（充分溶解），再加入 25 ml 小牛血清（先于 56℃水浴箱灭活 20 min），加入 10% PHA 1.8 ml。

在配制好的培养液中还应加入双抗（青、链霉素）100 U/ml 培养液。用 7.4% NaHCO$_3$ 溶液调 pH 至 7.2~7.4。再以 G6 细菌漏斗抽滤除菌或以孔径为 0.22 μm 的微孔滤膜过滤，然后按每培养瓶 5 ml 分装，冰冻保存备用。

4. 0.2% 肝素　称取 0.2 g 肝素粉末，溶解于 100 ml 0.85% NaCl 溶液中，高压灭菌（0.56 MPa，15 min）。

5. 100 μg/ml 秋水仙素　称取秋水仙素粉末 0.01 g，溶解于 100 ml 0.85% NaCl 溶液中。

6. 10% Giemsa 染液

Giemsa 原液：称取 1g Giemsa 粉末，加入 66ml 甘油（60℃）中，研磨溶解，再加入 66ml 甲醇混合即配成原液。

Giemsa 原液与磷酸盐缓冲液（pH 6.8 或 7.4）按体积比 1:9 配制，即得 10% Giemsa 染液。

7. 0.025% 胰酶溶液　用 0.85% NaCl 溶液配制。称取胰蛋白酶 2.5g 溶解于 1000ml 0.85% NaCl 中，玻璃细菌滤器除菌，保存于 4℃冰箱内。

8. 磷酸盐缓冲液（PBS）

甲液：1/15 mol/L KH_2PO_4 9.08g＋蒸馏水 1000ml。

乙液：1/15 mol/L Na_2HPO_4 9.64g＋蒸馏水 1000ml。

pH 6.8 PBS：甲液 50ml＋乙液 50ml，混匀。

pH 7.4 PBS：甲液 18.2ml＋乙液 81.8ml，混匀。

9. 植物凝集素（植物凝血素）　盐水浸取法：收取四季豆 20g，水洗净，4℃水浸泡过夜，弃水，将豆子放研钵中加生理盐水，把豆子磨成黏糊状，加生理盐水至 100ml，置冰箱（4℃）24h，再 3000r/min 离心 15min，取上清液，用生理盐水稀释 10 倍，过滤，冰冻保存。

10. 抗生素（经 0.25μm 孔径滤膜过滤除菌）

青霉素（以每瓶 40 万 U 为例）：以 4ml 生理盐水稀释，则每毫升含 10 万 U 青霉素。取 1ml 加入 1000ml 培养液中，则终浓度为 100U/ml（可多次稀释至所需浓度）。

链霉素（以每瓶 50 万 U 为例）：以 2ml 生理盐水稀释，则每毫升含 25 万 U 链霉素。取 0.4ml 加入 1000ml 培养液中，则终浓度为 100U/ml（可多次稀释至所需浓度）。

11. 细胞繁殖促进剂　用小牛血清，4℃存放，用前在 56℃水浴中灭活 30min。

12. 低渗液　称取氯化钾 5.592g，加入双蒸水溶解，至 1000ml，即得 0.075mol/L 氯化钾低渗液。

13. 固定液　甲醇－冰醋酸（3:1）混合液，临用临配。

14. 小牛血清（灭活）　将滤菌的小牛血清置 56℃恒温水浴保温 30min 灭活。灭活的小牛血清通常保存于冰箱冷冻室中。

（七）分子生物学实验溶液配制

1. LB 液体培养基　称取 10g 胰蛋白胨、5g 酵母提取物、10g NaCl 置于容器中，加入适量去离子水至完全溶解，用 1mol/L NaOH 调 pH 至 7.0，用去离子水定容至 1L，高压蒸汽灭菌。

2. 100mg/ml 氨苄西林贮存液　无菌水配制，用孔径 0.22μm 滤膜过滤除菌，-20℃保存。

3. 溶液Ⅰ（提取质粒用）

组分浓度：50mmol/L 葡萄糖、10mmol/L EDTA、25mmol/L Tris-HCl（pH 8.0）。

配制方法：量取 1mol/L Tris-HCl（pH 8.0）25ml、0.5mol/L EDTA（pH 8.0）20ml、20% 葡萄糖溶液 45ml、ddH_2O 910ml，置于 1L 烧杯中，高温高压灭菌后，4℃保存。使用前，每 50ml 溶液Ⅰ中加入 2ml RNase A（20mg/ml）。

4. 溶液Ⅱ（提取质粒用，现配现用）

组分浓度：200mmol/L NaOH、1% SDS。

配制方法：称取 SDS 5g、NaOH 4g，加灭菌水溶解，定容至 500ml，充分混匀，室温保存。此溶液保存时间最好不要超过 1 个月。（注意：SDS 易产生气泡，不要剧烈搅拌）

5. 溶液Ⅲ提取质粒用

组分浓度：3mol/L KAc、5mol/L 醋酸。

配制方法：称量 KAc 147g、冰醋酸 57.5ml，加入 300ml 去离子水，搅拌溶解，用去离子水定容至 500ml，高温高压灭菌后，4℃保存。

6. 10×TE 缓冲液

组分浓度：100mmol/L Tris-HCl（pH 8.0）、10mmol/L EDTA（pH 8.0）。

配制方法：称量 12.11g Tris，量取约 4.2ml 浓盐酸、0.5mol/L EDTA（pH 8.0）20ml，向烧杯中加入约 800ml 去离子水，均匀混合，定容至 1L 后，高温高压灭菌，室温保存。

7. 0.5mol/L EDTA（pH 8.0） 称取 186.1g $Na_2EDTA \cdot 2H_2O$ 置于 1L 烧杯中，加入约 800ml 去离子水，充分搅拌，用约 20g NaOH 调节 pH 至 8.0（注意：pH 8.0 时，EDTA 才能完全溶解）。加去离子水将溶液定容至 1L，适量分成小份后，高温高压灭菌，室温保存。

8. 苯酚：氯仿：异戊醇（25：24：1）

从核酸样品中除去蛋白质时常使用苯酚：氯仿：异戊醇（25：24：1）。氯仿可使蛋白质变性并有助于液相与有机相的分离，而异戊醇则有助于消除抽提过程中出现的气泡。

配制方法：将 Tris-HCl 平衡苯酚与等体积的氯仿：异戊醇（24：1）混合均匀后，移入棕色玻璃瓶中 4℃保存。

9. 50×TAE 缓冲液（pH 8.5）

组分浓度：2mol/L Tris-醋酸、100mmol/L EDTA。

配制方法：称取 Tris 60.5g，$Na_2EDTA \cdot 2H_2O$ 9.3g 置于烧杯中，加入适量去离子水充分搅拌溶解后，再加入 14.275ml 冰醋酸，充分搅拌混匀，定容至 250ml，室温保存。

10. DEPC-H_2O（0.1%）

配制方法：取 DEPC 1ml，加入 1L 去离子水中，室温下持续搅拌过夜，分瓶后高压蒸汽灭菌，以除去 DEPC（DEPC 分解为 CO_2 和乙醇），之后室温或 4℃长期保存，不宜反复使用。

注意：① DEPC 是潜在的致癌物质，在操作中应尽量在通风条件下进行，并避免接触皮肤。② 含有 Tris 缓冲液的溶液中，不能加入 DEPC。

11. 10×MOPS 缓冲液

组分浓度：200mmol/L MOPS、50mmol/L NaAc、10mmol/L EDTA。

配制方法：称取 41.8g MOPS [3-（N-吗啉）丙磺酸]，加约 700ml DEPC-H_2O 搅拌溶解，以 NaOH 溶液调节 pH 至 7.0，再向溶液中加入 1mol/L NaAc（用 DEPC-H_2O 配制）20ml、0.5mol/L EDTA（pH 8.0，DEPC-H_2O 配制）20ml，用 DEPC-H_2O 定容至 1L，用孔径为 0.45μm 滤膜过滤除去杂质，室温避光保存。（注意：溶液见光或高温后会变黄，仍可使用，但变黑时最好不要使用）。

12. 1×甲醛变性胶电泳缓冲液（1×MOPS 电泳缓冲液） 量取 10×MOPS 缓冲液 150ml、37% 甲醛 80ml，用 DEPC-H_2O 定容至 1500ml，一般在 3 次电泳结束后需更换此电泳缓冲液。

13. 5×甲醛变性胶加样缓冲液（10ml） 量取 4ml 10×MOPS 缓冲液，3.1ml 甲酰胺，2ml 甘油，720μl 37% 甲醛，80μl 0.5mol/L EDTA（pH 8.0），16μl 水饱和的溴酚蓝，100μl DEPC-H_2O，混匀。

14. 30% 丙烯酰胺胶溶液 称取电泳级丙烯酰胺（Acr）29.0g，亚甲双丙烯酰胺（Bis）1.0g，混匀后加 ddH_2O，37℃搅拌溶解，定容至 100ml，转入棕色瓶中室温下储存备用。

15. 1.5mol/L Tris-HCl（pH 8.8） 称取 Tris 18.17g 加入 ddH_2O 溶解，浓盐酸调 pH 至 8.8，定容至 100ml。

16. 1mol/L Tris-HCl（pH 6.8） 称取 Tris 12.11g 加入 ddH_2O 溶解，浓盐酸调 pH 至 6.8，

定容至 100 ml。

17. 10%（W/V）SDS　称取 SDS 10 g，加 ddH$_2$O 68℃助溶，浓盐酸调 pH 至 7.2，定容至 100 ml。

18. 5× Tris-Gly 电泳缓冲液（pH 8.3）　称取 Tris 15.1 g、甘氨酸 94 g，加入 10% SDS 50 ml，加 ddH$_2$O 溶解，定容至 1000 ml。

19. 10% 过硫酸铵（APS）　称取 1 g 过硫酸铵，加入 ddH$_2$O 溶解至终体积 10 ml，4℃ 避光保存，不超过 2 周。

20. 2× SDS 电泳上样缓冲液（10 ml）　称取 SDS 0.4 g，加入 1 mol/L Tris-HCl（pH 6.8）1 ml、1 mol/L 二硫苏糖醇（DTT）2 ml、甘油 2 ml、0.1% 溴酚蓝 2 ml、ddH$_2$O 3 ml，混匀，分装备用。

21. 0.25% 考马斯亮蓝 R-250 染色液　称取考马斯亮蓝 R-250 2.5 g，加入甲醇 500 ml、冰醋酸 100 ml、ddH$_2$O 400 ml，过滤去除未溶解颗粒。

22. 考马斯亮蓝脱色液　甲醇、冰醋酸、ddH$_2$O 以体积比 5∶1∶4 的比例配制而成。

23. 封闭剂　称取脱脂奶粉 0.5 g 溶解于 10 ml 0.01 mol/L PBS 中。

24. 10× DNase 缓冲液　含 400 mmol/L Tris-HCl（pH 7.5），80 mmol/L MgCl$_2$，50 mmol/L DDT。

25. 5× MMLV 缓冲液　含 250 mmol/L Tris-HCl（pH 8.3，25℃），375 mmol/L KCl，15 mmol/L MgCl$_2$，50 mmol/L DDT。

26. 湿转缓冲液　称取甘氨酸 1.45 g、Tris 2.9 g、SDS 0.18 g，加入甲醇 100 ml，加双蒸水至 500 ml。

27. DAB 底物显色缓冲液（新鲜配制）　称取 3,3-二氨基联苯胺（DAB）3 mg，加入双蒸水 5 ml，用前加入过氧化氢溶液 0.5 μl。

（八）发酵工程实验溶液配制

1. 含碳酸钙的牛肉膏蛋白胨固体培养基　称取葡萄糖 1 g、酵母浸粉 1 g、碳酸钙 1 g、琼脂 2 g，溶解于蒸馏水 100 ml，121℃ 灭菌 20 min，冷却至 70℃ 加入 4 ml 无水乙醇和 0.5 ml 0.02% 结晶紫冰醋酸溶液，定容至 1000 ml。

2. 地衣芽孢杆菌增殖培养基　蛋白胨 10 g/L、NaCl 5 g/L、牛肉膏 3 g/L，pH 为 7.2。固体培养基加 2% 琼脂。

3. 地衣芽孢杆菌发酵培养基　可溶性淀粉 15 g/L、蛋白胨 5.0 g/L、酵母膏 0.2 g/L、(NH$_4$)$_2$SO$_4$ 2.5 g/L、KH$_2$O$_4$ 2.5 g/L、CaCO$_3$ 0.05 g/L、MgSO$_4$·7H$_2$O 0.025 g/L，初始 pH 为 7.2。

4. 半合成培养基（用于红曲霉菌）　葡萄糖 30 g/L，NaNO$_3$ 3 g/L，酵母提取物 1 g/L，K$_2$HPO$_4$ 1 g/L，MgSO$_4$·7H$_2$O 0.5 g/L，KCl 0.5 g/L，FeSO$_4$·7H$_2$O 0.01 g/L，pH 5.6。固体培养基加 2% 琼脂。

5. 麦芽汁培养基　5~8°P 麦芽汁。固体培养基加 2% 琼脂。

6. 豆芽汁培养基　豆芽 200 g，加水 1000 ml，煮沸 10 min 后过滤，滤液加 2% 葡萄糖即成。固体培养基加 2% 琼脂。

第二篇

基础性实验

第一章 植物学

实验一 光学显微镜的构造、使用和植物临时装片的制作

实验目的

1. 了解显微镜的构造、成像原理并掌握其使用方法。
2. 掌握观察植物细胞在光学显微镜下的基本结构的方法。
3. 掌握临时装片及绘制生物图的方法。

实验材料

1. 器材 显微镜、镊子、载玻片、盖玻片、培养皿、刀片、剪刀、解剖针、吸水纸、擦镜纸、纱布。
2. 试剂 I_2-KI 溶液。
3. 实验植物 洋葱。

实验方法

（一）显微镜的结构与使用

1. 显微镜的构造

显微镜的种类很多，常用的为普遍光学显微镜。显微镜可分为两个部分：机械部分和光学部分（图 2-1-1）。

（1）机械部分

① 镜座：为显微镜最下面的马蹄形铁座。其作用是支持显微镜的全部重量，使其稳立于工作台上。

② 镜柱：为镜座上的直立短柱。

③ 镜臂：为镜柱上方的弯曲的弓形部分，是握镜的地方。镜臂和镜柱之间有一个能活动的倾斜关节，可使显微镜向后倾斜，便于观察。

④ 镜筒：为安装在镜臂上端的圆筒。镜筒长度一般为 160 mm，上端安装目镜，下端连接转换器。

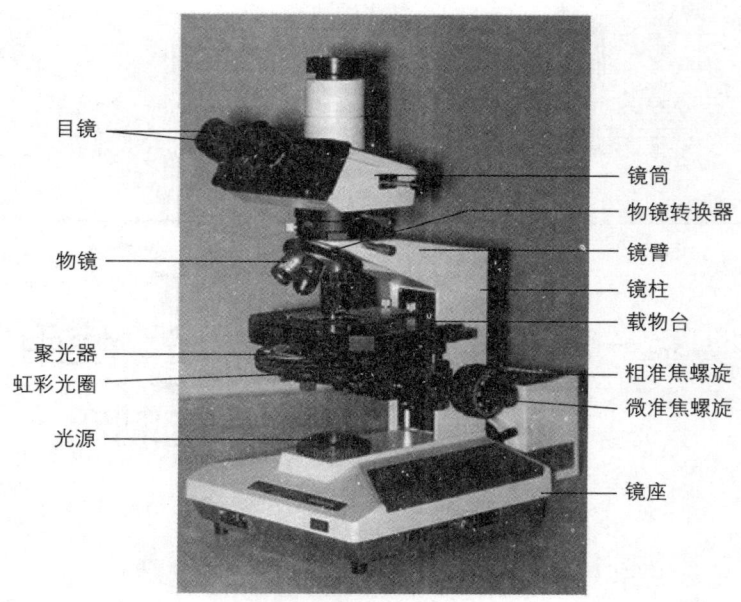

图 2-1-1　显微镜的结构

⑤转换器：为镜筒下端的一个能转动的圆盘，其上可以安装几个接物镜，观察时便于调换不同倍数的镜头。

⑥载物台：为镜臂下端安装的一个向前伸出的平面台，用于放置观察用的玻片标本，中央有一圆孔，叫通光孔。通光孔左、右两旁一般装有一对弹簧夹，为固定玻片之用，有的装有移片器，可使玻片前后、左右移动。

⑦准焦螺旋：镜臂上装有两种可以转动的螺旋，能使镜筒上升或下降，称为准焦螺旋。大的螺旋转动一圈，镜筒升降 10 mm，用于调节低倍镜，称为粗准焦螺旋。小的螺旋转一圈，镜筒升降 0.1 mm，主要用于调节高倍镜，称为细准焦螺旋。

（2）光学部分

①反光镜：位于马蹄形镜座的上方，一个可以转动的圆镜，称为反光镜。反光镜具两面，一面为平面镜，一面为凹面镜。其用途是收集光线。平面镜使光线分布较均匀。凹面镜有聚光作用，反射的光线较强，一般在光线较弱时使用。

②聚光器：位于载物台下方，由 2~3 片透镜组成。其作用是聚集来自反光镜的光线，使光度增强，并提高显微镜的分辨力。聚光器下面装有光圈，由十几张金属薄片组成，可以调节进入聚光器光量的多少。若光线过强，则将光圈孔口缩小，反之则张大。聚光器还可以上下移动，以调节适宜的光度。

③接物镜：又称物镜，由数组透镜组成，安装在转换器上，能将观察的物体进行第一次放大，是显微镜性能高低的关键性部件。每台显微镜上常备有几个不同倍数的物镜，物镜上所刻 8×、10×、40× 等就是放大倍数，习惯上把 10~20 倍的称为低倍物镜；40~60 倍的称为高倍物镜；90~100 倍的称为油镜。从形态上看，接物镜越长，放大倍数越高。

④接目镜：又称目镜，由 2~3 片透镜组成，安装在镜筒上端。其作用是把物镜放大的物体实像进一步放大。在目镜上方刻有 5×、10×、20× 等为放大倍数。从外表上看，镜头越长，放大倍数越低。

显微镜的放大倍数，粗略计算方法为接目镜放大倍数与接物镜放大倍数的乘积。如观察时所用接物镜为 40×、接目镜为 10×，则物体放大倍数为 40×10＝400 倍。

2. 显微镜的使用步骤

（1）安放　要选择临窗或光线充足的地方安放显微镜。桌面要清洁、平稳，使用时先从镜箱中取出显微镜。右手握镜臂，左手托镜座，轻放桌上，镜筒向前，镜臂向后，然后安放目镜和物镜。用纱布擦拭镜身机械部分。用擦镜纸或绸布擦拭光学部分，不可随意用手指擦拭镜头，以免影响观察效果。

（2）对光　扭转转换器，使低倍镜正对通光孔，打开聚光器上的光圈，然后左眼对准接目镜注视，右眼睁开，用手翻转反光镜，对向光源，光强时用平面镜，光较弱时用凹面镜。这时从目镜中可以看到一个明亮的圆形视野，只要视野中光亮程度适中，光就对好了。

（3）放玻片　将要观察的玻片标本，放在载物台上，用弹簧夹或移光器将玻片固定。将玻片中的标本对准通光孔的中心。

（4）调焦　调焦时，旋转粗准焦螺旋，为了防止物镜与玻片标本相撞，应先慢慢降低镜筒，操作时，必须从侧面仔细观察，直到物镜与玻片标本相距 5 mm 以下，切勿使物镜与玻片标本接触，然后一边用左眼自目镜中观察，一边用右手反时针旋转粗准焦螺旋（切勿弄错旋转方向），直到看清标本物像为止。

（5）观察　对光、调焦都用低倍物镜。观察时，还是先用低倍物镜，待焦距调准后，再移动玻片标本，全面观察材料。对需要重点观察的部分，将其调至视野的正中央，再转换高倍镜进行观察。转换高倍镜后，只要轻轻扭转细准焦螺旋，就能看到清晰的物像。

（6）观察完毕，扭转转换器，使镜头偏于两旁，降下镜筒，擦抹干净，装入镜箱。

（二）洋葱表皮临时装片的制作

将要观察的材料放在载玻片的水滴中，加盖盖玻片，以备显微镜下观察，这种方法叫做临时装片（图 2-1-2）。临时装片的优点在于，新鲜材料组织不会被破坏，可保持原来生活状态，

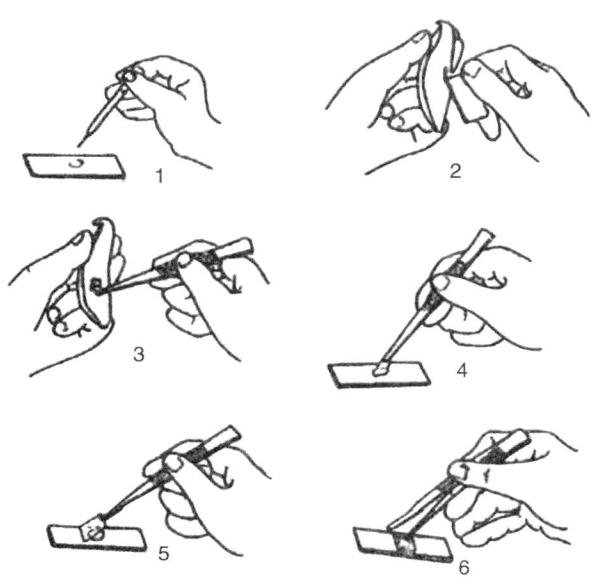

图 2-1-2　临时装片的制作方法

同时操作简便,不受设备条件限制,随时随地可以进行。

1. 将载玻片、盖玻片擦拭干净。
2. 在载玻片中央,滴加 1~2 滴清水。
3. 用镊子从洋葱鳞片叶叶内侧撕取一块透明的内表皮,置于载玻片的水滴中,用镊子将其展平。
4. 用镊子夹起盖玻片,使其一边先接触载玻片上的水滴,然后缓缓地放下,覆盖材料。
5. 在盖玻片一侧滴 1 滴 I_2-KI 溶液,用吸水纸从盖玻片的另一侧吸引,使染液浸润整个标本。
6. 用吸水纸将多余的水分吸去,使盖玻片紧贴载玻片,显微镜下观察(图 2-1-3)。

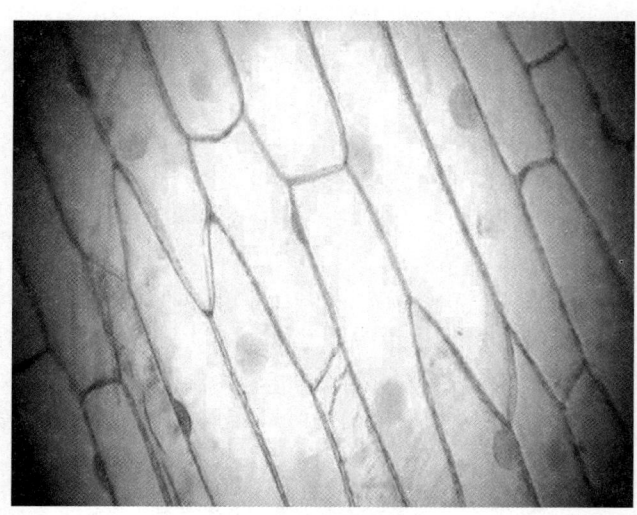

图 2-1-3　洋葱表皮细胞图(400×)

(三)生物绘图法

生物实验图不同于一般美术图,也不同于机械制图。生物绘图要求将标本的外形和内部结构准确地描绘下来,然后详加说明,要求形象自然,比例适当,线条清晰。

生物绘图一般用点、线表示,轮廓用线条描绘,明暗程度、物质含量多少等则用细点的疏密表示,图纸应选择能够用橡皮擦拭的上好白纸,绘图时先用中软(HB)铅笔绘出轮廓,然后用较硬(3H)铅笔绘出全图,图中各部分应注字说明,图与字之间用水平细线相连,图的标题填在图的下方。

注意事项

1. 使用高倍镜时,切勿使用粗准焦螺旋,否则容易压碎盖玻片并损伤镜头的透镜。
2. 一般凡是用低倍物镜能够观察清楚的标本,就不一定要换用高倍镜。

3. 擦拭玻片动作要轻，手指用力要均匀，否则易使薄片破碎。
4. 制作临时装片时，一定要盖上盖玻片，避免气泡的产生。

实验报告

绘制洋葱表皮细胞图，并标明各部分名称。

思考题

在洋葱表皮临时装片中，你看到的细胞都有细胞核吗？为什么？

实验二　植物细胞

实验目的

1. 掌握植物细胞的基本结构、质体的形态、细胞内的几种后含物的液泡。
2. 掌握植物细胞有丝分裂的过程。

实验材料

1. 器材　显微镜、解剖针、镊子、双面刀片、载玻片、吸管。
2. 试剂　I_2-KI 溶液、苏丹Ⅲ溶液、蒸馏水等。
3. 实验植物　洋葱鳞茎或番茄果实、红辣椒、马铃薯块茎、蓖麻种子、花生种子、油桐种子、洋葱细胞有丝分裂永久装片。

实验方法

（一）植物细胞的胞间连丝的观察

取一小块新鲜辣椒果皮，将内果皮朝上平放在载玻片上，用刀片刮去内果皮肥厚的果肉使之仅剩表皮，加 I_2-KI 溶液染色，制成临时装片观察。在高倍镜下可见表皮由不太规则的细胞群组成，细胞中有淡黄色的细胞质。细胞壁厚，着深黄色，壁上的小孔为纹孔，孔里有胞间连丝。

（二）有色体观察

用镊子挑取红辣椒（或番茄）靠近果皮的果肉少许，置于载玻片上捣碎后，制作临时装片观察。可见细胞内有许多菱形或圆形橙红色的小颗粒，即为有色体。

（三）有丝分裂的观察

取洋葱根尖纵切片放在低倍镜下先找到根冠一端，再找到分生区中的有丝分裂各时期的细胞，分别移到视野的中央，换高倍镜仔细观察各时期的主要特征。

1. 间期　核仁清晰，核质均匀。
2. 细胞核分裂期

（1）前期　细丝状的染色体出现，核膜、核仁消失，纺锤丝开始出现。
（2）中期　染色体集中排列于细胞的赤道面上或呈放射状散开（极面观）。
（3）后期　染色体分裂成两组子染色体，在纺锤丝的牵引下，分别向两极移动。
（4）末期　染色体到达两极，密集成团，至核膜、核仁重新出现，形成两个子核。

（四）植物细胞内的几种后含物

1. 淀粉粒　切马铃薯块茎一薄片，置于载玻片上加水 2~3 滴，放在显微镜下观察。细胞内有许多颗粒，注意观察它们的形状、大小与位置。若光线调节得当，可以看到颗粒上具有轮纹。每一个颗粒即一淀粉粒，加 1 滴稀薄的 I_2-KI 溶液，观察颜色变化。

2. 脂肪　切取花生子叶（或油桐胚乳）一薄片，置载玻片上，加几滴苏丹Ⅲ溶液。静置 10 min，然后盖上盖玻片，吸去多余的染液，置显微镜下观察，寻找较薄的地方，见细胞内有许多被染成橘红色的小圆球，即是脂肪球。

3. 糊粉粒　将蓖麻种子进行徒手切片，选取几片薄的切片置 95% 乙醇中，以便溶解切片中的脂肪。然后取 1 片于载玻片中，滴加 I_2-KI 溶液，置显微镜下观察。在薄壁细胞中可看到被染成黄色的圆形或椭圆形的糊粉粒。转换高倍镜，观察糊粉中球状体及蛋白质结晶体。

（五）液泡的活体观察

从洋葱鳞片上取一小块表皮，使其漂浮在以自来水配成的（1∶1000）中性红溶液中（pH 在 7.2 左右），染色 30 min，然后制成临时装片置显微镜下观察，可见活体细胞着色，液泡出现收缩现象。若将材料放在清水中，24 h 后，细胞全部退色，液泡不再收缩，恢复正常状态。

实验报告

1. 绘制洋葱表皮细胞结构图。
2. 绘制植物细胞有丝分裂过程图。

思考题

1. 植物细胞中有哪些质体？各有何特征？它们之间的关系如何？
2. 细胞的后含物中包含哪些主要物质？可用什么方法检验？
3. 简述植物细胞有丝分裂的主要过程。

实验三 植物组织

实验目的

1. 掌握植物细胞的有丝分裂及各个时期的主要特征。
2. 掌握徒手切片方法。
3. 了解植物成熟组织的类型及分布。

实验材料

1. 器材　显微镜、载玻片、刀片、镊子、解剖针、烧杯、试管、酒精灯。
2. 试剂　10%铬酸溶液、碘液、氯化锌、间苯三酚、盐酸、水合氯醛。
3. 实验植物　蚕豆叶、烟草叶、玉米叶、小麦叶、桑茎横切片、南瓜茎纵切片、南瓜茎横切片、桑茎、蚕豆茎、蓖麻茎、梨果肉。

实验方法

（一）保护组织的观察

1. 双子叶植物叶表皮　撕取蚕豆叶或烟草叶下表皮一小块，置载玻片上用水合氯醛透化，放在显微镜下观察。

（1）表皮细胞　结合紧密，没有细胞间隙，细胞壁边缘呈波纹状互相嵌合，细胞核位于细胞壁边缘，细胞质无色透明，不含叶绿体。

（2）气孔器　在表皮细胞间可见到一些半月形的细胞，成对配置，为保卫细胞。两个保卫细胞凹面相对，内壁较厚，外壁较薄，两内壁之间的胞间隙为气孔。

（3）表皮毛　烟草叶表皮细胞上有单细胞表皮毛，长而尖。也有腺毛，较短，顶端膨大（腺毛是分泌组织，因观察方便，在此处看）。

2. 禾本科植物叶表皮　自玉米或小麦幼苗取一叶片，置载玻片上，用刀片轻轻刮去叶肉，留下表皮，加碘液染色，盖上盖玻片，用滤纸条吸去多余的染液，置显微镜下观察。玉米或小麦叶表皮细胞形状较规则，成行排列，包括相间排列的长、短两种细胞，不含叶绿体。气孔器由两个哑铃形的保卫细胞和两个副卫细胞组成，排列成行，仔细观察。

试比较双子叶植物叶和单子叶植物叶的表皮细胞和气孔器的形态结构特征。

3. 周皮和皮孔　取桑茎横切片置显微镜下观察。在茎的外表有数层长方形细胞，排列整齐，无胞间隙，细胞壁木栓化，此即木栓层。木栓层有些地方已破裂向外突起，裂口中有薄壁细胞填充，此即皮孔。木栓层下面的一层细胞为木栓形成层，其内方一些薄壁细胞为栓内层。木栓、木栓形成层、栓内层三者合称周皮。

（二）输导组织的观察

1. 导管　是被子植物的主要输水组织，根据其木质化增厚情况不同，可分为环纹导管、螺纹导管、梯纹导管、网纹导管和孔纹导管。

2. 筛管　是植物运输有机养料的组织，为生活的细胞。取南瓜茎纵、横切片在低倍镜下观察，首先分清维管束中的木质部和韧皮部，筛管在韧皮部。注意南瓜茎为双韧维管束，具有内、外韧皮部。选择一个较清楚的筛管进行观察，两筛管细胞间有筛板，筛板有许多小孔，称为筛孔。相连两细胞的原生质通过筛孔彼此相连，形成联络索，筛管侧面有一薄壁细胞相连，即为伴胞。

取南瓜茎纵切固定封片，先找到被染成红色的木质部，观察导管。然后在导管的内、外侧找到韧皮部，可见筛管由许多管状的细胞组成，其内无细胞核，有原生质束，两端壁称筛板，其上的孔为筛孔。在筛管侧面紧贴着一列染色较深的、具有明显细胞核的细长薄壁细胞，即为伴胞。

（三）机械组织的观察

1. 厚角组织　取蚕豆叶或蓖麻茎，制作徒手切片。取横切片置显微镜下观察。在紧靠表皮以内的数层细胞没有细胞间隙，细胞壁在三四个细胞相邻的角上加厚，这些在角隅部位加厚的细胞群即是厚角组织。

2. 厚壁组织——纤维　纤维是一种长形两头尖的细胞，其长度可超过直径许多倍。

取桑茎一小段，撕取少许韧皮纤维束，放在试管内，用铬酸溶液浸泡，然后在酒精灯的火焰上煮 1~2min，取出材料用水冲洗后，置载玻片的水滴中，用解剖针将束分离成最细的纤维，然后放在显微镜下观察。可以看到纤维凸形的尖端，增厚的细胞壁和狭小的细胞腔，在高倍镜下可观察到细胞壁增厚的轮层，若加 1~2 滴氯化锌-碘液，纤维细胞壁则呈紫蓝色，证明细胞壁是纯纤维素构成的。

3. 石细胞　石细胞是一种大致等直径的厚壁细胞，有很厚的木质化细胞壁，细胞成熟后，原生质消失形成空腔。

将梨的果肉切一薄片，用间苯三酚与盐酸处理，置显微镜下观察。注意观察聚集成团的石细胞团，每团中有许多石细胞，石细胞被染成红色，而果肉细胞不起变化，这是细胞壁木质化的显著标志，在石细胞的厚壁上还可以看到沟纹。

实验报告

1. 绘制双子叶植物叶气孔器结构图，并注文字说明。
2. 绘制五种不同类型的导管结构图，并注文字说明。

思　考　题

1. 根据你观察的材料，比较单子叶植物与双子叶植物叶表皮在形态结构上的特点。
2. 根据实验观察比较管胞与导管的异同，为什么说导管是更进化的运水机构？
3. 机械组织有哪些种类？它们在植物体内的分布有何规律？

实验四　根的初生结构、次生结构及侧根的发生

实验目的

1. 掌握根尖的外形、分区和内部构造。
2. 掌握根的初生结构、次生结构及其基本特点。
3. 掌握根维管形成层的发生、特点和在次生结构产生中的作用。

实验材料

1. 器材　显微镜、刀片。
2. 实验植物　蚕豆（或棉花、小麦、玉米、蓖麻等）根系标本、玉米根尖纵切片、蚕豆幼根新鲜材料、鸢尾根、棉花或木槿老根横切片、蚕豆幼根横切片、蚕豆侧根发生纵切片、蚕豆侧根发生横切片、洋葱根尖纵切片。

实验方法

（一）根的外形观察

1. 取蚕豆或棉花的幼苗，观察根的外形，注意根毛着生的部位及其下方伸长区和生长点的情况。
2. 根系
（1）直根系　主根发达，较粗长，向下生长，其旁分生侧根。
（2）须根系　主根不发达，自茎的基部发生许多粗细相似的不定根。试区别小麦、玉米、棉花、蚕豆、蓖麻，各属哪种根系类型，怎样区别主根、侧根和不定根。

（二）根尖的内部结构

取洋葱根尖纵切固定装片，在显微镜下观察各区的细胞结构特点（先在低倍镜下观察，然后再转到高倍镜下观察）。

1. 根冠　在根尖的最前端，略呈三角形，套在生长点的外面，是一群排列不整齐的薄壁细胞。
2. 生长点　位于根冠之内，长1～2mm，由排列紧密的小型多面体细胞组成。在高倍镜下观察可见到许多正处于分裂状态的细胞。
3. 伸长区　位于分生区的上方，长2～5mm，细胞在长轴方向上显著增加。在高倍镜下观察可见内部细胞开始出现分化。
4. 根毛区（成熟区）　在伸长区的上方，此区的细胞在大小上与伸长区的细胞相比没有太多变化，根的中央部分出现成熟组织。在高倍镜下观察可见不同增厚形式的导管分子。根毛由于切片的原因大部分被破坏，在高倍镜下观察可见表皮细胞上的残迹。

（三）双子叶植物根的初生结构

通过棉花幼根的根毛区固定装片，观察根的初生结构，可见由外向内可依次区分为表皮、皮层、维管柱（中柱）三部分。

1. 表皮　是根的最外一层细胞，排列紧密、整齐，在有的细胞可观察到有根毛残体。

2. 皮层　在表皮之内，占幼根的大部分，由多层薄壁细胞组成，可进一步分为外皮层、中皮层和内皮层三部分。

（1）外皮层　靠近表皮之下的几层细胞（1～3层），细胞较小，细胞壁常木栓化代替表皮起暂时保护作用。

（2）中皮层　细胞体积较大，排列疏松，有较大的细胞间隙，细胞具有储藏作用。在水生植物，此部分组织细胞常特化成通气组织。

（3）内皮层　是皮层的最内层细胞，包绕着内部的维管柱。细胞小，排列紧密，细胞横壁和径向壁上具有木栓化的带状加厚——凯氏带，在根的横切面上可见常被染成红色的凯氏点（或凯氏带）。

3. 维管柱　内皮层以内就是维管柱，细胞较小，排列紧密，可分成中柱鞘、初生韧皮部、初生木质部、薄壁细胞及髓几部分。

（1）中柱鞘　是维管束的最外1～2层细胞，排列紧密、整齐，保持着分生组织的特点和功能，侧根、木栓形成层（首次）和维管束形成层的一部分发生于此。

（2）初生木质部　在切片中初生木质部的导管常被染成红色，其细胞壁厚，腔大，是疏导水分和无机盐的组织，常排列成4～6束的星芒状，根据木质部有几束常将根称为几原型的根，如蚕豆根属四原型。初生木质部的发育（成熟）属外始式，靠外侧的是原生导管，导管口径小，着色深；靠内侧的是后生导管，导管口径大，着色浅。

（3）初生韧皮部　与木质部相间排列，由深色的韧皮纤维和浅色的筛管、伴胞等构成，是疏导同化产物的组织。

（4）薄壁细胞　木质部和韧皮部之间有薄壁细胞存在，这部分细胞可以恢复分生能力，形成维管形成层的一部分。

（5）髓　有些植物的维管柱中心的薄壁细胞不分化出木质部，这部分细胞称为髓。绝大多数双子叶植物根都没有髓，如棉花、向日葵等。

（四）单子叶植物根的初生结构

单子叶植物的根没有形成层，所以只有初生结构。取单子叶植物玉米、鸢尾等根的根毛区上方部位横切制成临时装片，或取其固定装片观察，区分出表皮、皮层、维管柱三部分。

1. 表皮　是根的最外一层细胞，排列紧密、整齐，可观察到有根毛残体。

2. 皮层　在表皮之内，靠近表皮之下的几层细胞（1～2层），细胞较小，称为外皮层。在较老的材料中可见2～3层细胞壁，常木栓化代替表皮起保护作用，被染成红色。其内皮层幼龄期与蚕豆根相似，也可见凯氏带加厚（四面均有）。稍老后，则细胞的五个面都加厚，并木栓化，仅外切向壁是薄的，显微镜下呈马蹄形。仅在正对木质部束的地方保留1～2个细胞壁不加厚的细胞，称通道细胞。

3. 维管柱　由中柱鞘、初生韧皮部（包括原生韧皮部和后生韧皮部）、初生木质部（包括原生木质部和后生木质部）、木质部和韧皮部之间的薄壁细胞及髓几部分组成。中柱鞘是维管柱最外边排列紧密的小细胞，其内部是相间排列成一轮的初生韧皮部和初生木质部，两者之间是薄壁细胞。原生木质部细胞口径较小，发生早，染色较深，在外部。后生木质部口径较大，发生晚，染色较浅，在内侧。每束后生木质部与外边的原生木质部相对。初生韧皮部的细胞在低倍镜下不易观察，可转换到高倍镜下观察（原生韧皮部在外，后生韧皮部在内）。维管柱的中央是由大型薄壁细胞组成的髓。

（五）根的次生结构

大多数双子叶植物和裸子植物的根，由于具有形成层而可以产生根的次生结构，使其继续生长，因此可以使根不断地加粗。

主要观察双子叶植物根的次生结构。取棉花或木槿等植物的老根横切永久装片进行观察。其特点是原最外层的表皮和皮层已经脱落被木栓形成层产生的周皮取代，维管形成层向外产生了少量的次生韧皮部，向内产生了大量的次生木质部。在显微镜下观察，由外向内可区分出周皮、次生韧皮部、形成层、次生木质部及射线。

1. 周皮　可区分为木栓层、木栓形成层和栓内层三部分。

（1）木栓层　是老根最外排列整齐的几层死细胞。横切面呈扁方形，细胞壁栓质化，常被染成暗红色，是由中柱鞘细胞形成的木栓形成层向外产生的细胞发育而成的次生性保护组织。

（2）木栓形成层　在木栓层之内，有一层扁方形的薄壁的生活细胞，细胞质浓厚，可被固绿染成黄色，是由中柱鞘细胞恢复分生能力而形成的，主要进行平周分裂，向外分裂产生木栓层细胞，向内分裂产生栓内层细胞。

（3）栓内层　木栓形成层之内有2~3层较大的薄壁细胞是栓内层，被固绿染成蓝绿色。

2. 次生韧皮部　位于周皮之内、形成层之外，由筛管、伴胞、韧皮纤维和韧皮薄壁细胞组成。除韧皮纤维被染成红色外，大部分细胞被染成深浅不同的蓝绿色。其中，筛管、伴胞、韧皮纤维常集生在一起，韧皮薄壁细胞集生在一起，两者相间排列。在横切装片中集生的韧皮薄壁细胞呈放射状的倒三角形，是韧皮射线，具有横向运输的作用。初生韧皮部已被挤坏，常不能分辨。

3. 次生木质部　位于根的中心，呈星芒状。其最中心为一两个口径稍大的后生导管，周围是与它一起组成初生木质部的一些小导管、木纤维和管胞。初生木质部的每一个棱角对着一条较宽的射线。

4. 形成层　位于次生韧皮部和次生木质部之间，有几层被染成浅绿色的扁长形细胞，称为"形成层带"。实际上形成层只有一层细胞，由于它向内、向外的分裂非常迅速，而且刚产生的细胞尚未分化成熟，与形成层的细胞很难区分，因此，在横切面上看到的是多层细胞组成的形成层带。

（六）侧根

取蚕豆根纵切片（通过侧根的）于显微镜下观察，可看到中柱鞘的一部分细胞。因恢复了分生能力，分生新细胞，形成了侧根，侧根逐渐生长，穿过皮层、表皮向外伸出。

实验报告

绘制棉花或蚕豆根的初生构造简图并绘出一部分详细结构，标示所见各部分。

思 考 题

1. 根尖结构如何？有哪些主要特征？
2. 侧根是怎样产生的？产生的部位与组织构造有何关系？
3. 在根的初生结构中，内皮层细胞有些具有凯氏带，有些为通道细胞，通道细胞的位置往往有规律？为什么？有何作用？

实验五　植物茎的解剖结构

实验目的

1. 掌握双子叶植物茎的初生结构。
2. 掌握单子叶植物茎的初生结构。
3. 掌握裸子植物茎的结构特点。

实验材料

1. 器材　滑走切片机、放大镜、显微镜、载玻片、盖玻片、刀片等。
2. 实验植物　玉米茎横切装片、向日葵茎横切固定装片、向日葵茎纵切固定装片、松树茎横切片、松林三切面切片、玉米茎横切片、杨树茎横切片。

实验方法

（一）双子叶植物草本茎——向日葵茎的结构

取向日葵茎横切固定装片、向日葵茎纵切固定装片进行观察，先在低倍镜下区分出表皮、皮层、和维管束三部分，然后再转到高倍镜下进行观察。

1. 表皮　茎最外面的一层较小的、排列比较紧密的细胞是由原表皮发育而来，细胞壁外壁可见角质化的角质层，属初生保护组织。另外，表皮上还分布有气孔器、表皮毛、腺毛等附属结构。气孔器保卫细胞在横切面上较表皮细胞小，染色较深，还可见两个保卫细胞之间的孔隙及其内方较大的孔下室。表皮具保护作用。
2. 皮层　是表皮以内、维管柱以外的部分，由基本分生组织发育而来。靠近表皮的几层细胞比较小，细胞壁在角隅处加厚，为厚角组织，起支持作用。厚角组织内侧为由数层薄壁细胞构成的基本组织，其细胞体积较大，排列疏松，有细胞间隙。茎的皮层中，一般没有形态上可以分辨的内皮层，但在有些植物的幼茎中，皮层的最内层细胞含有淀粉粒，称为淀粉鞘。
3. 维管柱　皮层以内的轴状部分，较发达，占幼茎横切面中央较大的面积，由维管束、髓和髓射线组成。

（1）维管束　呈束状，染色较深，在横切面上许多维管束排成一环。维管束之间为薄壁组织所隔离。每个维管束都由初生韧皮部、束中形成层和初生木质部组成。韧皮部位于木质部的外方，为外韧无限维管束。它们都是由原形成层发育而来的。由于有束中形成层存在，所以也称无限维管束或开放式维管束。

① 初生韧皮部：包括原生韧皮部和后生韧皮部，其发生方式是外始式的，由筛管、伴胞、韧皮纤维和韧皮薄壁细胞组成。在向日葵茎的韧皮部的外方是原生韧皮纤维，也称为"中柱鞘纤维"。

② 束中形成层：是由原形成层保留下来的，仍具有一定的分生能力的分生组织。在切片上细胞呈扁平形的小细胞，壁薄，染色较浅，位于韧皮部和木质部之间。

③ 初生木质部：包括原生木质部和后生木质部，前者靠近茎的中心，导管口径较小，染色较深，发生早。后者位于外方，导管口径较大，染色较浅，发生较晚。初生木质部的发育方式是内始式的。

（2）髓　位于茎的中央，由一些体积较大、排列疏松的薄壁细胞组成，具有一定的储存能力，由基本分生组织发育而来。

（3）髓射线　是位于两个维管束之间的薄壁细胞群，它内连髓，外连皮层，呈放射状，具有横向运输的能力并兼具储存的能力，是由基本分生组织产生的。

（二）双子叶植物木本茎——杨树茎的构造

取杨树茎横切面玻片标本，先在低倍镜下观察，分出周皮、皮层、韧皮部、形成层、木质部、年轮、髓、髓射线、维管射线（次生射线）等部分，然后再在高倍镜下详细观察各部的细胞。

1. 表皮　即最外一层细胞，并有很厚的角质层，在切片上被染成红色，有些地方已脱落。
2. 周皮　在表皮以内的数层扁平的细胞，仔细观察，可以分为三层：

（1）木栓层　紧接表皮以内，在老茎上即最外的数层细胞，胞壁已栓质化（没有染上颜色，故为无色透明），细胞只是一空腔，内有一些丹宁等物质被染成浅蓝色或灰黑色。

（2）木栓形成层　在木栓层的内方有一层扁平形的细胞，胞内充满细胞质并有细胞核。

（3）栓内层（绿皮层）　在木栓形成层的内方，有一两层细胞，当生活时细胞内含有叶绿体，在切片内染成蓝绿色。

3. 皮层　在周皮以内的一些薄壁细胞即是皮层。切片内呈深蓝绿色，细胞内含有结晶体及其他贮藏物质。

4. 维管柱

（1）维管束

① 韧皮部：包括一些染成绿色的筛管、伴胞和许多薄壁细胞。此外，还可以看到一些成束的被染成红色的韧皮纤维细胞。

② 形成层：在韧皮部与木质部之间的一两层排列整齐的扁平形细胞，被染成浅绿色。

③ 木质部：在形成层以内，除中央的髓部以外，所有被染成红色的部分都是木质部。切片上有几个年轮在木质部内接近髓部的一些小型导管是初生木质部的导管，初生木质部只占整个木质部的很小一部分。

（2）髓　髓在茎的中心，由一些薄壁细胞构成，髓的外围几层形小壁厚的细胞成一圈，呈五角形，为环髓带。

（3）髓射线　一些呈放射性排列的薄壁细胞，由髓直达皮层。

（4）维管射线　在维管束内的一些类似髓射线的构造，一般只有一列细胞，比髓射线要窄，为次生射线。

（三）裸子植物茎——松树茎的构造

为了充分了解松树茎的结构，须观察三个切面，即横切面、径向切面和弦向切面（切向切面）。

1. 松树茎横切面 将松树茎横切片置于低倍显微镜下观察，注意松树茎和一般双子叶木本茎的结构基本是相同的，如表皮、周皮等，但在皮层薄壁细胞中有许多由分泌细胞围成的树脂道，在韧皮部内只有筛胞而无筛管和伴胞，在木质部内只有管胞而无导管及木质纤维，木质部管胞在横切面上细胞直径大小较以前看的杨树均匀，在木质内部还可看到一些辐射薄壁细胞排列较宽，由髓下直达柱鞘，称为髓射线（初生射线），有许多较窄的只有木质部到韧皮部的射线，称为维管射线（次生射线）。此外，在木质部中还有很多形状较小的树脂道。

2. 松木三切面 另取已制好的松木三切面（即木质部的横切面、径向切面和切向切面）于低倍镜下观察。首先对照挂图分清玻片上三个切面，然后分别对这三个切面进行观察，并仔细思考。

（1）横切面 管胞在横切面上是横切，呈方形和近于方形。注意观察年轮，有几个年轮，每个年轮的早材和晚材有何区别（为什么会有区别）。在木质部的晚材中，还可看到树脂道的横切面、射线的纵切面。转换高倍镜，仔细观察管胞的细胞壁，在径向壁上可见到被切的具缘纹孔。

（2）径向切面 在径向切面上，可看到完整的一个管胞，管胞沿纵轴伸长，两头渐尖，两个管胞以尖锐端斜面相靠，互相穿插，其上可见到许多具缘纹孔（注意：只有在径向切面上才可看到具缘纹孔的表面。想想，这是为什么？）转换高倍镜，观察一个具缘纹孔的结构。射线在径向切面上为纵切，多列细胞从中向外方并排着，与纵向排列的管胞垂直。此外，还可见到树脂和年轮。

（3）切向切面 在切向切面上，管胞上的具缘纹孔呈切面观，每个管胞的切向壁上有一系列具缘纹孔的壁孔。射线在切向切面上为横切，细胞呈圆形，整个射线呈纺锤形。从纺锤形的大小，可区别髓射线和维管射线。此外，还可见到树脂道和年轮。

（四）单子叶植物茎的结构——玉米茎的构造

绝大多数单子叶植物茎中没有形成层，因此茎不能增粗，只有初生结构，构造比较简单。与双子叶植物茎相比，其主要不同点在于维管束呈散生状态，分布于基本组织中。常见两种类型，以禾本科植物的茎为例，观察单子叶植物茎的构造。

取玉米茎的横切装片进行观察，可见茎的中央没有髓腔，主要有表皮、基本组织、维管束三部分组成。

1. 表皮 为茎的最外层细胞，排列整齐、紧密，横切面呈扁方形，外壁增厚，具有保护作用。表皮上有气孔器，横切面上可见其保卫细胞很小，两侧的副卫细胞稍大，中间的孔为气孔。

2. 基本组织 外部靠表皮有1~3层形状较小、排列紧密的厚壁细胞，它们排列成一个保护环，每隔一定的距离为气孔所隔断，称外皮层，属基本组织的一部分，有机械支持和保护作用；内部为薄壁细胞，是基本组织的主要部分，细胞较大，排列疏松，其中有许多维管束散生其中。

3. 维管束 分散在基本组织中，外方多而小，分布比较密集；靠近中央则大而少，分布比较稀疏。在高倍镜下仔细观察一个维管束，可见每个维管束的外面有一至数层厚壁细胞构成的维管束鞘包裹着，里面只有木质部和韧皮部，没有形成层，为有限维管束。其中韧皮部在外方，包括在最外方的原生韧皮部，多被挤坏，与里面的后生韧皮部，是韧皮部的有效部分，只有筛管和伴胞两种成分，排列较整齐。木质部通常含有3~4个显著的、被染成红色的导管，在横切面上排列成"V"形。其下半部分是原生木质部，由1~2个较小的导管和少量的薄壁细胞组成，小导管的内侧有一个空腔，是由于茎的伸长，最早形成的导管被破坏而形成的空腔，称为气腔或胞间道；其上部是后生木质部，有两个大的孔纹导管，两者之间分布着一些管胞。

实验报告

1. 绘制向日葵茎的初生结构，并标明各部分名称。
2. 绘制玉米茎的初生结构，并标明各部分名称。

思考题

1. 列表比较杨树茎、向日葵茎、松树茎和玉米茎结构上的特征。
2. 什么叫做木材三切面？木材在三个不同切面上所表现的形态有什么不同？
3. 髓射线和维管射线在形态特征、分布位置、来源发生上有何异同？

实验六　叶的解剖结构

实验目的

1. 掌握双子叶植物叶和裸子植物叶的形态结构。
2. 掌握徒手切片的方法。

实验材料

1. **器材**　显微镜、盖玻片、载玻片、刀片、镊子、毛笔、培养皿。
2. **实验植物**　棉花叶横切装片、松针叶横切装片、玉米叶横切装片、樟树叶片。

实验方法

（一）双子叶植物叶（两面叶、异面叶）——棉花叶的结构

取棉花叶横切装片，首先在低倍镜下区分清表皮、叶肉和叶脉等几部分基本构造，然后再转换高倍镜进行观察。

1. **表皮**　由一层生活细胞构成，横切面上呈方形，排列紧密，细胞外壁角质化，有角质层。在表皮细胞中，还可观察到成对的、染色较深的小细胞——保卫细胞，保卫细胞之间的缝隙

即气孔。有些植物的叶在表皮上还生有单细胞毛、簇生的表皮毛、棒状或椭圆形的具有分泌作用的多细胞腺毛等。

2. 叶肉　上、下表皮之间的绿色部分，属同化组织。靠上表皮的是栅栏组织，细胞呈圆柱形，以细胞的长轴和叶表面垂直排列，并与表皮细胞紧密相连。栅栏组织的细胞，排列紧密而整齐，细胞内含叶绿体多，因此，生活的叶片上面绿色较浓。另一部分是靠近下表皮的海绵组织，细胞形状不甚规则，常呈圆形、椭圆形等。细胞排列也没有定序，胞间隙比较发达。海绵组织细胞内含叶绿体较少，因此生活的叶片下面的绿色较淡。在气孔的内方，常具有较大的胞间隙，特称孔下室。

3. 叶脉　是叶肉中的维管组织，常伴生一定的机械组织，分布在维管束的上、下方。叶片的主脉具有较大的维管束，其近轴面也就是靠近上表皮的一面，是维管束的木质部。在靠近下表皮的一面也就是远轴面，是韧皮部，两者之间也见到几层扁平细胞，为束中形成层，它们的活动有限，所以叶脉没有明显的增粗。韧皮部的下方是较发达的薄壁组织和机械组织，这是棉花叶中脉下面向外突出的原因。

在中、小型的叶脉中一般没有形成层，只有木质部和韧皮部，其外包围着薄壁组织构成的维管束鞘。叶脉越分越细，其结构也越来越简单。到叶脉的末端时，韧皮部已经消失，木质部也简化成了一个管胞。

（二）单子叶植物叶——玉米叶的结构

取玉米叶横切装片置显微镜下观察。

1. 上、下表皮　表皮细胞排列较规则，切面稍近方形，细胞的外壁有加厚的角质层，上、下表皮上均有气孔分布，每一气孔的内方，有一较大的细胞间隙称为气室。在上表皮细胞中有一些特别大型的细胞，其外壁无角质层，此即运动细胞。

2. 叶肉　玉米的叶肉组织较为均一，无明显的栅栏组织和海绵组织之分，除上述气室以外，细胞间隙很小。

3. 叶脉　叶内的维管束平行排列，每一维管束外围有一层形大透明的细胞，称为维管束鞘。找一大型叶脉观察，可以看到木质部中的大、小导管和韧皮部的筛管、伴胞等的横切面，维管束的上方均具厚壁细胞，即叶的机构组织。

（三）旱生植物叶——松叶的构造

取松针叶横切装片在显微镜下观察。

1. 表皮与下皮层　表皮细胞排列紧密，壁普遍加厚，并强烈木质化。由于表皮细胞壁很厚，以致表皮细胞在横切面上观察时细胞腔很小。表皮细胞的外壁还堆积着一层很厚的角质层。

表皮细胞内是一至数层纤维状的厚壁组织，称下皮层，可防止水分蒸发和使叶坚固。松属针形叶的气孔下陷到下皮层以内，由一对保卫细胞和一对副卫细胞组成，副卫细胞在保卫细胞的外上方，拱盖着保卫细胞。下陷的气孔可以减少水分的蒸发，是松属对旱生生活的一种适应。

2. 叶肉　位于下皮层以内、内皮层以外，没有栅栏组织、海绵组织的分化。叶肉细胞的壁向内折陷形成了许多不规则的皱褶，叶绿体沿褶皱排列。此外，在叶肉组织中还分布有树脂道，树脂道的腔由两层细胞围成，内层是一层分泌细胞，有分泌功能；外层是一层栓质化的厚壁细胞，具有支持作用。树脂道的数量和着生位置在不同的松属植物是相对固定的，可作为分类的依据之一。

3. 内皮层　叶肉内方有一层排列整齐的厚壁细胞，这层细胞明显地具有栓质化的凯氏带，称为内皮层。叶肉细胞具有内皮层结构，是松针叶的特征之一。

4. 维管束　位于叶的中央有 1~2 个外韧维管束。维管束的木质部位于近轴面，韧皮部位于远轴面。木质部主要由管胞和木薄壁细胞组成，韧皮部主要由筛管和韧皮薄壁细胞组成，它们各自成行相间排列，形成整齐的径向行列。

5. 转输组织　在内皮层和维管束之间有几层排列紧密的细胞，称为转输组织。转输组织常由三种类型的细胞构成：

（1）死细胞　细胞壁稍厚并轻微木质化，壁上有具缘纹孔，称管胞状细胞。

（2）活的薄壁细胞　常见充满鞣质。管胞状细胞常分布在这种薄壁细胞之间。

（3）蛋白细胞　细胞内含有浓厚的细胞质，一般成堆地分布在韧皮部的外侧，这种细胞称为蛋白细胞。

转输组织的作用可能与叶肉维管束间的运输有关。

（四）徒手切片制作装片

1. 取材　选取待观察的植物材料，初步切取大约 3 cm 长的小块，再依切片的具体要求，将组织块修整为 0.5 cm 的材料块。本实验以樟树叶为材料制作装片。

2. 切片

（1）以左手夹住材料，用右手平稳地握住刀片。

（2）使刀片与材料的断面保持平行，刀口自左上方斜向右下方，动作要均匀有力。

（3）材料与刀片须常以水湿润。

（4）切下的薄片，立即用毛笔蘸水后粘取，移入盛有清水的培养皿内。

3. 选片

（1）切片完整，在培养皿中选择薄而均匀，且切面完整的组织切片捞出。

（2）放在载玻片上制作临时水装片，然后置于显微镜下观察。

（3）如果结构能被清晰地显示出来，则可制成永久保存封片。

实验报告

1. 绘制双子叶植物叶横切面图，并注字说明。
2. 绘制单子叶植物叶横切面图，并注字说明。
3. 绘制松针叶横切面图，并注字说明。

思考题

1. 列表比较棉花叶、玉米叶和松针叶在结构上的特征（附图）。
2. 夏天正午，烈日当头，玉米、高粱的叶往往向内卷曲，清晨又复展开，这是什么原因？
3. 简述徒手切片的步骤及要点。

实验七 花的构造

实验目的

1. 掌握被子植物花几种主要的结构类型。
2. 掌握解剖花以及使用花程式描述花的方法。
3. 了解被子植物花的外部形态及各组成部分的特点。

实验材料

1. 器材 扩大镜、解剖刀、镊子、解剖针。
2. 实验植物 白菜苔花、红菜苔花、番茄花、桃花、南瓜花、蚕豆花、罂粟花、虞美人花或鸢尾花、石竹花。

实验方法

（一）花的组成部分

观察白菜苔花和红菜苔花（或康乃馨），可见到如下几部分：

1. 花柄 绿色细柄为花柄。
2. 花托 位于花柄顶端稍膨大的部分。
3. 花被 白菜苔花的花被有两种，排列在花托的基部，外轮为花萼，内轮为花冠，这种花称为两被花。
   （1）花萼 由黄绿色的四生类似叶片的部分组成，总称花萼，花的每一片称为萼片。
   （2）花冠 为黄色的四片组成，总称花冠，花冠的每一片称为花瓣。
4. 雄蕊群 包括6个分离的雄蕊，在花被里面呈两轮排列在花托上，在外的2个比较短，在内的4个比较长。观察一个雄蕊的结构，下部细长如线的为花丝，花丝顶端着生囊状物部分称花药。
5. 雌蕊群 位于花的最内面，雌蕊有1个，由两个合生的心皮形成，其基部膨大部分（占据雌蕊大部分）称为子房，子房上面稍细的部分称为花柱，花柱顶端稍膨大的部分称为柱头。用放大镜观察位于子房两边2枚比较短的雄蕊之间的基部有蜜腺。

（二）子房的位置

依照子房在花托上的位置，可以将花分成三种，即子房上位（下位花）、子房中位或子房半下位（周位花）及子房下位（上位花）。

（三）胎座

胚珠以珠柄生在子房上的地方称胎座。因心皮连合情形不一，胎座有边缘胎座、侧膜胎座、特立中央胎座之分。

观察蚕豆花、虞美人花、白菜苔花、罂粟花、鸢尾花、番茄花、石竹花等各属何种胎座。

（四）用花程式和花图式表示花

1. 花程式　为了简要说明一朵花的结构，花各部分的组成、数目、子房的位置和结构，可以用一个公式——花程式表示。花程式中的字母、数字和符号代表的意义如下：

K——花萼；C——花冠；A——雄蕊群；G——雌蕊群；P——花被（花萼、花冠不能区分）；＊——辐射对称花；↑——两侧对称花；♀——雌花；♂——雄花

字母右下方的数字，表示各轮的实际数目，缺少一轮，记为"0"；数目多于花被的 2 倍，即为"多数"，可用"∞"表示；如果某一部分的各单位互相连合，可在数字外加上"（ ）"；如果某一部分有 2 轮或 3 轮，可在各轮数字间加上"＋"号；$\underline{G}$ 表示上位子房，$\overline{\underline{G}}$ 表示周围子房，$\overline{G}$ 表示下位子房，在 G 右下角可以依次写上 3 个数字，依次代表构成该子房的心皮数、子房室数和每室胚珠数，数字之间用"："号相隔。

2. 花图式　花图式是用花的横切面简图来表示花各部分的数目、离合情况、排列的位置和胎座类型。

花图式上方一个黑点表示花轴或花序轴，这是花图式绘制时的定位点。花部的远轴片和近轴片以及子房横切面角度都依此点而定（图 2-1-4）。

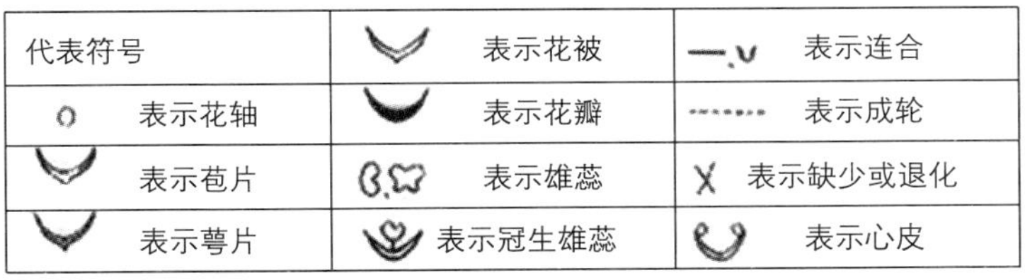

代表符号		表示花被		表示连合
○	表示花轴		表示花瓣	……… 表示成轮
	表示苞片		表示雄蕊	✕ 表示缺少或退化
	表示萼片		表示冠生雄蕊		表示心皮

图 2-1-4　花图式的表示图例

实验报告

1. 绘制白菜苔花和红菜苔花的花结构图，并标注各部分名称。
2. 用花程式表示一种花。
3. 用花图式表示白菜苔花或红菜苔花。

思考题

如何理解花是适应生殖的变态短枝？

实验八　花药和胚囊的解剖结构

实验目的

1. 掌握花药和胚囊的结构。
2. 了解花粉粒及胚囊的形成过程。

实验材料

1. 器材　显微镜。
2. 实验植物　百合幼嫩花药、成熟花药及子房横切永久制片。

实验方法

（一）花药的结构和花粉的形成

在显微镜下详细观察百合幼嫩花药的横切面制片，注意下列各部分：

1. 百合幼嫩花药　花药呈蝴蝶状，由药隔分为左、右两部分，每部分各有两个花粉囊，药隔中分布着由花丝进入花药的小束维管束。

在高倍镜下观察，花粉囊壁可分为 4 层：

（1）表皮　最外一层细胞，较小，排列紧密。

（2）药室内壁　表皮内侧一层细胞，较大，细胞内含淀粉粒。

（3）中层　1~3 层较小的扁平细胞。

（4）绒毡层　最内层的柱状细胞，核大，质浓，排列紧密。

（5）花粉母细胞　细胞呈多角形，核大，质浓。

2. 百合成熟花药　花药两侧的花粉囊隔膜解体，两室相互沟通成一室，室内充满花粉粒。花粉囊壁结构出现纤维层，表皮萎缩，中层和绒毡层消失。应注意识别纤维层细胞壁增厚形式及唇细胞。唇细胞为两个花粉囊之间交界处的几个薄壁细胞。花粉粒发育成熟，形态清晰可辨。

（二）雌蕊的子房解剖构造

取百合子房的横切面制片，在显微镜下观察。可见子房 3 室，由 3 个心皮合成，每室中有 2 列胚珠（横切面上为 2 个胚珠）着生在中轴上。

在低倍显微镜下详细观察一个胚珠的结构，注意下列部分：

1. 珠被　胚珠最外面的 2 层薄壁组织称为珠被，但在百合胚珠中，在近珠柄的一面，只有 1 层珠被。

2. 珠心　包在珠被里面的部分。

3. 珠孔　珠被包在珠心的外面，但不是完全密封的，在上端留一小孔，称为珠孔。
4. 胚囊　珠心的中部，有一个大的囊状结构，称为胚囊。
5. 珠柄　胚珠与胎座相连接的部分称为珠柄。

（三）成熟胚囊的结构

观察百合雌蕊的切片，注意胚囊内所具有的细胞及其位置。接近珠孔一端，有 3 个细胞，其中一个较大的细胞即是卵，其他两个为助细胞，在胚囊中部的 2 个细胞核，称为极核。在胚囊的另一端，有 3 个反足细胞（在切片上有的见不到胚囊中的全部细胞，因为其细胞排列是立体的，不易在一个切面上同时切到）。

（四）荠菜胚的结构（示范）

在示范显微镜下观察荠菜幼胚纵切片。荠菜的胚珠弯生，故胚也弯生。试区别子叶、胚芽、胚轴、胚根各个部分。

实验报告

绘制百合花药及子房横切面图，并注字说明。

思考题

1. 雌蕊有哪些主要部分？如何鉴别其是由几个心皮合成的？
2. 雌蕊的形态结构如何？花粉是怎样形成的？

实验九　藻类观察

实验目的

1. 掌握藻类各门的主要特征，理解它们在植物系统发育中的地位。
2. 掌握实验观察的基本方法和技能。

实验材料

1. 器材　显微镜、烧杯、玻璃棒、解剖针、镊子、载玻片、盖玻片。
2. 试剂　I_2-KI 溶液、胶水。
3. 实验植物　衣藻装片、海带带片横切装片、水绵接合生殖装片、水绵藻体、衣藻藻体、海带藻体。

实验方法

（一）衣藻

衣藻属团藻目，衣藻科，是能运动的单细胞藻类的代表。本属分布广泛，多生于有机质丰富的水体或湿土表面，春秋两季生长旺盛。用吸管吸取1滴培养液制成水装片，先在低倍镜下观察，然后选择个体较大的转至高倍镜下观察。

1. 形态和运动　细胞呈球形、卵形、椭圆形或宽纺锤形，具2条顶生等长的鞭毛。如运动过快，可在盖片一侧用吸水纸吸去多余水分或加入胶水减慢其运动。

2. 细胞结构　依次观察以下结构：
（1）细胞壁　位于细胞的最外层。
（2）眼点　红色，位于细胞前端侧面。
（3）载色体　1个，多为杯状，占原生质体的绝大部分空间。
（4）蛋白核　多为1个，大型，埋藏在载色体基部。加1滴碘液于盖玻片一侧，在另一侧用吸水纸吸过去，蛋白核变成蓝紫色。
（5）伸缩泡　位于前端的细胞质中，显微镜下为两个发亮的小泡。
（6）鞭毛　将视野光线调暗，可看见不动或微动的鞭毛。由于吸收碘液鞭毛膨胀加粗，因而更为明显。
（7）细胞核　由于较小，且被载色体遮挡，所以一般不易看清。

3. 无性生殖和有性生殖　取培养缸底部的绿色沉积物制片，在显微镜下观察，可见有的衣藻失去鞭毛，不能游动，细胞中有2、4、8、16个游动孢子，即为无性生殖。有性生殖不常见，有时可看见橘红色的合子，细胞壁厚，壁上常具刺状花纹。

（二）水绵

属双星藻科。植物体由长圆柱形细胞形成不分枝的丝状体，具1至多条带状载色体和接合生殖方式，是最常见的丝状绿藻，广泛生长于池塘、沟渠、稻田中，常成团生于水底或漂浮水面上。碧绿色，手触有滑腻感。用镊子取几条水绵制成水装片（注意用解剖针拨散开），在显微镜下观察。

1. 藻体形态与细胞结构　低倍镜下观察，可见水绵为单列细胞组成的不分枝的丝状体，最明显的特征是每个细胞中都有螺旋绕生的带状载色体。不同种类的藻，载色体条数不同，从1条到多条，每条载色体上有1列蛋白核。用I_2-KI溶液染色后置高倍镜下观察，可看到着褐色的细胞壁和着淡黄色的贴壁分布的细胞质。将视野光线调暗，调节细调节器，可看到分布于细胞中央的黄色细胞核（注意与蛋白核区分）。仔细观察，还可看到中央原生质和周围细胞质由原生质丝穿越大液泡彼此相连。

2. 接合生殖　水绵多在春秋季节发生接合生殖，此时藻体由绿色变为黄绿色。若将所采新鲜材料的瓶子正对阳光，用放大镜观察，可见丝状体上褐色的斑点，即为合子，说明水绵正在进行接合生殖。用镊子取几条有接合生殖的水绵制成水装片，置于显微镜下观察接合生殖的各个时期。如果没有新鲜材料，可用永久装片代替。
（1）两条丝状体并列，相对的细胞侧壁产生突起。
（2）两相对细胞的突起相接，横壁溶解形成接合管，各形成1个配子。同时，两相对细胞的原生质体浓缩。

（3）一条丝状体中的每个细胞（雄配子囊）内的配子以变形虫式的运动，通过接合管流入另一丝状体的细胞（雌配子囊）中。

（4）一条丝状体内的细胞内全部形成合子，另一条丝状体的细胞全部为空壁，特称梯状接合。有时还可看到单条藻丝相邻细胞的侧面接合情况。

（5）观察成熟合子的形状、颜色和壁上的纹饰。

（三）海带

海带植物体有组织分化，为典型的异型世代交替，属冷温性海藻，原产前苏联远东地区、日本及朝鲜北部沿海。目前我国由北至南沿海均可人工养殖。

1. 孢子体的外形　取海带标本观察，区分固着器、带片、带柄，注意其形状和大小。

2. 藻体的解剖结构

（1）表皮　带片两面最外边1~2层小型、排列紧密，并具载色体的细胞。

（2）皮层　表皮下方的多层细胞，靠近表皮的几层较小，有的含有载色体，为外皮层，在此部中还可看到黏液腔。

（3）髓部　带片中央部分，由细长的髓丝和端部膨大的喇叭丝组成。

3. 孢子囊　先从浸泡的带片选取有深褐色斑块突起的区域，作徒手切片制成水装片或取永久切片，观察在带片两侧表皮上排列成栅栏层的孢子囊和隔丝。孢子囊为单细胞、棒状，内有颗粒状未释放的游动孢子。隔丝在孢子囊之间，其下部无色，上部稍膨大，高出孢子囊，顶端具透明胶质冠，并且彼此连成胶质层。

实验报告

1. 绘制衣藻的形态图。
2. 绘制海带的形态图。

思考题

简述水绵繁殖的方式及过程。

实验十　苔藓植物、蕨类植物的观察

实验目的

1. 掌握苔藓植物代表植物的形态结构、生活史，进而理解它们对陆生生活的适应性。
2. 掌握蕨类植物各亚门的主要特征。
3. 了解蕨类植物各亚门代表植物的形态结构与生活史。
4. 了解和识别常见的蕨类植物。

实验材料

1. 器材　显微镜、放大镜、解剖镜。
2. 实验植物　地钱叶状体、配子体永久制片，地钱固定标本，葫芦藓生殖器制片，葫芦藓标本，角苔标本，黑藓标本，蕨原叶体永久装片，木贼植物标本。

实验方法

（一）苔藓植物

1. 地钱　取地钱固定标本一株，在解剖镜下观察配子体外形及各部分构造。地钱是常见的苔藓植物，常生于潮湿、少见日光的土壤、墙角、岩边。地钱植物体是扁平背腹型的叶状体，伏生在地面，二叉分枝。腹面灰绿色，有假根和紫色鳞片，假根为单细胞，无任何加厚，十分光滑，主要功能是固着植物体；鳞片是多细胞，起着固定和吸收作用。叶背面绿色，有中肋和白色突起烟囱状的通气孔（无关闭能力）。中肋上生胞芽杯，其内产生很多胞芽。显微镜下观察胞芽杯的纵切面，可见到胞芽杯内有许多中部较厚、边缘较薄、像凸透镜的胞芽。胞芽正面观像鼓藻，中部两边各有一个缺口。这些胞芽通过细柄（胞芽柄）与杯体连接，是地钱营养繁殖体。胞芽离开母体后，在适宜环境下发育形成新植物，其性别和其他遗传性不变。

地钱的叶状体雌雄异株，雌、雄生殖器官分别生在特殊的雌、雄器托上。雌、雄器托分别长在雌、雄植株的背部中肋上。雌器托呈伞状，边缘深裂为8~10条指状芒线，在两芒线间生有1列倒悬的颈卵器，颈卵器为长颈烧瓶状，细长部分为颈部，膨大部分为腹部，基部有一短柄。雄器托呈盘状，边缘波状，精子器辐射状排列，且深埋在盘状体组织中成一个腔穴，上面开口在雄器托的表面，成为小孔。

在示范显微镜下观察地钱植物体横切面构造。可见在背面表皮组织的细胞近于方形，细胞排列很紧密，在表皮细胞之间有特殊的烟囱状通气孔，其下的空隙是气室。表皮下面有许多排列疏松、不很整齐且含叶绿体的同化组织。在同化组织之下为贮藏组织，有5~6层排列紧密、较大且没有绿色的细胞，这些细胞常充满淀粉、油脂。最下面是一层细胞，并向外生出假根和鳞片。

2. 葫芦藓　取葫芦藓新鲜标本一株，观察植物体外形。葫芦藓多生于潮湿的土壤或墙角的砖缝间。葫芦藓植物体直立，有类似茎、叶分化。叶有中肋，呈倒卵形，在茎上呈螺旋状紧密排列。茎具中轴。地下部分长着很多假根。培养方法：采集成熟孢子（孢蒴呈褐红色时采集），取一个小花盆，内装菜园土，再用一个大培养皿（或其他器皿）装水或适量的泥沙，把小花盆放进大培养皿中，水便可由小花盆底部的孔渗入土中，将土壤浸透。经常地补充水到大培养皿中。花盆内撒上孢子，最后在小花盆上用小培养皿或其他玻璃罩盖住，以保持湿度。10天左右，土壤表面覆盖着绿色丝状物（原丝体）；2~3个月发育成生殖器。葫芦藓为雌雄同株植物，但雌、雄生殖器官分别生在不同的枝上，雄生殖器官生于主枝的顶端，雌生殖器官产生于侧枝的顶端。产生精子器的枝叶形较大，而且外张，形如一朵小花，为雄器苞。雄器苞中含许多精子器和隔丝。产生颈卵器的枝端叶片紧包如芽状（雌器苞），其内有数个具柄的颈卵器，但通常仅有1个颈卵器的合子能发育成孢子体。在发育上一般是先长雄枝，后长雌枝。

取葫芦藓雌枝纵切面玻片标本置于显微镜下观察。颈卵器呈烧瓶状，有长颈，颈内有许多颈沟细胞，膨大部分为腹。其中有一个卵，上为腹沟细胞，腹壁由1~2层细胞组成。颈卵器之间生有许多隔丝。

取葫芦藓雄枝纵切面玻片标本置于显微镜下观察。在雄枝的顶端生长着许多袋形的精子器，精子器之间也有隔丝相间生长着，最外侧为叶。精子器周围为一层壁，下面有一个柄，内有许多精子母细胞。

（二）蕨类植物

1. 石松　取石松标本一株，观察其外形。石松分布于热带或亚热带的原野、草地等酸性土壤上。植物体是多年生常绿草本或藤本植物，具不定根，茎细而长，匍匐蔓生，直立茎二叉分枝。小型单叶螺旋状着生于茎上，叶披针形或呈鳞片状，无叶脉或仅有1条中肋，无叶柄。孢子囊生在孢子叶的上面基部，孢子叶集生在分枝的顶端，形成孢子叶球。不生孢子囊的叶称为营养叶。石松属中还有一些种类，其每叶的基部都能产生孢子囊，即没有孢子叶和营养叶之分。

2. 木贼　取木贼新鲜标本一株，观察其外形。木贼常生在田野、草原和林缘比较阴湿的地方，较干燥的环境也有生长。植物体有匍匐的地下茎与直立多分枝的地上茎，茎上有许多条纵行沟纹，有明显的节与节间的分化，使茎易从节间折断。地上茎分两种：一种是营养枝，其节上轮生小枝，小枝节上有小型鞘状叶；另一种是生殖枝，其节上有大型鞘状叶，但无分枝，此枝的顶端长孢子叶穗（球）。同属的节节草，则没有营养枝和生殖枝之分。每个枝的节上轮生许多分枝，在分枝的顶端都可产生孢子叶球（穗）。地下茎呈褐色，从节上长出不定根。孢子叶特化成孢囊柄。

3. 原叶体　取蕨原叶体永久装片置显微镜下观察。原叶体呈心形，下面生有假根。蕨种类不一样，颈卵器和精子器的分布情况也不一样。有的精子器和颈卵器散生于假根丛中，有的精子器和颈卵器着生于原叶体顶端凹陷的地方。注意观察识别精子器、颈卵器的形状、结构和着生位置。

实验报告

1. 绘制地钱叶状体切面观，注明各部分的结构。
2. 绘制葫芦藓的精子器、颈卵器（表面观或切面观）。
3. 绘制蕨的一个原叶体，注明各部分的名称。

思考题

1. 简述蕨类植物孢子体、配子体与苔藓植物的区别。
2. 用表格方式比较两门颈卵器植物的异同。

（赵　娟）

第二章 动 物 学

实验一 草履虫和变形虫等水体原生动物的观察

实验目的

1. 掌握原生动物分纲的主要特征。
2. 熟悉原生动物的基本特征。
3. 了解原生动物的多样性。

实验材料

1. 器材 显微镜、载玻片、盖玻片、吸管、镊子等。
2. 试剂 1%乙酸甲基绿溶液、刺丝泡刺激剂、蓝墨水。
3. 材料 草履虫、变形虫、池塘水、荷叶等。

实验方法

(一)草履虫

1. 用吸管从培养液上层吸取草履虫,滴1小滴在第一张载玻片上,不加盖玻片,让其自然干燥,留待后续观察。

2. 用吸管从培养液上层吸取草履虫,滴1小滴在第二张载玻片上,直接盖上盖玻片,在显微镜低倍镜下观察草履虫的形态。加1小滴1%乙酸甲基绿溶液于盖玻片一侧,2~3min后显微镜下观察细胞核。在体中部,可见染成淡绿色的大核。在大核中部凹处偶见有1个圆形小核。

3. 用吸管从培养液上层吸取草履虫,滴1小滴在第三张载玻片上,放几根撕下的擦镜纸纤维,把盖玻片平放盖上,造成气泡,在显微镜低倍镜下观察草履虫遇到障碍物后身体会怎样。静置片刻,再观察草履虫会集中在哪里。再在盖玻片一侧,滴1小滴蓝墨水,在显微镜下观察,随着蓝墨水的渗入,可见到刺丝泡射出刺丝。

4. 用吸管从培养液上层吸取草履虫,滴1小滴在第四张载玻片上,并放适量撕下的擦镜纸纤维,盖上盖玻片。在低倍镜下选一个个体大,游动缓慢的个体,转高倍镜观察草履虫的各部分结构。

5. 取水分已经蒸干的第一张载玻片观察。随着虫体的失水,表膜和细胞质分离,可看清纤毛从表膜小孔伸出。

（二）变形虫

1. 取一小块腐败荷叶，将背面平贴在载玻片上，轻敲叶片，稍等片刻，取走叶片。数分钟后，再用吸管吸取清水，缓缓冲去残渣。盖上盖玻片，吸去两侧多余的水分，在显微镜低倍镜下观察。调节光圈，在稍暗的光线下观察，仔细寻找变形虫。
2. 将变形虫移至视野正中央，换高倍镜观察其形态。
3. 观察变形虫的运动，描述其移动方式。

（三）检查池塘水

取 1 滴池塘水（取前混匀）滴于载玻片中央，盖上盖玻片。在显微镜下仔细寻找其中的原生动物并记录和分类。

实验报告

1. 完成下列草履虫的结构图（图 2-2-1），并标注名称。
2. 在你取的池塘水中看到几种原生动物，画出它们的简图，注明它们的分类隶属。

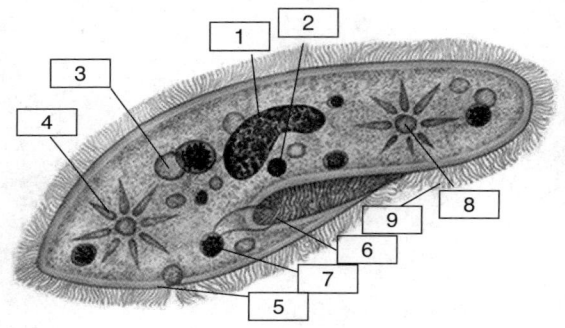

图 2-2-1　草履虫结构图

思 考 题

1. 伸缩泡和收集管的收缩活动两者间有何关系？有何规律？各有何功能？
2. 你怎样来区分草履虫的纤毛和刺丝？

实验二　多细胞动物的胚胎发育和基本组织

实验目的

1. 熟悉上皮组织、结缔组织、肌肉组织和神经组织四类动物基本组织的结构特点、功能和分布。
2. 了解动物胚胎发育的基本概念和一般规律。

实验材料

1. 器材　显微镜。
2. 材料　文昌鱼胚胎发育早期各阶段（受精卵、二细胞、四细胞、八细胞、桑椹期、囊胚期和原肠胚期）的模型和切片、装片，鼠肾纵切片，蛙肠系膜装片，甲状腺切片，蛙小肠横切片，疏松结缔组织装片，软骨切片，硬骨横切面磨片，人血涂片，横纹肌纵切片，平滑肌装片，心肌切片，兔脊髓横切片，膀胱（充盈、排空）切片，食管切片，肌腱切片等。

实验方法

（一）文昌鱼胚胎发育

1. 卵裂期　观察受精卵、二细胞、四细胞、八细胞和桑椹期的装片。
2. 囊胚期　显微镜下观察囊胚期装片。囊胚壁由一层细胞构成，细胞大小已不完全相等。中央空腔即为囊胚腔。
3. 原肠胚期　观察原肠胚期装片。囊胚底壁细胞内陷，与顶壁细胞贴近，形成内、外两层细胞。内层所围成的腔为原肠腔。

（二）基本组织

1. 上皮组织　分布于体表，组成消化道、排泄等系统及某些腺体导管的内衬。按组成的细胞层次的多寡，细胞的形态可分成以下类型：

（1）扁平上皮　观察蛙肠系膜装片。在低倍镜下可见染成淡棕色的组织是由许多边缘呈黑色锯齿状的小块镶嵌而成，这些小块即组成肠系膜的扁平上皮细胞，只有一层细胞。在高倍镜下可清晰地见到圆形的细胞核。

（2）单层立方上皮　观察鼠肾纵切片。细胞切面观大致呈正方形，表面观为多边形，细胞核呈圆形，位于细胞中央。单层立方上皮见于某些有吸收、分泌或排泄功能的小管，如肾小管（图2-2-2）、一些腺体（胰腺、唾液腺等）的小导管、甲状腺滤泡等。

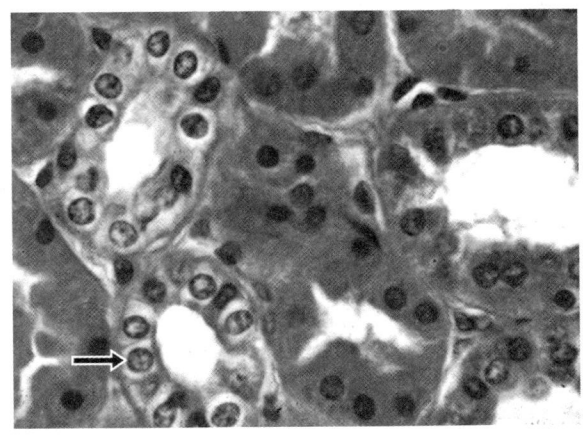

图2-2-2　肾小管的单层立方上皮

（3）单层柱状上皮　观察蛙小肠横切片。低倍镜下找到肠腔内壁后，转至高倍镜观察，可见细胞呈长柱形，细胞边界清晰。在细胞游离面可见柱状细胞的微绒毛，称为纹状缘。细胞核位于细胞基部。

（4）复层柱状上皮　为一层柱状细胞，深层为一层或几层立方或多边形细胞。此种上皮少见，分布于眼睑结膜、男性尿道等处。

（5）复层鳞状上皮　观察食管切片。低倍镜下可见复层鳞状上皮由多层扁平上皮细胞组成。再转至高倍镜下仔细观察。

（6）变移上皮　观察膀胱（充盈、排空）切片。变移上皮细胞的形状和层数可随器官的充盈与排空而发生变化。如膀胱在充盈状态时，上皮层次减少，细胞扁平；在排空时（图2-2-3），膀胱上皮层次增多，细胞变高，表层细胞呈大立方形。

2. 结缔组织

（1）疏松结缔组织　观察疏松结缔组织装片。可见许多纤维，其中染成淡粉红色且粗而成束的为胶原纤维，染成紫黑色且纤细如线的为弹性纤维。少量细胞散在纤维间，细胞核呈蓝紫色，其周围有浅红染色的细胞质。

（2）脂肪组织　脂肪细胞呈球形，细胞内有大型脂肪滴，将细胞核和少量细胞质挤在细胞边缘。脂肪细胞被结缔组织围着，形成脂肪小叶。

（3）致密结缔组织　观察肌腱切片。如肌腱，由许多粗而直的胶原纤维平行排列而成，纤维束之间有排列成行的腱细胞核。

（4）软骨组织　观察软骨切片。由软骨细胞、纤维和基质组成，软骨细胞埋在由基质形成的骨陷窝内，基质内有纤维。根据软骨组织内所含纤维成分不同，将软骨分成三种类型：透明软骨、弹性软骨和纤维软骨，其中透明软骨基质为透明的凝胶状固体，内有胶原纤维，如气管软骨（图2-2-4）。

（5）骨组织　观察硬骨横切面磨片。低倍镜下可见一个个同心圆结构（图2-2-5），同心圆中央孔称为哈氏管，围着哈氏管有若干弧形骨板排列，称为哈氏骨板。骨板间有许多蚂蚁状结构，即骨陷窝，活体时骨细胞位于其中。高倍镜下观察，可见骨陷窝向各个方向伸出黑色的分支小管，即骨小管，骨小管内充满组织液，以供骨细胞的营养和代谢废物的排出。

（6）血液　主要由血细胞、血小板和液体间质血浆组成。观察人血涂片，可见大量小而圆的红细胞，无核，细胞质呈淡红色，中央区域色淡。白细胞数量少，个体大，细胞质呈淡红色，

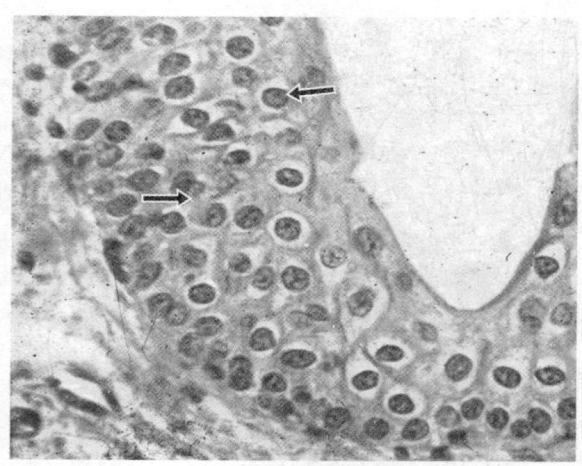

图2-2-3　膀胱（排空时）的变移上皮

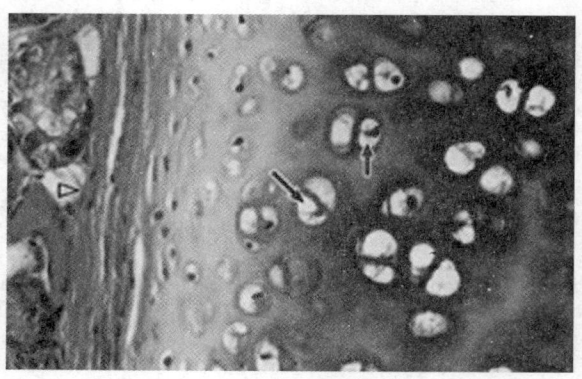

图2-2-4　气管软骨

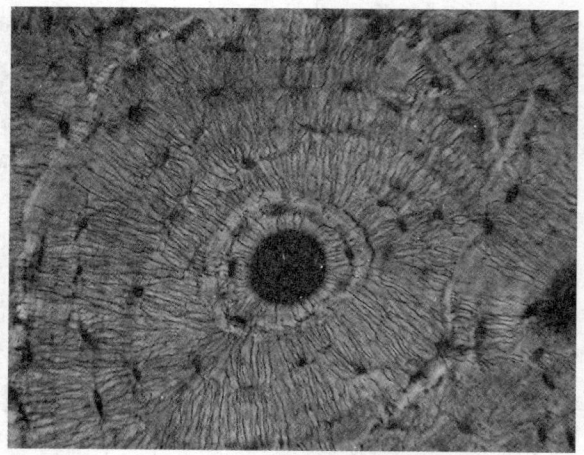

图2-2-5　硬骨横切面

细胞核呈蓝色,常分叶。淋巴细胞核大,占据细胞大部分,细胞质少。

3. 肌肉组织 肌肉组织主要由肌细胞组成,肌细胞呈纤维状,也称肌纤维。肌肉组织有三种类型:平滑肌、横纹肌和心肌。

(1)平滑肌 观察平滑肌装片。在低倍镜下找到游离在外的平滑肌纤维,再换高倍镜观察肌纤维的形态。平滑肌肌纤维呈长梭状,具一个长椭圆形的细胞核,位于细胞中央。

(2)横纹肌 观察横纹肌纵切片。可见肌纤维为长柱形,表面被覆薄的肌纤维膜,在一条肌纤维内有多个椭圆形的核,位于周边。高倍镜观察,调节光线使视野稍暗,可见有明暗相间的条纹,即明带和暗带。

(3)心肌 观察心肌切片。心肌的肌纤维为短柱形,细胞核1个或2个,位于细胞中央,可看到相互平行的肌纤维和短的肌纤维分支相互吻合。在高倍镜下观察,可见心肌纤维上有深色的粗条纹,为闰盘,是心肌细胞的连接部。

4. 神经组织 低倍镜观察浸银法染色的兔脊髓横切片。脊髓横切面呈扁圆形,中央呈蝴蝶状的为灰质,中间孔为中央管,蝴蝶形区域背面为后角,腹面为前角。包围在灰质周围染色较深的部分为白质,其间有许多染成深褐色的神经纤维。

实验报告

根据切片绘制单层柱状上皮、疏松结缔组织、神经元图。

思考题

1. 比较三种肌组织光镜下的形态结构特点。
2. 疏松结缔组织的基本组成是什么?疏松结缔组织主要细胞的光镜下形态特点及主要功能是什么?

实验三 蛔虫的解剖与观察

实验目的

1. 了解线虫动物门的一般特征及假体腔的特点。
2. 掌握动物对寄生生活的适应性特点。

实验材料

1. 器材 显微镜、解剖镜、镊子、蜡盘、大头针、滴管等。
2. 材料 蛔虫的浸制标本、蛔虫横切片、示范标本。

实验方法

（一）蛔虫的外形观察

蛔虫体呈长圆筒形，体壁半透明，雌雄异型。雌虫体较粗大，躯体前端钝，后端尖。雄虫体较细小，后端向腹面弯曲（图 2-2-6）。

1. 头部　手持雌蛔虫前端，顶端朝上，在解剖镜下观察。

口：三角形，位于中央，其周围有三个突起的唇瓣，背面的一个较大为背唇，腹面的两个较小为腹唇。在背唇的两侧各有一个感觉乳突，腹唇只有一个乳突，位于腹唇外缘中央处。

2. 体线　在身体的背、腹及两侧的正中各有一条细线，背线较细，隐约可见；腹线白色，侧线较粗，呈褐色，较明显。

3. 肛门和生殖孔　肛门位于后端稍前的腹面。雌性生殖孔一个，雄性生殖孔和肛门合成一个共同开口，称为泄殖孔，位于体末端稍前的腹面，有时能看到从孔内伸出的两根交接刺（浸制标本不明显）。

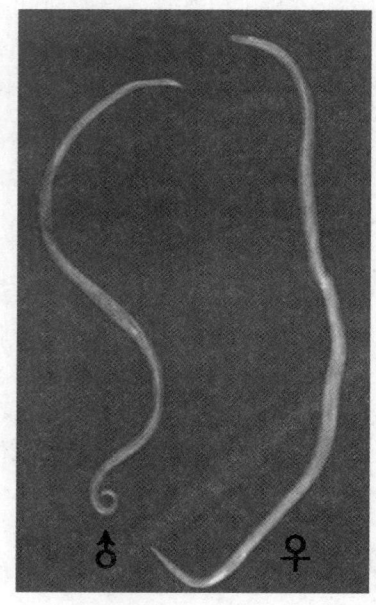

图 2-2-6　蛔虫成虫

（二）蛔虫的解剖

于蛔虫末端约 0.5cm 处，略偏背线一侧，将剪刀头小心插入，由末端一直剪至前端。剪开后，拉开两边体壁，用大头针固定后观察。

（三）蛔虫的内部构造观察

1. 体腔　蛔虫的体腔为假体腔，是体壁和消化道之间的一个腔，其内充满体腔液，只有管状的生殖系统。

2. 消化系统　消化道为一根粗细均匀的直管。

（1）咽头　在口的后方，呈长梨形，多肌肉质的一段管道。

（2）肠　在咽头的后方，直管，其末端较细的一段称直肠，雌虫的直肠由肛门开口于体外，雄虫的直肠开口于泄殖腔。

3. 生殖系统

（1）雌性生殖器官　位于体中部靠后端，包括卵巢 1 对，呈线状，长度是体长的 4~5 倍，端部游离，极细，向后渐粗；输卵管 1 对，为接卵巢后一段较透明的细管；子宫 1 对，为接输卵管后的膨大部分，左、右两子宫约在体前 1/3 处汇合成阴道，其末端为生殖孔。

（2）雄性生殖器官　位于体中部靠前端，包括精巢 1 个，细长弯曲呈线状，长度约为体长的 3 倍。输精管为接精巢后一段稍粗的短管。储精囊为接输精管后的膨大部分，其后端为富有肌肉质的射精管，射精管开口于泄殖腔。交接刺为两根略弯曲的细刺，位于泄殖腔背面的交接刺囊内。

4. 神经系统　围绕咽头有一围咽神经环，由围咽神经环向前通出 6 条神经达口唇，向后通出 6 条神经到身体各部。因神经都嵌在表皮中，较难观察。

（四）组织切片观察

取蛔虫横切片，置低倍镜下观察。

1. 体壁　由角质层、表皮层和肌肉层组成皮肤肌肉囊。

（1）角质层　为体壁的最外层，是由表皮细胞分泌的一层无细胞结构的厚膜。

（2）表皮层　位于角质层内侧，细胞边界不明显，仅见颗粒状细胞核。在背、腹和两侧正中的表皮层向内延伸增厚形成背线、腹线和侧线。背线中有一较细的背神经索，腹线中有一较粗的腹神经索。两条侧线较宽，中间各有一圆形小孔，为排泄管横切面。

（3）肌肉层　较厚，在表皮层内侧，肌细胞大，边界明显。每个肌细胞分为两部分：收缩部，为肌细胞基部的狭窄部分，有肌原纤维，染色较深，具收缩功能；原生质部，为细胞端部的膨大部，呈泡状，伸入假体腔内，染色浅，有细胞核。

2. 消化道　由一层柱状上皮细胞所组成，中间空腔为肠腔，在肠腔内侧有一层角质薄膜。

3. 假体腔　肠壁与体壁肌肉层之间的空腔。雌性假体腔内可见到两个大的管面为子宫，内有许多虫卵。许多管面中等大小的为输卵管，有管腔。管面最小的为卵巢，呈圆形，中间有一合胞体的中轴，周围有辐射状排列的卵原细胞，状如车轮。

实验报告

绘制蛔虫体层结构简图，标出名称和胚层来源。

思　考　题

1. 蛔虫的哪些特征反映出与寄生生活相适应？为什么？
2. 蛔虫的哪些特征反映了假体腔动物的特点？

实验四　螯虾的解剖与观察

实验目的

1. 熟悉甲壳纲的一般特征。
2. 了解甲壳纲动物适应水生生活的结构特点。

实验材料

1. 器材　解剖镜、镊子、剪刀、蜡盘、培养皿等。
2. 材料　螯虾。

实验方法

（一）螯虾的外形观察

螯虾身体由 21 节组成，分头胸部和腹部，体表被覆坚硬的几丁质外骨骼，深红色或红黄色，随年龄而不同（图 2-2-7）。

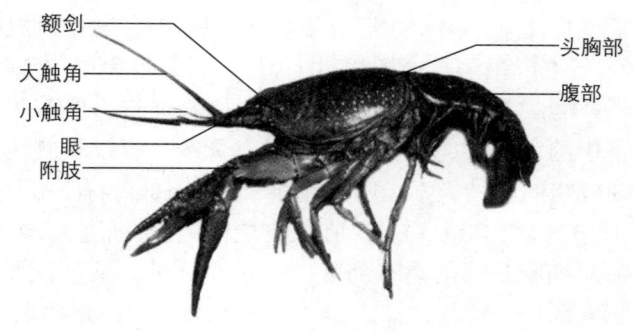

图 2-2-7　螯虾的外形

1. 头胸部　长度约为体长的一半，由头部 6 节和胸部 8 节愈合而成，外罩坚硬的薄壳状头胸甲。

在头胸甲背面近中部有一条弧形的横沟，称颈沟，为头部和胸部的分界线。颈沟以后，头胸甲两侧部分称鳃盖，鳃盖下方与体壁隔离形成鳃腔。头胸甲的前方为三角形尖突，称额剑。在额剑基部两侧有一对复眼，着生在眼柄上。在复眼下方有一对小触角，其端部有两根短须状的触鞭。小触角的两侧为 1 对大触角，有 1 根细长的触鞭。从腹面观察，在大触角的基部有一对圆孔，为排泄器官触角腺的开口。口器位于头胸部前端中央，由大颚、小颚和 3 对颚足组成。头胸部有 5 对步足，第 1 对步足特别粗大，具大型钳。在颚足和步足基部都有鳃。雌体在第 3 对步足基部内侧有 1 对雌性生殖孔，雄体在第 5 对步足基部内侧有 1 对雄性生殖孔。

2. 腹部　短而直，背腹扁，体节明显为 6 节，其后为尾节。从腹面观察，腹部共有 6 对附肢，前 5 对为游泳足，末 1 对为尾肢。在尾节中央有一纵裂的肛门。透过腹面体壁可见在腹中线处有一暗绿色的条纹，为体壁内侧呈绿色的神经下动脉。

（二）螯虾的内部器官解剖

1. 呼吸系统　用剪刀剪去侧面的头胸甲的右侧鳃盖，可见到一排白色的絮状物——鳃，共有 7 对，位于颚足和步足的基部。

（1）足鳃　着生在第 2 对颚足至第 4 对步足基部。

（2）关节鳃　着生在体壁与附肢间关节膜上。

（3）肢鳃　着生在第 1 对颚足基部。

2. 循环系统　为开管式，主要观察心脏和动脉。心脏位于头胸部后端背侧的围心窦内，为半透明、多角形的肌肉囊，用镊子轻轻撕开围心膜即可见到。用放大镜观察，在心脏的背面、前侧面和腹面，各有 1 对心孔。也可在观察血管后，将心脏取下置于盛水的培养皿中，再在放大镜下观察。

3. 生殖系统

（1）雌性　在心脏的前端与黄色絮状物（消化腺）之间，有两小块乳白色或淡褐色结构，在解剖镜下观察可见到有许多颗粒状结构，此为卵巢的一部分。除去心脏和围心膜后，将黄色絮状物从中间分开，显露出呈 Y 形结构的卵巢全貌。卵巢分 3 叶，前部 2 叶，后部 1 叶。卵巢在发育过程中颜色可因卵粒的成熟度而变化，未成熟的卵呈乳白色，成熟卵呈褐色。从卵巢中部通出一对输卵管，开口在第 3 对步足的基部内侧。

（2）雄性　精巢 1 对，所处位置与卵巢相同，乳白色，半透明。前端呈球形，在性成熟的个体后部呈圆柱形。从精巢中部通出 1 对弯曲的输精管，开口在第 5 对步足基部内侧。

4. 消化系统　在围心腔的前端有一团黄色的结构，为螯虾的消化腺肝。肝的前端为一半透明的倒三角形结构，即螯虾的胃。去除侧面的鳃和内侧骨板，可见在胃下方有一条细管为食管，前端为口。仔细分离肝，在胃后端伸出一根细长的管道为中肠。从腹部背面中央剪去约 3mm 宽的背板，掀去肌肉，露出腹部的肠道。有时中肠呈暗绿色，此为肠道内食物残渣。在腹部末端处肠稍变粗，此处为直肠，末端以肛门开口在尾节腹面中央。

仔细分离消化道，将其取下置于盛水的培养皿中，在解剖镜下观察。胃可分成两部分，前端为薄壁的贲门胃，后端为厚壁的幽门胃。将胃纵向剪开，可见贲门胃内有 3 个角质齿，故也称为磨胃。幽门胃内着生有许多刚毛。

5. 排泄系统　剪去胃和肝，在头部腹面大触角基部外骨骼内方，可见到一团扁圆形腺体，即触角腺，为成虾的排泄器官，生活时呈绿色，故又称绿腺。浸制标本的触角腺常为乳白色，它以宽大而壁薄的膀胱伸出的短管开口于大触角基部腹面的排泄孔。

6. 神经系统　除保留食管外，将其他内脏器官和肌肉全部除去，小心地沿中线剪开胸部底壁，便可看到身体腹面正中线处有 1 条白色索状物，即为虾的腹神经链，它由 2 条神经干愈合而成。用镊子在食管左、右两侧小心地剥离，可找到 1 对白色的围食管神经。

实验报告

绘制螯虾的消化系统和排泄系统。

思 考 题

螯虾与蝗虫相比较，它们的外部形态和内部器官系统有哪些差异？请分析原因。

实验五　鲫鱼的解剖与观察

实验目的

1. 掌握鲫鱼的外部形态和内部构造，了解一般硬骨鱼类的主要特征。
2. 掌握鱼类解剖的常规操作。

实验材料

1. 器材　剪刀、镊子、蜡盘等。
2. 材料　活鲫鱼。

实验方法

(一) 鲫鱼的外形观察

鲫鱼外形呈纺锤形,左右侧扁,全身可分为头、躯干和尾三部分。

1. 头　口在端部。鼻孔1对,位于吻背面。眼1对,没有能活动的眼睑和瞬膜。鳃裂被头两侧的鳃盖骨所覆盖,不直接外露。鳃盖骨后缘有鳃盖膜。

2. 躯干　躯体表面被覆有圆鳞,鳞片前端斜插入真皮内,后端游离,彼此呈覆瓦状排列。在躯体两侧各有1行纵行的侧线鳞,鳞片上有小孔,为感觉器官侧线的开口。体具有成对的胸鳍和腹鳍,不成对的背鳍、臀鳍和尾鳍。肛门和泄殖孔分别开在腹部臀鳍之前。

3. 尾　尾为正尾形,尾鳍的外形上、下两叶相对称,与原尾相区别。

(二) 鲫鱼的内部解剖和观察

将鱼体腹部朝上,用剪刀从肛门前端向前剪开,沿腹中线一直剪至下颌,再使鱼侧卧,左侧向上,自肛门前的开口向背方剪开,沿脊柱下方剪至鳃盖后缘(第二剪),再沿鳃盖后缘剪至胸鳍之前(第三剪),除去左侧体壁,即可观察。

1. 心脏　在腹腔最前端。

(1) 动脉球　呈白色,圆球形,无搏动能力,位于围心腔的下缘最前端。

(2) 心室　位于动脉球后面,为红色肌肉质块状结构。

(3) 心房　位于心室背面,两者之间有分隔,具有不同的收缩波。

(4) 静脉窦　位于心房背面,为暗红色能搏动的薄膜状粗管。

2. 鳃

(1) 鳃弓　是一条白色弓形骨骼,两端呈球状,在咽喉两侧各有5条,第1至第4鳃弓都有两列鳃片,第5鳃弓没有鳃片。

(2) 鳃丝　为着生在鳃弓上的红色丝状物,成排鳃丝组成片状鳃。鳃丝的两侧又有许多小鳃片。

(3) 鳃耙　每一鳃弓的内侧面有两行突起物,即为鳃耙,鳃耙左、右互生,第5鳃弓只有1行鳃耙。

3. 口腔　两侧鳃盖汇合成口腔,后端通咽喉。口腔背壁表面有黏膜,底部有一三角形的舌。

4. 肝胰脏和脾　去除体壁后,可见堆积在肠表面的不规则条状腺体,为肝胰脏。在肉红色的肝胰脏之间嵌有深红色的条状物,为脾。

5. 鳔　消化道背侧的银白色胶质囊是鳔,发达,鳔的中央收缩变细,将鳔分为前、后两室。鳔上有血管网分布,称为红腺。从后室前腹侧伸出一根细长的鳔管,通到食管背面。

6. 肠　在腹腔的肝胰脏间可以看到盘曲回旋的肠,接于咽后,曲折盘旋,为体长的2~3倍,前粗后细。肠的前部2/3为小肠,最后一部分为直肠,直肠后接肛门。

7. 生殖器官　在肝胰脏和鳔之间的条块状结构是生殖器官。

(1) 雌性　卵巢为1对,淡橙黄色(性未成熟时呈长带状)或微黄红色(性成熟时呈长囊形)。输卵管很短,位于卵巢后端(仅是卵巢的延伸物),左、右两管向后汇合,开口于泄殖腔中。

(2) 雄性　精巢为纯白色(性成熟时)或淡红色(未成熟时),左、右各一,呈扁的长囊状,体积很大,上有裂痕。后端为输精管,很短,左、右两管合二为一,通入泄殖腔。

8.排泄系统

（1）肾　1对，位于脊柱腹面，紧贴体腔背面，两个肾有一部分相连，如马鞍状盖在鳔的中央收缩处。每个肾的前端有一头肾，向前侧面扩展。头肾是拟淋巴腺，不是肾本体。肾本体在后面变成细长的2条，为余肾部分。

（2）输尿管　从肾本体各通出一条细管，向后延伸，在后端汇合后稍扩大即为膀胱，其末端通泄殖腔。

（3）泄殖腔　为排泄和生殖系统共同通入的小腔，以泄殖腔孔开口于体壁。

实验报告

在鲫鱼的轮廓图（图2-2-8）内补充绘制内部器官，并标记之。

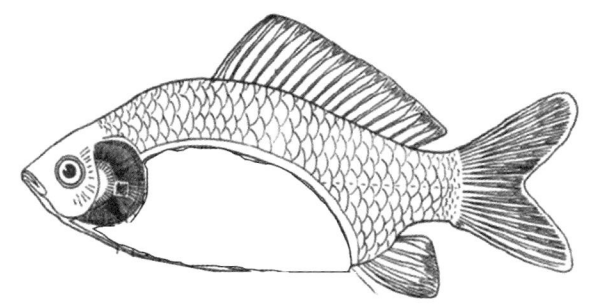

图2-2-8　鲫鱼轮廓

思考题

1.鲫鱼的侧线起什么作用？所有的鱼类都有侧线吗？
2.鳔的作用是什么？请解释作用机制。

实验六　家鸽的解剖与观察

实验目的

1.掌握鸟类内部结构的主要特征。
2.了解鸟类适于飞翔生活的一般特征。

实验材料

1.器材　蜡盘、剪刀、解剖刀、镊子、骨剪、脱脂棉花等。
2.材料　家鸽。

实验方法

（一）处死

将活家鸽1只，一手握住其双翼，另一手以拇指和示指压住两侧蜡膜，中指托住其颈部，使鼻孔与口均闭塞，1~2min后，鸽子窒息而死。

（二）外部形态的观察

1. 家鸽身体呈纺锤形，体表被覆羽毛，具流线形的外廓。身体可分为头、颈、躯干、尾和四肢等部分。
2. 羽毛按形态结构可分为正羽、绒羽、纤羽三类，各类间均具有一系列过渡类型。

（三）解剖

1. 将鸽子腹面向上放在蜡盘中，胸部羽毛向两侧拨开，露出胸部。
2. 在腹中线处沿突起的龙骨突的一侧，用解剖刀切开胸部肌肉直至胸骨。
3. 用中式剪自后向前剪开胸骨和锁骨。
4. 将颈部皮肤轻轻撕开直达颏部，以露出嗉囊、气管和食管。
5. 向后剪开腹部体壁，直至泄殖腔孔前缘。

（四）内部器官的观察

1. 呼吸系统

（1）外鼻孔　位于上喙基部背面的两侧，为蜡膜前下方的1对裂缝。

（2）内鼻孔　位于口腔顶部黏膜褶壁中间的纵向裂缝。

（3）喉　位于舌根后方，中央的纵裂为喉门。

（4）气管　与颈同长，紧贴于颈腹面，由环状软骨环构成。

（5）支气管　气管向后分为左、右两支气管入肺，支气管入肺后继续分成许多更细的支气管。

（6）鸣管　在气管与支气管相接处，有一段膨大的管道即为鸣管，是鸟类的发声器。

（7）气囊　将胸骨向两侧分开，在体壁与内脏之间可以见到几对大型透明的膜状囊即为气囊。

2. 消化系统

（1）消化道　口腔后部通过短的咽部就是食管，为一薄壁长管，沿颈的腹面左侧下行，在颈的基部膨大成嗉囊。嗉囊可贮存食物，并能软化食物。食管后与胃相接。胃有腺胃和肌胃之分。腺胃上端与嗉囊相连，下端与肌胃相连。肌胃又称砂囊，为一扁圆形的肌肉囊，剖开肌胃检视，可见呈辐射状排列的肌纤维。肌胃胃壁硬厚，内壁覆有硬的角质膜，呈黄绿色，内藏砂粒用以磨碎食物。十二指肠在腺胃和肌胃的交界处，呈U形弯曲。小肠细长，盘曲于腹腔内，最后与短的直肠连接。大肠（直肠）短而直，末端开口于泄殖腔。在其与小肠的交界处，有一豆状的盲肠。

（2）消化腺　胰为在"U"形的十二指肠中间的肉色条块状结构，可分为背、腹、前3叶，由腹叶通出2条、背叶通出1条胰管到十二指肠。肝为在胃的内侧腹方2叶近紫红色的大型块状结构。因鸽子无胆囊，由肝右叶背部近中央处发出左、右2条胆管，通入十二指肠。脾位于腺胃右方、肝下方肝胃间的系膜上，呈紫红色，近椭圆形，是造血器官。

3. 排泄系统

（1）肾　呈紫褐色，左右成对，各分3叶，贴附于体腔背壁。

（2）输尿管　由肾中叶腹面前端发出，向后通入泄殖腔的一对细管，鸟类无膀胱。

（3）泄殖腔　系消化、排泄、生殖系统最终汇入的一个共同腔，球形，以泄殖孔与外界相通。

（4）腔上囊　为泄殖腔背面的一个圆形盲囊，呈淡黄色，与泄殖腔相通，是产生淋巴细胞的器官，在幼鸽或亚成体发达，成鸽退化。

4. 生殖系统

（1）卵巢　位于肾前方，呈红色至黄色，右侧退化，左侧发育，内充满卵泡，卵黄大而明显。卵巢背侧有肾上腺。

（2）输卵管　右侧退化，左侧发达，前端喇叭口通体腔，后方弯曲处的内壁富有腺体，可分泌蛋白和卵壳，末端通入泄殖腔。

（3）睾丸（精巢）　在肾前端附近1对乳白色的椭圆形结构，以系膜连于腹腔背壁。睾丸背侧的1对黄色小体是肾上腺，为内分泌腺。

（2）输精管　由精巢发出的1对细管，前端有不明显的膨大部为附睾。输精管与输尿管平行，分别开口于泄殖腔。

实验报告

1. 绘制家鸽的泌尿、生殖系统。
2. 绘制家鸽的消化系统。

思考题

通过本实验，你观察到家鸽在哪些方面反映出对飞翔生活的适应。

实验七　蟾蜍的解剖与观察

实验目的

1. 掌握两栖代表动物（蟾蜍）的躯体结构和主要功能。
2. 了解两栖动物的摄食方式与两栖动物的营养、呼吸、排泄、生殖及血液循环系统器官的形态特征。

实验材料

1. 器材　蜡盘、剪刀、镊子、解剖针、乙醚等。

2. 材料　活蟾蜍。

实验方法

（一）解剖

将蟾蜍乙醚麻醉致死后，腹面向上放在蜡盘中，沿腹部偏右自后向前将腹腔打开，将腹部体壁向左、右各横剪一刀，再剪去胸骨及胸部肌肉，将腹壁外翻，显露内脏器官。

（二）观察

1. 口腔
（1）舌　位于口腔底部中央，前端固定，后端游离，不分叉。
（2）内鼻孔　1对椭圆形孔，位于口腔背壁近吻端处，与外鼻孔相通。
（3）耳咽管孔　1对，位于口腔背壁，上颌口角附近，通入中耳。
（4）咽　在口腔的深处，向后通入食管。
（5）喉头　在咽的腹面，为一圆形突起，其中央纵裂成一孔，即喉门，后通喉气管室。

2. 内脏器官
（1）消化系统
① 食管：接于咽后的一条短管，位于喉头背面，下端与胃相连。
② 胃：食管后部的膨大部分，也是消化道中最膨大的部分，略偏于体腔左侧，由左向右呈"丁"字形，前宽后窄，突然紧缩处即幽门，下接肠。胃与食管交界处为贲门。
③ 肠：肠分小肠与大肠两部，但各段结构都较简单。小肠自幽门后开始，向右前方伸出，此为十二指肠，再向后盘曲在胸腹腔右下角，即为回肠。小肠的回肠部分向后突然膨大即为大肠，大肠无高等脊椎动物那样的各段区分，而只是陡直的短段，故又称为直肠，向后通泄殖腔。
④ 肝：暗红色，分左、右两叶，左叶内下方分出小叶，称中叶。
⑤ 胰腺：位于胃小弯与十二指肠之间，色淡红，为不规则的分支状腺体。
⑥ 脾：为位于大肠前端肠系膜内的暗红色球状物，为造血器官之一，与消化系统无关。

（2）呼吸系统
① 喉气管室：由喉头向内通入一粗短的管子，称为喉气管室，向口腔开口于喉门，后端通入肺囊。
② 肺：接喉气管室之后，位于胸腹腔前方、肝背面，为1对薄壁的囊状物。

（3）泄殖系统
① 肾：位于脊柱两侧，紧贴背壁，长而扁平，暗红色。
② 输尿管：沿肾的外缘向后伸延的1对管道（在雄性个体兼有输精功能，故称为输精尿管）。
③ 膀胱：位于胸腹腔后端，泄殖腔腹面的薄壁囊状物。
④ 泄殖腔：为直肠后端的一粗短管腔，以泄殖腔孔向外开口。
⑤ 卵巢：1对，位于胸腹腔背方、肾的腹面。
⑥ 输卵管：是1对长而迂曲的管子，呈乳白色，位于输尿管的外侧，盘曲于卵巢与背壁之间（在非生殖期则为细长的直管）。
⑦ 脂肪体：1对，黄色，呈佛手状，位于卵巢前端，可储藏营养供生殖细胞发育之用，

在卵巢发达的个体因营养消耗大而常消失。

⑧ 精巢：位于肾的腹面，为 1 对细长的圆柱形器官。颜色在个体间有差异，一般为淡黄色或灰褐色。

⑨ 输精细管：精巢内侧有许多细管通入肾，即输精细管。

实验报告

绘制蟾蜍的泄殖系统结构图。

思 考 题

如果仅提供一批雄性蟾蜍，你能通过手术使这些蟾蜍完成繁殖后代吗？

实验八　家兔的解剖与观察

实验目的

1. 掌握解剖家兔等哺乳动物的基本技术。
2. 熟悉家兔的外形及内脏系统各器官的部位与特点。
3. 掌握哺乳动物结构和功能上的先进性特征。

实验材料

1. 器材　解剖盘、剪刀、骨钳、解剖刀、解剖剪、解剖针、各种镊子、放大镜、注射器、小碗、棉花、吸水纸等。
2. 材料　活家兔、家兔的解剖示范标本、家兔的神经系统浸制标本、家兔的整体骨骼标本、哺乳动物齿骨等骨骼标本。

实验方法

（一）家兔的外部形态观察

兔全身被毛，体分头、颈、躯干、四肢和尾 5 部分。

头呈长圆形，眼位于头两侧，眼后有 1 对长的外耳壳。外鼻孔大而长。鼻下为口，口缘有肉质的上、下唇，上唇中央有一纵裂，称兔唇。头后有明显的颈部，较短。背部有明显的腰弯曲。肛门和泄殖孔位于尾根下方，肛门靠后，泄殖孔靠前。肛门两侧各有一无毛处，可见突起的鼠蹊腺开口。前肢短，肘部向后弯曲，具 5 指；后肢较长，膝部向前弯曲，具 4 趾，第 1 趾退化，趾端具爪。尾短小，位于躯干末端。

（二）家兔的内部解剖与内部结构观察（图2-2-9）

1. 内部解剖　从耳缘静脉注射空气，将家兔处死。然后将家兔腹面朝上置于解剖盘上，用棉花蘸清水润湿腹中线的毛，用解剖剪在腹部开一小口，向前剪开皮肤至下颌，再向后剪开至泄殖孔前缘。然后用镊子提起皮肤，用解剖刀向左、右两侧剥离皮肤与皮下肌肉。再沿腹中线剪开腹壁（向前至胸骨剑突，向后至泄殖孔前缘），打开腹腔，观察消化系统、排泄系统和生殖系统。

2. 内部结构观察

（1）消化系统

① 消化道

口腔：沿左、右口角将颊部剪开，用骨剪剪开两侧下颌骨与头骨的关节，将口腔全部揭开，观察口腔内的结构。

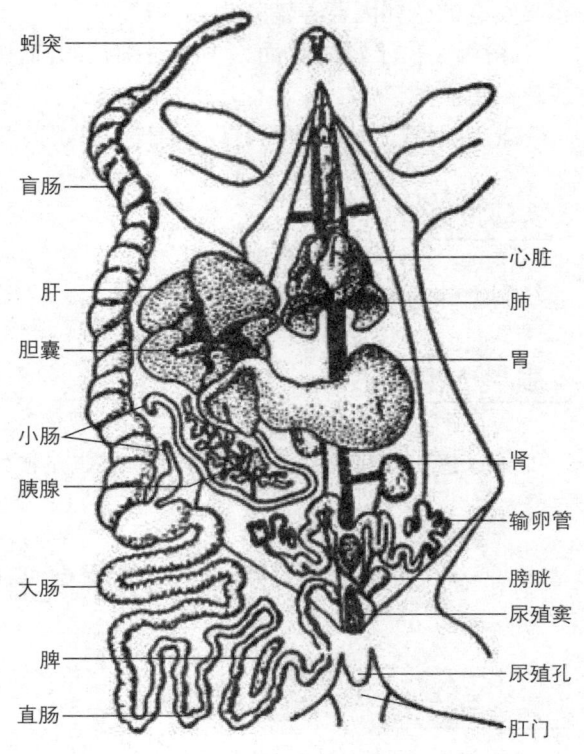

图2-2-9　家兔的内部解剖

口腔前壁为上、下唇，两侧壁是颊部，顶壁的前部是硬腭（其表面有成排的具角质上皮的棱），后部是肌肉性软腭。软腭后缘下垂，把口腔和咽部分开。口腔底部有发达的肉质舌。兔有发达的门齿而无犬齿，上颌有前后排列的2对门齿（为兔形目特有），前排门齿长而呈凿状，后排门齿小；前臼齿和臼齿短而宽，具磨面。

食管：气管背面的一条直管，由咽部后行伸入胸腔，穿过横膈进入腹腔与胃连接。

胃：横卧于腹腔内，囊状，一部分被肝覆盖。与食管相连处称贲门，与十二指肠连接处称幽门，向外侧的凸面称大弯，内侧的凹面称小弯。

肠：分小肠与大肠。小肠又分十二指肠、空肠和回肠。用镊子提起十二指肠，展开"U"形弯曲处的肠系膜，可见在十二指肠距幽门约1cm处有胆管注入；在十二指肠后段约1/3处有胰管注入。十二指肠后为空肠，是小肠中最长的一段，形成很多弯曲，呈淡红色。回肠是小肠的最后一段，盘曲较少，颜色略深。回肠后为大肠，大肠与小肠连接处有粗大的盲肠，其表面有一系列横沟纹，游离端细而光滑，称蚓突。盲肠与回肠连接处膨大形成一厚壁的圆囊，称圆小囊。大肠可分为结肠和直肠，结肠的肠管上形成结肠袋，使肠管呈环结状。结肠后接直肠，直肠内有粪球，直肠末端以肛门开口于体外。

② 消化腺　唾液腺4对。分别是：

耳下腺（腮腺）：位于耳壳基部腹前方，为紧贴皮下的疏松不规则的淡红色腺体。

颌下腺：下颌后部腹面两侧的1对浅粉红色卵圆形腺体。

舌下腺：用镊子将舌拉起，将舌根部剪开，使之与下颌离开，在舌根的两侧可找到，其色较浅，呈扁平条形腺体。

眶下腺：用镊子从眼窝底部可夹出的粉红色腺体。

肝：红褐色，位于横膈膜后方，覆盖于胃，分6叶，即左外叶、左中叶、右中叶、右外叶、方形叶和尾形叶。胆囊位于右中叶背侧，以胆管通十二指肠。

胰：分散附着于十二指肠弯曲处的肠系膜上，为粉红色、分布零散而不规则的腺体，有胰管通入十二指肠。

(2) 呼吸系统

① 鼻腔和咽：鼻腔前端以外鼻孔通外界。沿软腭的中线剪开，露出的空腔即鼻咽腔，为咽的一部分。鼻咽腔的前端是内鼻孔。在鼻咽腔侧壁上有1对斜行裂缝，为耳咽管孔。

② 喉头：位于咽的后方，将连于喉头的肌肉除去以暴露喉头。喉腹面为1块大的盾形软骨，是甲状软骨，其后方有围绕喉部的环状软骨1块。将喉头剪下，可见甲状软骨前缘有1块薄匙形的会厌软骨，这是哺乳动物所特有的软骨。环状软骨的背面前端有1对小型的杓状软骨，呈三棱形。这些软骨支持喉头，使空气易于通过。纵剖喉头，可见在环状软骨的略下方、喉腔两侧前后各有1对膜状褶，即为声带。

③ 气管及支气管：喉头之后为气管，管壁由许多半环形软骨支持。气管进入胸腔后，在靠近心脏背侧的位置分成左、右两支气管入肺。

④ 肺：位于胸腔内心脏的左、右两侧，呈粉红色，海绵状。左肺又分2叶，右肺则分4叶。

(3) 循环系统（本实验着重观察心脏和与之相连的大血管）

① 心脏：位于胸腔前部两肺之间，偏左侧，外包有一层薄的心包膜。心脏的基部被胸腺所覆盖，剖开心包膜并除去胸腺，可见心脏近似卵圆形，其前端宽阔，与各大血管连接部分为心底，后端较尖，称心尖。在近心脏中部有一围绕心脏的冠状沟，沟的后方为心室，前方为心房。心脏分左、右心房和左、右心室，但外表分界不明显。

观察完动、静脉系统后，将心脏周围的大血管在距心脏不远处剪断，取出心脏，用水洗净。剖开心脏，可见左心室壁厚而右心室壁薄。仔细观察左、右心房和左、右心室的结构，血管与心脏四腔的连通情况，弄清各心瓣膜的位置和结构。

心脏瓣膜包括三尖瓣（位于右房室孔处）、二尖瓣（位于左房室孔处）、半月瓣（位于动脉弓在心室的开口处）等。

② 与心脏相连的大血管

体动脉弓：由左心室发出的粗大血管，稍向前伸后即向左侧弯曲，走向心脏的背面，沿脊柱内侧向后行，并穿过膈肌进入腹腔。从心室出来向左弯曲的一段，称左体动脉弓；从心脏背面起向后行走的粗大动脉，称背大动脉。

肺动脉弓：由右心室向前发出的大血管，管壁较薄，发出后在两心房之间向左弯曲。清除周围的脂肪，可见其分成左、右2支分别进入左、右肺。

肺静脉：分为左、右2支，从肺伸出，由心脏背侧进入左心房。

左、右前大静脉、后大静脉：在右心房右后侧汇合后进入右心房。

(4) 排泄系统

① 肾：1对，红褐色，蚕豆形，紧贴于腹腔背壁、脊柱两旁，左肾比右肾靠后。每个肾的前端内缘各有一小的淡黄色、扁圆形的肾上腺（为内分泌腺）。

② 输尿管：由肾门伸出的一条白色细管，与肾血管、神经管相伴行，向后通入膀胱的背侧。

③ 膀胱：呈梨形，位于腹腔的最后部的腹面。其后部缩小通入尿道。

④ 尿道：由膀胱通向体外用于排尿的管道。雌兔的尿道短，开口于阴道前庭的腹壁上；雄兔的尿道很长，开口于阴茎头，既用于排尿又兼作输精用。尿液由膀胱经尿道或尿生殖道通体外。

（5）生殖系统

① 雌性生殖系统

卵巢：1对，长椭圆形，很小，淡红色，位于肾后外侧体壁上。成年雌兔的卵巢表面常有半透明的颗粒状突起，为成熟的卵泡。

输卵管：1对，为细长迂曲的管子，伸至卵巢的外侧，前端扩大呈漏斗状，称喇叭口，朝向卵巢，其边缘形成不规则的瓣状缘，开口于腹腔。

子宫：为输卵管后端膨大的部分，左、右两个子宫分别开口于阴道，属于双子宫类型。

阴道：为子宫后的肌肉质的宽大直管，位于直肠的腹面、膀胱的背面。其后端延续为阴道前庭，以阴门开口于体外。雌兔的阴道前庭兼有阴道和尿道的功能。

外生殖器官：包括阴门、阴唇及阴蒂等。阴门开口于肛门腹面，阴门两侧隆起形成阴唇，左、右阴唇在前后侧相连，前连合处还有一小突起，称阴蒂。

② 雄性生殖系统

睾丸：1对，白色，卵圆形。成年雄兔的睾丸在阴囊内，阴囊和腹腔以腹股沟管相通，睾丸可自由地下降到阴囊或缩回腹腔，一般在非生殖期位于腹腔内，生殖期坠入阴囊内。用镊子提拉精索，将位于阴囊内的睾丸拉回腹腔内进行观察。

精索：睾丸头端白色的绳索状组织，由输精管，生殖动脉、静脉，神经和腹膜褶共同组成。在前端与输精管相伴行，起固定睾丸和供应营养的作用。

附睾：位于睾丸背侧，是大而卷曲的管，迂回盘旋形成一条带状隆起，连接睾丸输出管和输精管。

输精管：由附睾伸出的白色细管，在膀胱背面两侧可找到。进入腹腔后，输精管沿输尿管腹侧行至膀胱背面后与尿道合并而成一共同的通道，即泌尿生殖管，从阴茎中穿过，开口于阴茎顶端。

（6）神经系统　用骨剪从枕部开始向额部方向将头骨一片片剪去，露出脑背面，再去掉脑膜进行观察。

① 大脑：发达，比鸟类显著增大。表面光滑，沟和回较少。分左、右两大脑半球，大脑半球前方有1对椭圆形的嗅球。两半球的底部有白色的神经纤维连合，是胼胝体。

② 间脑：在背面被大脑和中脑所覆盖。

③ 中脑：将大脑半球的后缘拉向前方就能清楚地看到中脑，其背侧形成前、后2对突起，称四叠体。前1对突起称为上丘，为视觉反射中枢；后1对突起，称为下丘，为听觉反射中枢。

④ 小脑：发达，分三部分，中间是蚓部，蚓部两侧的是小脑半球，小脑半球的外侧称小脑鬈。

⑤ 延脑：狭窄，前方被小脑蚓部的后缘所遮盖，从后方翻起小脑蚓部可看到在延脑背侧的第四脑室（菱形窝），其上面被薄的血管丛所遮盖。

从腹面可见间脑底部的漏斗和脑垂体。

⑥ 脑神经：兔有12对脑神经，依次为嗅神经、视神经、动眼神经、滑车神经、三叉神经、展神经、面神经、听神经、舌咽神经、迷走神经、副神经、舌下神经。

（7）骨骼系统（示范）　观察整体骨骼标本。注意观察颈椎（7枚）、单一的齿骨、肘关节和膝关节、髂骨嵴粗大的关节面与脊柱的荐椎相连结，有耻骨、封闭式骨盆等哺乳动物特有的结构。

实验报告

根据你的解剖过程，绘制家兔的消化系统结构简图，并标示出各部分名称。

思考题

1. 通过本实验，从哪些方面反映出哺乳动物是最高等的脊椎动物？
2. 哺乳动物的哪些结构与其能进行口腔咀嚼和消化有关？它们分别有何功能？
3. 与爬行动物相比较，家兔的肘关节向后，膝关节向前有何意义？

（张敬敬）

第三章 微生物学

实验一 微生物学实验室常用器皿的认识和使用

实验目的

1. 学会和掌握常用器皿的洗涤、包装方法。
2. 了解微生物学实验室常用玻璃器皿和器材。
3. 了解微生物学实验常用的接种工具。

实验原理

微生物学实验用的器皿大多要进行消毒、灭菌和用来培养微生物,因此对其质量、洗涤和包装方法均有一定的要求。玻璃器皿一般要求使用硬质玻璃,才能承受高温和短暂灼烧而不至于破裂;游离碱含量要少,否则会影响培养基的酸碱度;形状和包装方法要求能防止污染杂菌为准。玻璃器皿的洗涤方法不当也会影响实验结果。目前,国外微生物实验室中的有些玻璃器皿(如培养皿、吸管等)已被一次性塑料制品所代替,但玻璃器皿仍然是重要的实验室工具。本实验主要对玻璃器皿进行介绍,同时也对接种或转移微生物的工具等做相应说明。

实验材料

1. 器材　不同型号试管若干套、吸管、移液管、培养皿若干套、锥形瓶、烧杯、量筒、注射器、载玻片、盖玻片、镜油瓶、滴瓶、接种环、接种针、玻璃棒、棉花、纱布、牛皮纸或报纸等。
2. 试剂或药品　洗衣粉、肥皂水、2%盐酸、洗涤液、5%苯酚溶液、95%乙醇等。

实验方法

(一)认识微生物学实验基本器材的种类、要求与应用

微生物学实验室中常用的玻璃器皿是试管、培养皿、锥形瓶、移液管、杜氏小管、注射器、载玻片和盖玻片等(图2-3-1)。

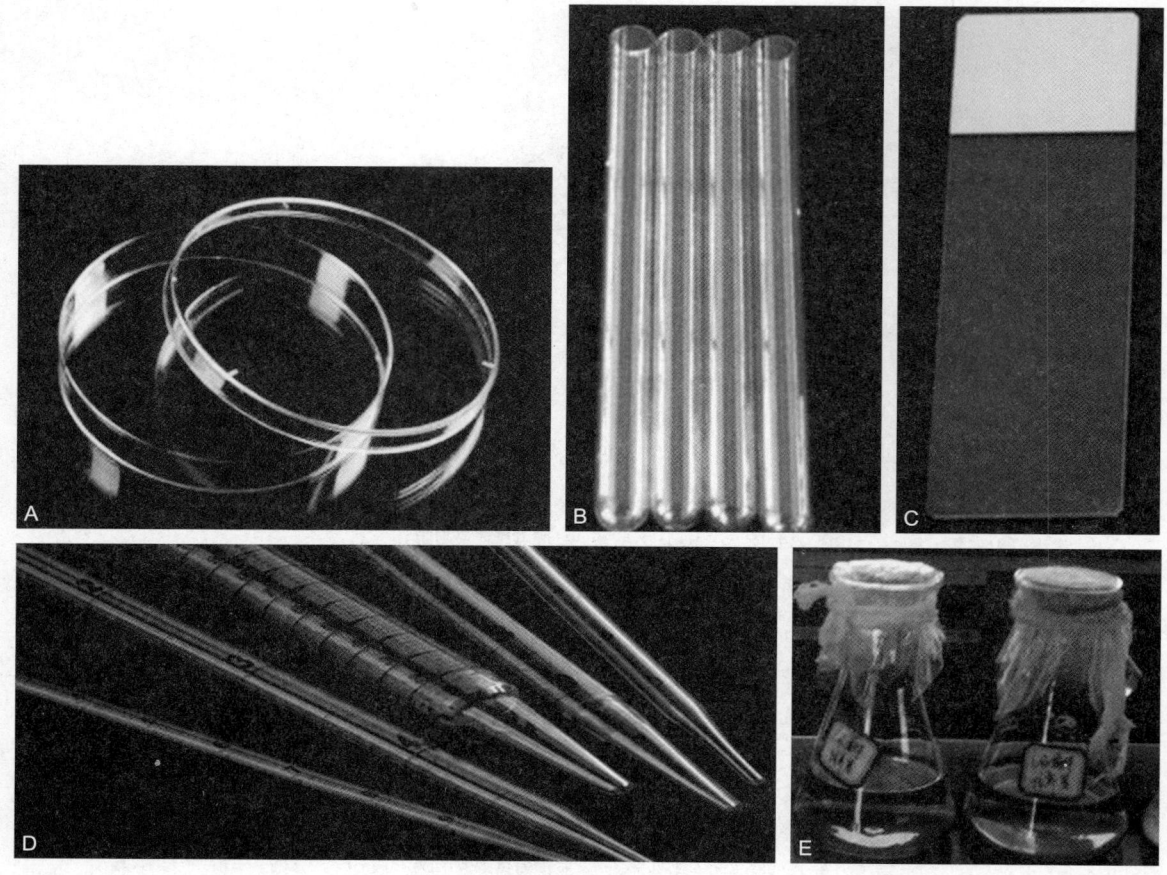

图 2-3-1 微生物学实验室常用玻璃器皿
A. 培养皿；B. 试管；C. 盖玻片；D. 移液管；E. 锥形瓶

1. 试管类 试管是微生物学实验室必备的玻璃器皿。常用的试管规格有三种：

（1）大试管（约 18 mm×180 mm） 多用于盛装培养皿用培养基和稀释用无菌水；需要大量菌体时，也可用于制备琼脂斜面培养基。

（2）中试管（13~15 mm×100~150 mm） 用于盛装液体培养基或制备琼脂斜面，也可用于病毒等的稀释和血清学实验。

（3）小试管（10~12 mm×100 mm） 一般用于微生物的生理生化实验。

不同规格试管的用途，没有严格的划分，以方便实验、节约材料为原则。

微生物学实验室所用的玻璃试管，管壁应比化学实验室所用的试管壁厚，这样在塞棉塞时管口才不易破损，而且要求管口没有翻边。否则，自然界的微生物容易从棉塞与管口的缝隙间进入试管而造成污染。另外，目前有的试管不用棉塞塞口，而用铝制或塑料制的试管帽，若用翻口试管也不便于加盖试管帽。有的实验要求尽量减少试管中水分的蒸发，则需要使用螺口试管，盖以螺口胶木或试管帽。

2. 杜氏小管 进行细菌的糖发酵实验，观察培养基内产气情况时，一般在发酵试管内再放置一倒置的小试管（约 6 mm×36 mm），此小试管即为杜氏小管，又称发酵小套管。

3. 培养皿　培养皿是一种用于微生物或细胞培养的实验室玻璃器皿，由一个平面圆盘状的底和一个盖组成。最初由细菌学家 Petri 所设计。常用培养皿的皿底直径为 90 mm，皿盖高为 15 mm。除此之外，还有 60 mm×10 mm 和 120 mm×20 mm 等规格。培养皿一般为玻璃培养皿，但因特殊需要，例如测定抗生素生物效价时，培养皿不能倒置培养，则使用陶质皿盖，因为陶质皿盖能吸收水分，容易使培养皿干燥。

4. 锥形瓶　微生物学实验室常用的锥形瓶有 100 ml、250 ml、300 ml、500 ml、2000 ml 等不同规格，主要用于盛无菌水、培养基及药品发酵液等。

5. 烧杯　常用玻璃烧杯有 20 ml、50 ml、100 ml、250 ml、500 ml、1000 ml 等不同规格，也有具有刻度的搪瓷烧杯，主要用于称量药品和配制培养基。

6. 移液管（又称吸管）

（1）玻璃吸管　微生物学实验室常用 1 ml、2.5 ml、10 ml 刻度的玻璃吸管。与化学实验室所用的吸管不同，其刻度指示的容量往往包括管尖的液体体积，有时也称"吹出"吸管，使用时要将吸管内所吸液体全部吹尽，吸取的容量才算准确。除有刻度的吸管外，还常用不计量的毛细管，又称滴管，用来吸取动物体液和离心上清液以及低价少量抗原、抗体。

（2）活塞吸管　活塞吸管是 20 世纪 70 年代末才开始生产和应用的新型吸管，近年来国内也日益广泛地应用于免疫学、分子生物学等实验中，主要用来吸取微量液体，故又称微量吸液器。活塞吸管的结构除塑料外壳外，主要部件有按钮、弹簧、活塞和可装卸的吸嘴。按动按钮通过活塞上、下移动，从而吸进和排出液体。其特点是容量固定、准确，使用时不用观察刻度，操作方便、迅速。国内生产的活塞吸管分普通型和精致型。普通型活塞吸管都有固定的容量，分别为 5 μl、10 μl、20 μl、25 μl、50 μl、100 μl、200 μl、500 μl、1000 μl；精致型活塞吸管在一定范围内可调节几个容量，例如在 5～25 μl 范围内可调节 5 μl、10 μl、20 μl、25 μl 五个不同容量，使用时可按需要调节，用毕只需调换吸嘴或将吸嘴洗净、消毒后再用。

7. 注射器　注射器有 1 ml、2 ml、5 ml、10 ml、20 ml、50 ml 等不同容量规格。向动物体内注射抗原时，可根据需要选用 1 ml、2 ml 和 5 ml 注射器。而抽取动物心脏或采取绵羊静脉血时，可选用 10 ml、20 ml、50 ml 注射器。滴加微量样品时，常用微量注射器。微量注射器有 10 μl、20 μl、50 μl、100 μl 等不同规格，一般在免疫学或纸层析等实验中使用。

8. 载玻片与盖玻片　常用的载玻片大小为 75 mm×25 mm，厚度为 1～1.3 mm，主要用于微生物涂片、染色和形态观察。常用的盖玻片大小为 18 mm×18 mm、24 mm×24 mm。

除普通载玻片外，还有用作微室培养和悬滴观察用的凹玻片，即在玻片上有一个或两个圆形凹窝。

9. 镜油瓶（双层瓶）　双层瓶有内、外两个玻璃瓶组成。内层为小的上粗下细的圆柱瓶，用于盛放香柏油，供油浸物镜观察微生物时使用。外层为锥形瓶，用于盛放二甲苯，清洁油浸物镜时使用。

10. 滴瓶　滴瓶的大小规格不等，分棕色和无色两种，用来盛装各种染色剂、试剂和生理盐水等。

（二）微生物学实验室常用接种工具

微生物学实验室常用的接种工具有接种环、接种针、接种钩、接种铲、涂布器等（图 2-3-2）。制造环、针、钩、铲的金属可用铂或镍，原则是软硬适度，能经受火焰反复烧灼，又易冷却。

接种细菌和酵母菌常用接种环或接种针，其铂丝或镍丝的直径以 0.5mm 为宜，环的内径为 2mm，环面应平整。接种不易与培养基分离的微生物，如放线菌和真菌时，有时用接种钩或接种铲，其金属丝直径要求粗一些，约 1mm。用涂布器法在琼脂平板上分离单个菌落时需用涂布棒。涂布棒是玻璃棒或金属棒弯曲而成或将棒的一端烧红后压扁而制成。

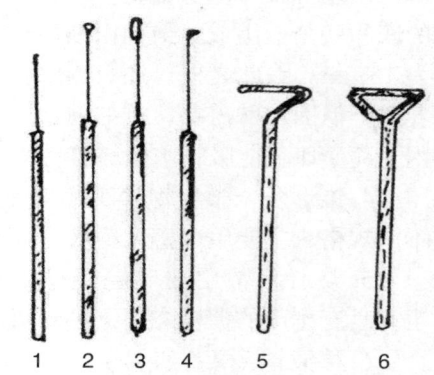

图 2-3-2 微生物学实验室常用接种工具
1.接种针；2.接种环；3.接种铲；
4.接种钩；5、6.涂布器

（三）玻璃器皿的清洗

1. 新玻璃器皿的洗涤方法　新购置的玻璃器皿含有游离碱，一般先用 2% 盐酸或洗液浸泡数小时后，再用水冲洗干净。新的载玻片和盖玻片先浸入肥皂水（或 2% 盐酸）内 1h，再用水洗净，以软布擦干后浸入滴有少量盐酸的 95% 乙醇中，保存备用。

2. 使用过的玻璃器皿的洗涤方法　使用过的玻璃器皿应立即洗刷，否则放置太久会增加洗刷的难度。染菌的玻璃器皿，应先经 121℃ 高压蒸汽灭菌 20～30min 后取出，趁热倒出容器内的培养物，再用热肥皂水洗刷干净，用水冲洗。带菌的移液管和毛细吸管，应立即放入 5% 苯酚溶液中浸泡数小时，先灭菌，然后再用水冲洗。用于有些实验要求高的器皿，还需要用蒸馏水进一步冲洗。已用过的带有活菌的载玻片或盖玻片可先浸在 5% 苯酚溶液中消毒，再用水冲洗干净，擦干后，浸入 95% 乙醇中保存备用

一般玻璃器皿如锥形瓶、培养皿、试管等可用毛刷及去污粉或肥皂水洗去灰尘、油垢、无机盐类等物质，然后用自来水冲洗干净。少数实验要求高的器皿，可先在洗液中浸泡数十分钟，再用自来水冲洗，最后用蒸馏水洗 2～3 次。以水在器皿内壁能均匀分布成一薄层而不出现水珠，为油垢除尽的标准。洗刷干净的玻璃仪器烘干备用。

（四）常用器具的包装

1. 培养皿的包装　培养皿清洗干净并烘干（或自然晾干）后，一般用牛皮纸或旧报纸密密包紧，通常以 5～8 套培养皿为一包进行包装，既好操作，又不至于工作量太大。包装好后即可进行干热或湿热灭菌。

2. 吸管的包装（图 2-3-3）　洗净晾干后的吸管，在距其粗头顶端约 0.5cm 处，塞上一小段约 1.5cm 长的棉花，以免使用时将杂菌吹入其中或不慎将微生物吸出管外，除去露在粗头顶端的棉花，然后用旧报纸包（或牛皮纸）包装。将旧报纸剪成窄条，一支吸管用一窄条旧报纸包装。包装时将吸管尖端斜放在报纸的近左端，与报纸约呈 45°角，并将报纸左端多余的一段覆折在吸管上，推

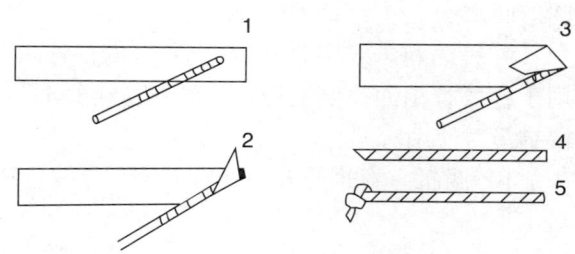

图 2-3-3 吸管的包装

动裹在报纸内的吸管，将其整根卷入报纸，用报纸右端多余的部分打一小结。最后集中进行灭菌。

有的实验室有专门的装吸管的金属筒，则吸管也可不用纸包而直接装入筒内灭菌。将吸

管装入金属筒中时要注意吸管尖朝筒底,粗端在筒口。使用时,将筒卧放在桌上,用手持吸管粗端将其抽出。

3.试管和锥形瓶等的包装　试管和锥形瓶在包装之前,需要在管口和瓶口塞上棉花塞或泡沫塑料塞。然后用两层报纸包裹含有棉花塞的管口和瓶口,再用细线扎好,进行干热或湿热灭菌。

空的玻璃器皿一般用干热灭菌。若用湿热灭菌,则要多用几层报纸包扎,外面最好加一层牛皮纸或铝箔。

(五)棉塞的制作

棉塞的作用有两个：一是防止杂菌污染；二是保证通气良好。因此棉塞质量的优劣对实验的结果有很大影响。合适的棉塞要求形状、大小、松紧与试管口(或锥形瓶)完全适合,过紧则妨碍空气流通,操作不便；过松则达不到滤菌的目的。加塞时,应使棉塞长度的1/3在试管口外,2/3在试管口内,如图2-3-4所示。做棉塞的棉花要选纤维较长的,一般不用脱脂棉,因为它容易吸水变湿,造成污染,且价格也高。此外,微生物学实验中,常会用到通气塞。一般采用几层纱布(8层)相互重叠而成,或是在两层纱布间均匀铺一层棉花而成。这种通气塞通常加在装有液体培养基的锥形瓶口上,经接种后,放在摇床上进行振荡培养,以获得良好的通气,促使菌体生长或发酵。

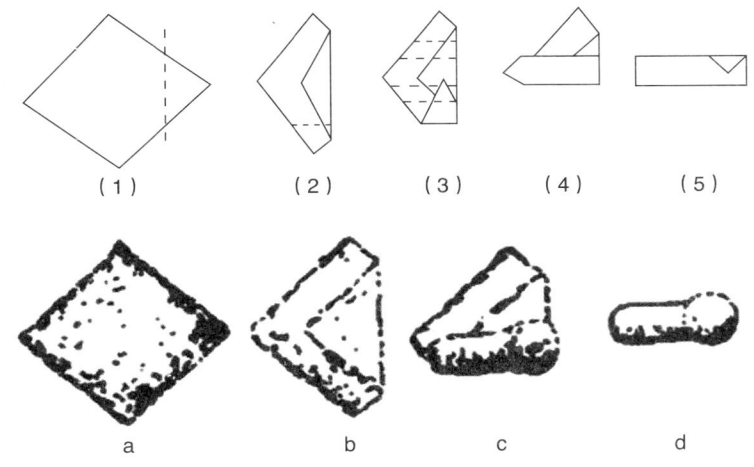

图 2-3-4　棉塞的制作过程示意图

实验报告

1.记录玻璃器皿的清洗情况。
2.记录玻璃器皿的包装情况,并进行标记。

思 考 题

1.玻璃器皿包装时要注意哪些事项?
2.棉塞制作时要注意什么?

实验二　细菌形态的观察

实验目的

1. 掌握油镜的使用方法。
2. 学会并掌握观察细菌形态的基本方法。
3. 观察细菌的基本形态特征。

实验原理

细菌是单细胞原核微生物，其形态虽然微小，但是可以借助光学显微镜进行观察，观察到的基本形态为球状、杆状、螺旋状。球状的细菌称为球菌，杆状的细菌称为杆菌，细胞略呈弯曲或弓形的称为弧菌，弯曲在一圈以上的称为螺菌。其中杆状细菌最为常见，球菌较少，螺菌最少。有些细菌除有细菌共有的结构外，还具有鞭毛、荚膜、芽孢等特殊结构。

细菌因其个体微小，肉眼不可见，但一个细菌细胞通过无性繁殖所产生的数以亿计的子细胞聚集在一起而形成的群体也就是菌落，在固体培养基上即可目测，不同细菌的菌落形态都不同。

实验材料

1. 器材　显微镜、擦镜纸、接种环、酒精灯、盖玻片、载玻片、吸水纸、滴管。
2. 试剂　香柏油、乙酸乙酯、无菌水。
3. 菌种　金黄色葡萄球菌、大肠埃希菌、螺菌、苏云金芽孢杆菌、普通变形菌、丙酮丁醇梭菌、褐球固氮菌等细菌的标本片，枯草芽孢杆菌的斜面菌种。

实验方法

（一）观察细菌的基本形态

用光学显微镜观察金黄色葡萄球菌、大肠埃希菌、螺菌的染色装片，并分别在油镜下绘图。

（二）观察细菌的细胞结构

1. 苏云金芽孢杆菌的标本片，注意伴胞晶体的观察。
2. 普通变形菌的标本片，注意鞭毛的观察。
3. 丙酮丁醇梭菌的标本片，注意芽孢的观察。
4. 褐球固氮菌的标本片，注意荚膜的观察。

(三)观察枯草芽孢杆菌活菌(常用压滴法观察)

1. 取一片干净的载玻片,在中央滴一小滴无菌水。
2. 点燃酒精灯。
3. 用无菌操作方法从枯草芽孢菌斜面中蘸取少量菌体于载玻片的水中,涂匀。
4. 用镊子夹一清洁的盖玻片,使其一边先接触菌液,然后将整个盖玻片慢慢放下,注意避免产生气泡。如菌液过多,可用吸水纸适当吸去一部分。
5. 将压滴标本放于显微镜下观察。

实验报告

1. 绘出你所观察到的细菌的三种形态。
2. 绘出你所观察到的细菌细胞结构视野图,并注明各部分名称。
3. 描述所观察到的细菌菌落形态。

思考题

1. 用油镜观察细菌的形态时,未染色的细菌观察有何困难?
2. 观察活体装片与染色装片时,光线调节各有什么不同?
3. 用压滴法观察枯草芽孢杆菌时应注意哪些环节?

实验三 细菌单染色法及口腔微生物的观察

实验目的

1. 掌握细菌的涂片和单染色技术。
2. 熟练掌握显微镜油镜的使用。
3. 了解细菌简单染色的原理。
4. 了解口腔中的微生物及其观察方法。

实验原理

染色是细菌学中一项重要的基本技术。因为微生物与各种不同性质的染料具有一定的亲和力,所以能够使微生物着色,着色后菌体折光性弱,有明显色差,易于在显微镜下观察菌体细胞的形态结构。用于生物染色的染料主要有碱性染料、酸性染料、中性染料三大类。碱性染料的离子带正电荷,故能与带负电荷的物质结合。一般情况下,细菌菌体多带负电荷,所以多用碱性染料进行染色。常用的碱性染料有亚甲蓝、碱性复红、结晶紫、孔雀绿等。单染色法是利用单一染色剂对细菌进行染色的方法,以显示细菌的形态,一般难以辨别细菌细胞的构造。

实验材料

1. 器材 显微镜、擦镜纸、酒精灯、接种环、木夹、载玻片、盖玻片、吸水纸、无菌牙签。
2. 试剂 吕氏碱性亚甲蓝染色液、苯酚复红染色液、香柏油、乙酸乙酯、无菌水。
3. 菌种 大肠埃希菌菌种、金黄色葡萄球菌菌种。

实验方法

（一）单染色法

1. 涂片 取2片洁净的载玻片，在载玻片的中央各滴一小滴无菌水，用无菌操作方法分别从大肠埃希菌和金黄色葡萄球菌菌种斜面挑取少量菌团，与水滴充分混匀，涂成薄膜，涂布面积为 $1\sim 1.5\,cm^2$。
2. 干燥 将涂片于室温下自然干燥。
3. 固定 用木夹夹住载玻片一端，使菌膜朝上，通过微火2~3次，以不烫手为宜。不能将涂片在火上烤，以免细菌变形、死亡。
4. 染色 将固定过的涂片放于水平位置，滴加染色液覆盖于涂菌处，不同的染色液染色时间也不同。吕氏碱性亚甲蓝染色液染色2~3 min，苯酚复红染色液染色1~2 min。
5. 水洗 倾去染色液，斜置载片，用自来水冲洗，洗至冲下的水为无色为止。注意冲水时不得直接冲在涂菌处，冲洗水流不宜过急、过大。
6. 干燥 自然晾干或用吸水纸轻轻吸干。
7. 镜检 先用低倍镜观察，再用高倍镜观察，找出适当的视野后，再用油镜观察。

（二）口腔微生物的观察

1. 在一片洁净的载玻片中央滴一小滴无菌水，用无菌牙签取牙垢少许，与水滴充分混匀，涂成薄膜。
2. 将涂片于室温下自然干燥后，按照单染色法的步骤，进行固定、染色、水洗、干燥。
3. 镜检。

实验报告

1. 根据单染色法实验观察到的结果，绘制大肠埃希菌和金黄色葡萄球菌的形态图。
2. 绘制观察到的口腔微生物的形态图，并注明使用的染色方法、菌体颜色。

思 考 题

1. 根据实验体会，你认为用单染色法制备标本时，应该注意哪些事项？
2. 涂片在染色前为什么要进行固定？
3. 口腔中通常存在哪些微生物？它们与人体有什么关系？

实验四　细菌的革兰染色

实验目的

1. 掌握革兰染色的原理和方法。
2. 了解革兰染色法在细菌分类鉴定中的重要性。

实验原理

革兰染色法是细菌学中最重要的鉴别染色法。该染色法是 1884 年由丹麦医生 C.Gram 发明的，而后经一些学者改进而形成的。革兰染色法可将所有的细菌区分为革兰阳性菌（G^+）和革兰阴性菌（G^-）两大类。革兰染色法之所以可以将细菌分为 G^+ 和 G^- 两大类，是由这两类细菌的细胞壁组成成分和结构不同所决定的。革兰阳性菌的细胞壁肽聚糖层厚且交联度高，类脂质含量低，故形成的肽聚糖网状结构致密，经乙醇处理发生脱水作用，使孔径缩小，通透性降低，从而使结晶紫与碘形成的大分子复合物不易被洗脱而保留在细胞壁内使细胞呈蓝色。革兰阴性菌的细胞壁肽聚糖层薄，且类脂质含量高，网状结构交联少，故经乙醇脱色处理后，类脂被溶解，细胞壁孔径变大，通透性增加，结晶紫与碘的复合物被洗脱出来，菌体变为无色，再经番红复染后细菌呈红色。

实验材料

1. 器材　显微镜、擦镜纸、酒精灯、接种环、载玻片、盖玻片、吸水纸、试管、滴管。
2. 试剂　革兰染色液、香柏油、乙酸乙酯、无菌水。
3. 菌种　金黄色葡萄球菌琼脂斜面培养物、大肠埃希菌琼脂斜面培养物。

实验方法

（一）制片

1. 涂菌　取 2 片洁净的载玻片，中央各滴一小滴无菌水，用无菌操作方法分别从金黄色葡萄球菌和大肠埃希菌琼脂斜面上挑取少许菌苔于水滴上，与水混匀，涂成薄膜。
2. 干燥　于空气中自然干燥，也可将载玻片置于火焰上部略加温以加速干燥（温度不宜过高）。
3. 固定　菌膜向上，通过火焰 3 次，以热而不烫为宜。其目的是使细胞质凝固从而使细胞形态固定，并使细菌黏附在载玻片上。

（二）染色

1. 初染　于制片上滴加适量结晶紫染液（覆盖细菌涂面），1 min 后，用水洗去染液，其操作过程同单染色法。
2. 媒染　滴加卢戈碘液，1 min 后用水洗。
3. 脱色　将载玻片倾斜，滴加 95% 乙醇脱色，直至流出液为无色（根据涂片厚薄需时 30 s~1 min），立即用水冲洗。
4. 复染　滴加苯酚复红染液复染 2 min，用水洗。
5. 镜检　将染色好的涂片用吸水纸吸干或在空气中晾干，油镜检查。

实验报告

1. 绘制大肠埃希菌和金黄色葡萄球菌的形态图，并注明这两种细菌的革兰染色的反应性。
2. 试述革兰染色的步骤及染色原理。

思考题

1. 革兰染色最关键的环节是什么？
2. 对老龄细菌进行革兰染色会出现什么问题？为什么？
3. 革兰染色在细菌分类鉴定中的意义是什么？
4. 当对一株未知菌进行革兰染色时，怎样确定染色结果是正确的？

实验五　常用培养基的制备

实验目的

1. 通过制备牛肉膏蛋白胨培养基、高氏 1 号培养基、马丁培养基，掌握制备培养基的一般方法和步骤。
2. 熟悉培养基制备的基本原理和原则。
3. 了解不同培养基的用途。

实验原理

培养基是根据微生物生长、繁殖、代谢的需要，利用人工方法将各种营养物质混合制备的营养基质。从营养角度分析，培养基中含有微生物所必需的水分、碳源、氮源、无机盐、生长素以及某些微量元素等。由于微生物种类繁多，具有不同的营养类型，对营养物质的要求也各不相同，加之实验和研究目的的不同，因此，针对不同微生物，需配制不同类型的培养基。不同培养基的组成成分和配制方法都各有差异。通常培养细菌采用牛肉膏蛋白胨培养基，这是一种应用最广泛和最普通的细菌基础培养基,又被称为普通培养基;培养和分离放线菌用高氏1号培养基;培养真菌用马丁培养基,是一类选择性培养基。

除了要满足微生物生长繁殖的各种营养成分之外,培养基还应具有微生物生长所需的其他生活条件:适宜的 pH 值、一定的缓冲能力及合适的渗透压等。不同微生物的这些条件各有差异,如 pH 值,细菌和放线菌的培养基中适于微偏碱性,酵母菌和真菌培养基中一般偏酸性。

培养基中不加入琼脂称为液体培养基(肉汤培养基),液体培养基中加入 1.5%~2.0% 琼脂为固体培养基,加入 0.3%~0.5% 琼脂则为半固体培养基。琼脂是从海藻中提取的一种高价聚合碳水化合物,由于其一般在 96℃左右熔化,于 40℃左右凝固,通常不被微生物分解利用而被广泛用作凝固剂。

实验材料

1. 器材 电炉、试管、锥形瓶、烧杯、量筒、吸管、玻璃棒、天平、牛角匙、称量纸、精密 pH 试纸(5.5~9.0)、棉花、牛皮纸、标签纸、剪刀、记号笔、线绳、纱布、铁架台、漏斗、漏斗架、胶管、止水夹等。

2. 试剂 牛肉膏、蛋白胨、琼脂、可溶性淀粉、葡萄糖、孟加拉红、链霉素、1 mol/L NaOH、1 mol/L HCl、KNO_3、NaCl、$K_2HPO_4 \cdot 3H_2O$、$MgSO_4 \cdot 7H_2O$、$FeSO_4 \cdot 7H_2O$。

实验方法

(一)牛肉膏蛋白胨培养基的制备

1. 称量 根据培养基配方,按实际用量计算后,准确称取各种药品放入大烧杯中。牛肉膏可放在小烧杯或表面皿中称量,用热水溶解后倒入大烧杯;也可放在称量纸上称量,随后放入热水中,使牛肉膏与称量纸分离,立即取出纸片。

2. 溶解与定容 先在烧杯中加入少于所需要的水量,然后放在石棉网上小火加热,并用玻璃棒搅拌,待药品完全溶解后再补加水至所需量。若配制固体培养基,则将称好的琼脂放入已溶解的药品中,再加热溶化。此过程中,需不断搅拌,以防琼脂糊底或溢出,最后补加水至所需量。

3. 调 pH 先检测培养基的初始 pH,若 pH 偏酸性,可滴加 1 mol/L NaOH,边加边搅拌,并随时用 pH 试纸检测,直至达到所需 pH 范围。若偏碱性,则用 1 mol/L HCl 进行调节。

4. 分装 根据实验要求,将配制的培养基趁热分装入试管或锥形瓶内。分装时可用漏斗以免使培养基沾在管口或瓶口上而造成污染。分装装置如图 2-3-5 所示。

(1)液体培养基 分装于试管中,高度约为试管高度的 1/4;分装于锥形瓶中,一般以不超过锥形瓶容积的一半为宜。

(2)固体培养基 分装于试管中,不超过试管高度的

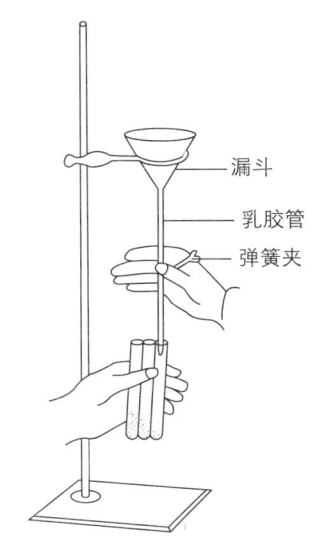

图 2-3-5 漏斗式分装装置

1/5，灭菌后制成斜面；分装于锥形瓶中，以不超过其容积的一半为宜。

（3）半固体培养基　分装于试管中，以试管高度的 1/3 为宜，灭菌后垂直待凝。

5. 加塞　分装完毕后，试管口和锥形瓶口塞上用棉花制作的棉塞（或现成的泡沫塑料塞及试管帽等），以阻止外界微生物进入培养基内造成污染，并保证有良好的通气性能（棉塞制作方法见本篇第三章实验一）。

6. 包扎　加塞后，若培养基分装于试管中，则将试管以 5 支或 7 支在一起，用麻绳捆好，再在棉塞外包一层牛皮纸或双层报纸，以防灭菌时冷凝水沾湿棉塞，其外再用一道麻绳扎好。若是分装于锥形瓶中，则将锥形瓶的棉塞外包一层牛皮纸或双层报纸，以防灭菌时冷凝水沾湿棉塞。用记号笔注明培养基名称、组别、日期。

7. 灭菌　将上述培养基于 121.3℃，0.1 MPa，灭菌 20 min。如因特殊情况不能及时灭菌，则应将培养基放入冰箱内暂存。

8. 摆斜面　灭菌后，如制斜面，则需趁热将试管口端搁在一根长木条上或其他合适高度器具上，调整斜度，使斜面的长度不超过试管总长的 1/2 为宜，凝固后即得固体斜面培养基（图 2-3-6）。

9. 无菌检查　将灭菌的培养基放入 37℃ 温箱中培养 24~48 h，无菌生长即可使用，或贮存于冰箱或清洁的橱柜内，备用。

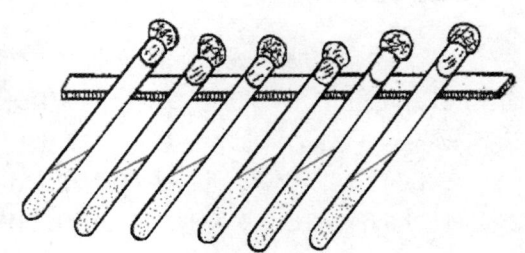

图 2-3-6　摆斜面

（二）高氏 1 号培养基的配制

1. 称量与溶解　根据配方先计算后称量，按用量先称取可溶性淀粉，放入小烧杯中，并用少量冷水将其调成糊状，再加少于所需水量的水，继续加热，边加热边搅拌，至其完全溶解，再加入其他成分依次溶解。对微量成分 $FeSO_4 \cdot 7H_2O$ 可先配成高浓度的贮备液后再加入，方法是先在 1000 ml 中加入 1 g $FeSO_4 \cdot 7H_2O$，配成浓度为 0.01 g/ml 的贮备液，再在 1000 ml 培养基中加入以上贮备液 1 ml 即可。待所有药品完全溶解后，补加水至所需的总体积。如要配制固体培养基，其琼脂溶解过程同牛肉膏蛋白胨培养基的配制。

2. 分装、pH 调节、分装、包扎及无菌检查　同牛肉膏蛋白胨培养基的制备。

（三）马丁培养基的配制

1. 称量与溶解　先计算后称量，按用量称取各组分，并将其加入盛有少于所需水量的烧杯中。一边加热一边搅拌，待各成分完全溶解后，补加水到所需体积。再将孟加拉红配成 1% 的水溶液，在 1000 ml 培养液中加入 1% 孟加拉红溶液 3.3 ml，混匀后，加入琼脂加热溶化，方法同牛肉膏蛋白胨培养基配制。

2. 分装、加塞、包扎、灭菌及无菌检查　同牛肉膏蛋白胨培养基的制备。

3. 链霉素的加入　可先将链霉素配成 1% 溶液（配好的链霉素溶液保存于 -20℃），在 100 ml 培养基中加入 1% 链霉素 0.3 ml，使每毫升培养基中含链霉素 30 μg。

注意事项

1. 蛋白胨极易吸潮，故称量时操作要快。另外，称取药品时应严防药品混杂，一把药匙取用一种药品，或称取一种药品后，洗净擦干后再取用另一种药品。
2. 药品溶解前，加入的水量以不超过所需量的 2/3 为宜；加热溶解药品时，一定要边加热边搅拌，以免糊底。
3. pH 的调节通常在加琼脂之前，应注意 pH 值不要调过头，以免回调而影响培养基内各离子的浓度。
4. 分装培养基过程中，应注意不要使培养基沾在管（瓶）口上，以免沾污棉塞引起污染。
5. 制作棉塞时，棉塞的形状、大小和松紧度要合适，四周紧贴管壁，不留缝隙，才能起到防止杂菌侵入和有利通气的作用。要使棉塞总长约 3/5 塞入试管口或瓶口内，以防棉塞脱落。有些微生物需要更好的通气，则可用 8 层纱布制成通气塞。
6. 链霉素易受热分解，因此临用时，待培养基温度降至 45～50℃时（灭菌后）才能加入。

实验报告

1. 记录本实验配制培养基的名称、数量、配方、配制过程及其要点，并注明所配制培养基的用途。
2. 检查培养基灭菌情况，灭菌是否彻底。

思 考 题

1. 对培养基的成分有什么要求？
2. 配制培养基有哪几个步骤？在操作过程中应注意哪些问题？为什么？
3. 培养基配制完成后，为什么必须立即灭菌？若不能及时灭菌，应如何处理？已灭菌的培养基如何进行无菌检查？
4. 分析高氏 1 号培养基中各成分所起的作用。
5. 马丁培养基中为什么加入链霉素而不加入青霉素？
6. 试设计实验对日常生活中的饮品或食品进行无菌检查。

实验六　灭菌与除菌

实验目的

1. 学会和掌握高压蒸汽灭菌的操作方法。
2. 掌握微孔滤膜过滤除菌的操作方法。
3. 了解高压蒸汽灭菌的基本原理及应用范围。

4. 了解过滤除菌的原理和适用范围。
5. 了解紫外线灭菌的原理和方法及其适用范围。

实验原理

（一）高压蒸汽灭菌

将待灭菌的物品置于一密闭的加压灭菌锅内，通过加热，将灭菌锅隔套间的水煮沸而产生蒸汽，蒸汽将其中原有的冷空气彻底驱尽，再继续加热，使锅内蒸汽压逐渐升高，从而使温度高于100℃，导致菌体蛋白质凝固变性而达到灭菌的目的。此法适用于微生物学实验室、医疗机构或发酵工厂中对培养基、多种器械、物品的灭菌。蒸汽压力与温度的关系见表2-3-1。

在使用高压蒸汽灭菌锅灭菌时，灭菌锅内冷空气的排除是否完全极为重要，因为空气的膨胀压大于水蒸气的膨胀压，所以，当水蒸气中含有空气时，在同一压力下，含空气蒸气的温度低于饱和蒸汽的温度，达不到预期灭菌温度的要求而难以彻底灭菌。灭菌锅内留有不同分量空气时，压力与温度的关系见表2-3-2。

表2-3-1　蒸汽压力与温度的关系

蒸汽压力		蒸汽温度	
kg/cm²	MPa	℃	℉
0.00	0.00	100.0	212
0.25	0.025	107.0	224
0.50	0.050	112.0	234
0.75	0.075	115.0	240
1.00	0.100	121.0	250
1.50	0.150	128.0	262
2.00	0.200	134.5	274

表2-3-2　灭菌锅留有不同分量空气时压力与温度的关系

表压读数（MPa）	全部空气排除时的温度（℃）	2/3空气排除时的温度（℃）	1/2空气排除时的温度（℃）	1/3空气排除时的温度（℃）	空气全不排除时的温度（℃）
0.03	108.8	100	94	90	72
0.07	115.6	109	105	100	90
0.10	121.3	115	112	109	100
0.14	126.2	121	118	115	109
0.17	130.0	126	124	121	115
0.21	134.6	130	128	126	121

一般培养基在 0.1 MPa（相当于 1.05 kg/cm^2），121.5℃，15～30 min 条件下可达到彻底灭菌的目的。但灭菌的温度及维持的时间应根据灭菌物品的性质和容量等具体情况而有所改变。例如含糖培养基在 0.06 MPa（0.59 kg/cm^2），112.6℃灭菌，然后以无菌操作方法加入灭菌的糖溶液。又如盛于试管内的培养基在 0.1 MPa，121.5℃灭菌 20 min 即可，盛于大容器内的培养基灭菌时间应延长至 30 min；而对于某些较大物体或蒸汽难以穿透的物品（如土壤、固体曲料等），则应同时提高压力并延长灭菌时间（0.15 MPa，1～2 h）。

实验中常用的高压蒸汽灭菌锅有立式、卧式和手提式等几种。本实验主要以手提式高压蒸汽灭菌锅（图 2-3-7A）为例，介绍其使用方法。有关全自动高压蒸汽灭菌锅（图 2-3-7B）的使用可参照厂家说明书。手提式高压蒸汽灭菌锅构造如图 2-3-7C 所示。

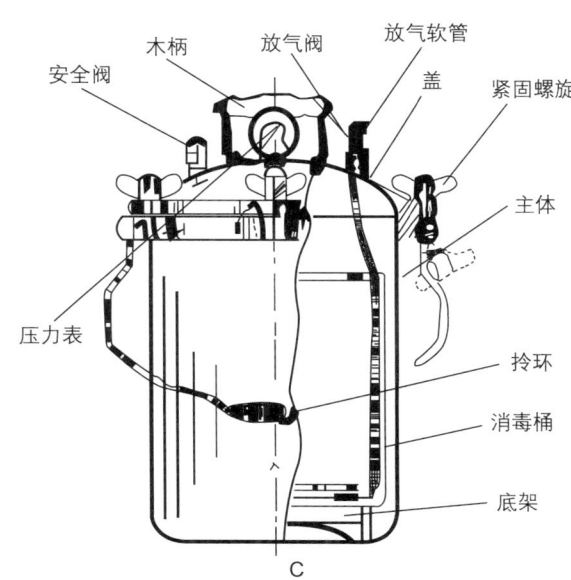

图 2-3-7　高压蒸汽灭菌锅
A. 手提式高压蒸汽灭菌锅；B. 全自动高压蒸汽灭菌锅；C. 手提式高压蒸汽灭菌锅结构

(二)紫外线灭菌

此法用紫外线灯进行。紫外线波长范围在 200~300 nm 内都有杀菌能力,其中以 260 nm 左右的紫外线杀菌能力最强。在波长一定的条件下,紫外线的杀菌效率与强度和时间的乘积成正比。紫外线的杀菌机制主要是由于它诱导了胸腺嘧啶二聚体的形成和 DNA 链的交联,使 DNA 复制、转录等过程受到抑制而达到灭菌效果。其次,紫外线辐射能使空气中产生臭氧(O_3)或使水(H_2O)氧化生成过氧化氢(H_2O_2),O_3 和 H_2O_2 均有杀菌能力。紫外线的穿透力较弱,一般一层普通玻璃、纸或水就能过滤大部分的紫外线,因此此法只适用于实验室、接种室、接种箱、超净工作台、无菌培养室及手术室等空气及物体表面的灭菌。

采用紫外线灭菌时,紫外灯距离照射物体以不超过 1.2 m 为宜。此外,紫外线照射前,在无菌室内或超净工作台上以适量苯酚或甲酚皂溶液等消毒剂喷洒其表面;用甲酚皂溶液擦洗室内的桌面和凳子,以增强其灭菌效果。

(三)过滤除菌

过滤除菌是指一种利用机械作用滤去液体或气体中细菌而不用杀死细菌的方法。此法除菌的最大优点是可以不破坏溶液中各种物质的化学成分,因此常用于不宜采用一般加热灭菌方法灭菌的材料如血清、疫苗、抗生素、糖溶液等的除菌。过滤器采用微孔滤膜作材料,主要成分是硝酸纤维素,可根据需要制成 0.025~025 μm 大小不等的特定孔径。当含有微生物的液体通过一定孔径的微孔滤膜时,大于孔径的细菌等微生物不能穿过滤膜而被拦截在滤膜上,从而与液体分离。本实验以微孔滤膜过滤器为例介绍过滤除菌的方法(过滤除菌装置见图 2-3-8)。

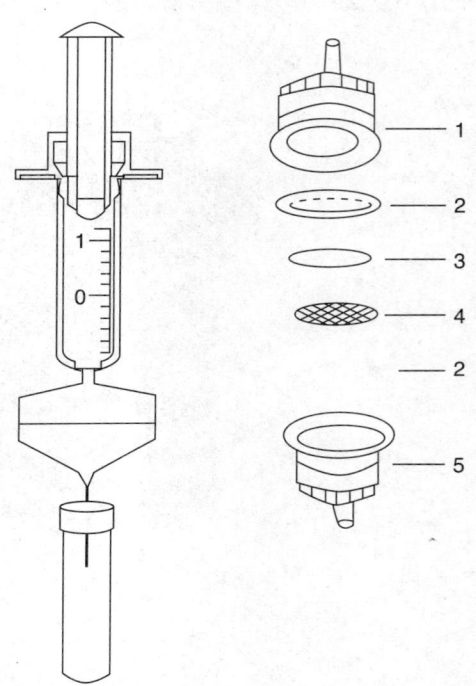

图 2-3-8　微孔滤膜过滤器装置
1. 入口端;2. 垫圈;3. 微孔膜;
4. 支持板;5. 出口端

实验材料

1. **器材**　手提式高压蒸汽灭菌锅、全自动高压蒸汽灭菌锅、紫外超净工作台、培养皿若干套(根据学生人数而定)、锥形瓶、注射器、微孔滤膜过滤器、0.22 μm 滤膜、无菌试管、镊子、玻璃刮棒等。

2. **试剂**　未灭菌的培养基、2% 葡萄糖溶液、5% 苯酚、3% 甲酚皂溶液。

实验方法

（一）高压蒸汽灭菌锅操作方法（手动式）

1. 先将内层锅取出，再向外层锅内加入适量的水。水面以与三角搁架平齐为宜。
2. 放回内层锅，并装入待灭菌物品。
3. 加盖，并将盖上的排气软管插入内层锅的排气槽内，再以对称的方式同时旋紧两个相对的螺栓，使螺栓松紧一致，以防漏气。
4. 通电加热，并同时打开排气阀，使水沸腾以排除锅内的冷空气。当蒸汽猛烈外冲，伴有嘘声时，表明冷空气完全排尽。此时，关上排气阀，让锅内的温度随蒸汽压力增加而逐渐上升。当锅内压力升到所需压力时，开始计时，并控制电源开关，维持压力至所需时间。本实验用 0.1 MPa，121.5℃，20 min 灭菌。

灭菌的主要因素是温度而不是压力。因此锅内冷空气必须完全排尽后，才能关上排气阀，维持所需压力。

5. 待到达所需时间后，切断电源，让灭菌锅内温度自然下降，当压力表的压力降至"0"时，打开排气阀。蒸汽放尽后，打开盖子，取出灭菌物品。
6. 将取出的灭菌培养基，需摆斜面的应趁热操作，然后放入 37℃ 温箱培养 24 h，以检查是否灭菌彻底。若无杂菌生长，即可待用。

（二）紫外线灭菌操作方法

1. 单用紫外线照射

（1）在无菌室超净工作台内打开紫外线灯开关，照射 30 min 后，关闭开关。

（2）将牛肉膏蛋白胨平板盖打开 15 min，然后盖上皿盖，置 37℃ 温箱培养 24 h。每小组做三套。

（3）培养结束后检查每个平板上生长的菌落数，如果不超过 4 个，说明灭菌效果良好。否则，需延长照射时间或同时加强其他措施。

2. 化学消毒剂与紫外线照射结合使用

（1）先用 5% 苯酚溶液喷洒超净工作台，再用紫外线灯照射 15 min。

（2）用 3% 甲酚皂溶液擦洗无菌室内的桌面、凳子，再打开紫外线灯照射 15 min。

（3）检查灭菌效果　方法同单用紫外线照射中的灭菌效果检查方法。

（三）微孔滤膜过滤除菌操作方法

1. 清洗、灭菌　将孔径为 0.22 μm 的滤膜装入清洗干净的塑料滤器中，旋紧压平，包装灭菌后待用（0.1 MPa，121.5℃ 灭菌 20 min）。

2. 连接　在无菌条件下，将灭菌滤器的入口端以无菌操作方式连接于装有待滤溶液（2% 葡萄糖溶液）的一次性注射器上，将针头与出口端连接并插入带橡皮塞的灭菌试管中。

3. 压滤　缓缓加压，将注射器中的待滤溶液透过滤膜过滤到无菌试管中，滤毕，将针头拔出。

4. 无菌检查　以无菌操作方式吸取上述滤液 0.1 ml 于灭菌的肉汤蛋白胨平板上，涂布均匀，每组做三套，置 37℃ 温箱中培养 24 h，检查是否有细菌生长。

5. 清洗　弃去滤器上的微孔滤膜后将滤器清洗干净，再换一张新的微孔滤膜，组装包扎，即可灭菌待用。

注意事项

1. 在使用高压蒸汽灭菌锅之前，应注意观察水位，切勿忘记加水，同时水量不可过少，以防灭菌锅烧干而引起炸裂事故。

2. 高压蒸汽灭菌装放待灭菌物品时不要装得太挤，以免妨碍蒸汽流通而影响灭菌效果。锥形瓶与试管口端均不要与锅壁接触，以免冷凝水淋湿包口的纸而透入棉塞。

3. 在压力上升之前，必须将锅内冷空气完全排除，否则，会导致锅内温度低于100℃，造成灭菌不彻底。

4. 灭菌操作完成后，一定要等压力降到"0"时，方可打开排气阀，开盖取物。否则，会因锅内压力突然下降，使容器内的培养基由于内、外压力不平衡而冲出瓶口或试管口，造成棉塞沾染培养基而发生污染，甚至灼伤操作者。

5. 紫外线对眼结膜及视神经有损伤作用，对皮肤有刺激作用，因此不能直视紫外线灯光，更不能在紫外灯下工作。

6. 压滤时，用力要适当，不可太猛太快，以免细菌被挤压透过滤膜。

7. 过滤除菌整个过程应在无菌条件下严格无菌操作，以防污染，过滤时应避免各连接处出现渗漏现象。

实验报告

1. 高压蒸汽灭菌结果　检查培养基灭菌是否彻底，并做好结果记录。
2. 紫外线灭菌结果　记录两种灭菌效果于表2-3-3中。
3. 微孔滤膜过滤除菌结果　记录无菌检查结果。

表 2-3-3　两种紫外线灭菌方法效果比较

处理方法	平板菌落数			灭菌效果比较
	1	2	3	
紫外线照射				
5%苯酚溶液+紫外线照射				
3%甲酚皂溶液+紫外线照射				

思考题

1. 高压蒸汽灭菌开始之前，为什么要将锅内冷空气排尽？灭菌完毕后，为什么要待压力降至"0"时才能打开排气阀，开盖取物？

2. 灭菌在微生物实验操作中有何重要意义？

3. 在紫外灯下观察实验结果时，为什么要隔一块普通玻璃？

4. 哪些物品不适用于高压蒸汽灭菌法和紫外线灭菌法？为什么？

5. 如果你需要配制含有青霉素的牛肉膏蛋白胨培养基，其在培养基中浓度为 50 μg/ml，你将如何操作？

6. 你做的过滤除菌实验效果如何？如果经培养检查有杂菌生长，你认为是什么原因造成的？

（罗　琼　黄秋霞）

第四章 细胞生物学

实验一 动物细胞基本形态的观察

实验目的

1. 掌握光镜下细胞的基本形态结构。
2. 掌握细胞生物绘图的方法。
3. 了解普通光学显微镜的构造及性能,熟悉低倍镜、高倍镜和油镜的正确使用方法。

实验原理

显微镜是由几个透镜的组合构成的一种光学仪器,主要用于放大人类肉眼无法看到的微小物体的仪器。细胞结构非常微小,一般需要借助显微镜来观察。

细胞是生命活动的基本结构和功能单位。构成人体和其他高等动物体的细胞种类繁多、形态各异,细胞形态与其功能往往相适应,如具有收缩功能的肌细胞呈条形或长梭形;运输 O_2 和 CO_2 的红细胞为双凹圆盘状;具有感受刺激、传导冲动功能的神经细胞一般附有长短不一的树枝状突起;精子细胞具有一根长长的鞭毛等。

虽然细胞的形态、大小各不相同,但在普通光学显微镜下,一般可见人体及动物细胞的基本结构可分为细胞膜、细胞质、细胞核三个部分。

实验材料

1. 器材 显微镜、香柏油、乙酸乙酯、擦镜纸。
2. 装片 蟾蜍表皮切片(HE染色)、蟾蜍红细胞涂片(HE染色)、人精子涂片(铁苏木精染色)。

实验方法

(一)普通光学显微镜的构造、使用方法和注意事项

见本篇第一章植物学实验一。

（二）观察装片

1. 蟾蜍表皮切片（HE 染色） 取蟾蜍表皮切片置于显微镜下，低倍镜下观察可见蟾蜍表皮层是完整皮切片的着色较深的一侧边缘。油镜下观察，根据细胞的形态特点，由内向外可将其分为三层：柱状细胞层，又称基底细胞层，为一层柱状上皮，细胞核位于细胞的中央，呈圆形，大而呈浅蓝紫色，位于表皮最下层，正常情况下有较多的基底细胞进入分裂状态，上、下分裂产生新的表皮细胞；扁平细胞层，一般为 2~5 层多边形的梭形细胞，细胞核较小而染成深蓝紫色，是进一步向角质层分化的细胞；角质层，是由多层已经死亡的扁平细胞所组成的保护层，其细胞核消失，细胞器溶解，水分丢失，细胞膜变厚，细胞中充满了角蛋白（图 2-4-1）。

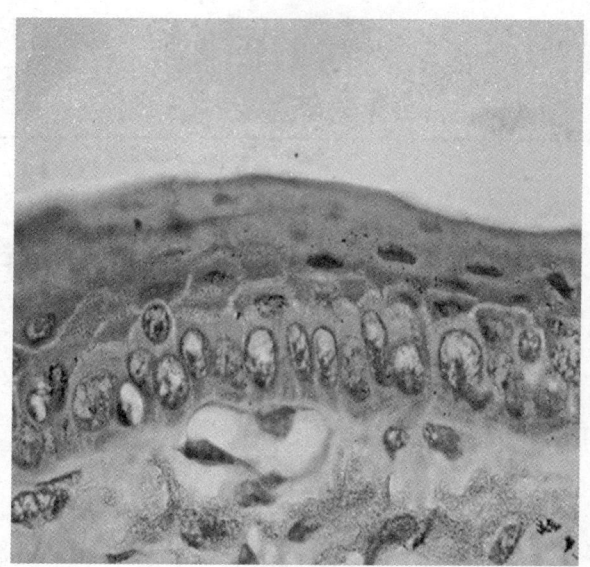

图 2-4-1　蟾蜍表皮层（油镜）

2. 人精子涂片（铁苏木精染色） 取人精子涂片置于显微镜下，油镜下观察可见许多被染成黑灰色的精子细胞的头部；高倍镜下观察可见精子细胞呈"蝌蚪形"，每个精子细胞都具有细长的尾丝（图 2-4-2）。

3. 蟾蜍红细胞涂片（HE 染色） 取蟾蜍血细胞涂片置于显微镜下，高倍镜下观察可见蟾蜍红细胞为椭圆形，呈浅粉红色，细胞核位于中央，圆形或椭圆形，呈蓝紫色（图 2-4-3）。

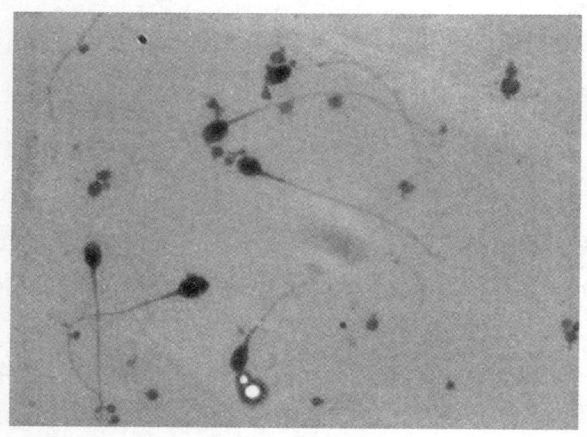

图 2-4-2　人精子细胞（油镜）

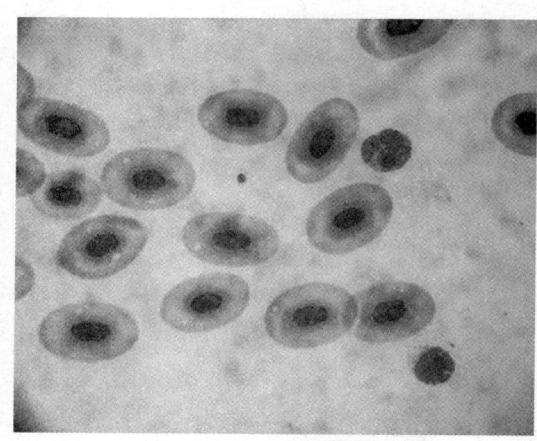

图 2-4-3　蟾蜍红细胞（高倍镜）

实验报告

1. 绘制蟾蜍表皮细胞图。
2. 绘制人精子细胞图。
3. 绘制蟾蜍红细胞图。

思考题

1. 实验所观察的蟾蜍表皮细胞、蟾蜍红细胞、人精子细胞各有什么特点？
2. 低倍镜下找到了物像，转至高倍镜下后为何常常找不到物像了？需要怎样操作？

实验二　细胞膜的渗透性

实验目的

1. 掌握细胞膜的通透性的一般规律。
2. 了解溶血现象及其发生机制。

实验原理

细胞膜是细胞与外界环境进行物质交换的结构，可选择性地让某些物质进出细胞。各种物质出入细胞的方式是不同的，水是生物界最普遍的溶剂，水分子可以按照物质浓度梯度从渗透压低的一侧通过细胞膜向渗透压高的一侧扩散，以致在高渗环境中，动物细胞会失水而收缩；在低渗环境中，动物细胞会吸水膨胀直至破裂。

本实验将红细胞分别放于各种等渗溶液中，由于红细胞膜对不同溶质的通透性不同，使得不同溶质透入细胞的速度相差很大，有些溶质甚至不能透入细胞。当溶质分子进入细胞后可引起渗透压升高，水分子随即进入细胞，使细胞膨胀，当膨胀到一定程度时，红细胞膜会发生破裂，血红蛋白溢出，此时，原来不透明的红细胞悬液突然变成红色透明的血红蛋白溶液，这种现象称为红细胞溶血。

由于各种溶质进入细胞的速度不同，所以不同的溶质诱导红细胞溶血的时间不同。相反，可通过测量溶血时间来估计细胞膜对各种物质通透性的大小。

实验材料

1. 器材　15 ml 试管、试管架、胶头滴管。
2. 试剂　0.17 mol/L 氯化钠、0.17 mol/L 氯化铵、0.32 mol/L 葡萄糖、0.32 mol/L 甘氨酸、0.32 mol/L 乙醇、0.32 mol/L 丙三醇（甘油）。

3. 材料　兔血。

实验方法

（一）兔血细胞稀释液制备

在 50 ml 小烧杯中加 1 份兔血和 4 份 0.17 mol/L 氯化钠溶液，形成一种不透明的红色液体，此即稀释的兔血。

（二）低渗溶液

取试管 1 支，加入 5 ml 蒸馏水，再加入 10 滴稀释的兔血，注意观察溶液透光性的变化。由不透明的红色逐渐变澄清，说明红细胞发生破裂造成 100% 红细胞溶血，使光线比较容易透过溶液。

（三）红细胞的渗透性

1. 取试管 1 支，加入 0.17 mol/L 氯化钠溶液 5 ml，再加入 10 滴稀释的兔血，轻轻摇动，注意观察溶液颜色有无变化，有无溶血现象，为什么？
2. 取试管 1 支，加入 0.17 mol/L 氯化铵溶液 5 ml，再加入 10 滴稀释的兔血，轻轻摇动，注意观察溶液颜色有无变化，有无溶血现象？若发生溶血，记录时间（自加入稀释兔血到溶液变成红色透明澄清所需时间）。
3. 分别在另外几种等渗溶液中进行同样的实验。步骤同 2。

实验报告

将观察到的现象列入表 2-4-1 中，对实验结果进行比较和分析。

表 2-4-1　不同试剂对红细胞的影响

编号	每管加入的溶液	是否溶血	时间	结果分析
1	0.17 mol/L 5 ml 氯化钠 + 10 滴稀释的兔血			
2	0.17 mol/L 5 ml 氯化铵 + 10 滴稀释的兔血			
3	0.32 mol/L 5 ml 葡萄糖 + 10 滴稀释的兔血			
4	0.32 mol/L 5 ml 甘氨酸 + 10 滴稀释的兔血			
5	0.32 mol/L 5 ml 乙醇 + 10 滴稀释的兔血			
6	0.32 mol/L 5 ml 丙三醇 + 10 滴稀释的兔血			

思考题

1. 溶血过程中有没有发生膜蛋白参与的主动运输？
2. 饮酒时，乙醇为何没有导致消化道细胞吸水胀破？

实验三　动物细胞有丝分裂的观察

实验目的

1. 掌握有丝分裂的基本过程及其生物学意义。
2. 掌握动物细胞有丝分裂各期的主要特征。
3. 了解细胞增殖的方式。

实验原理

细胞增殖是生物体的重要生命特征，细胞以分裂的方式进行增殖。真核细胞的分裂方式有三种，即有丝分裂、无丝分裂和减数分裂。有丝分裂是真核细胞繁殖的基本形式，它包括一系列复杂的核变化，出现有丝分裂器，以及遗传物质平均分配到两个子细胞的过程。可见，细胞增殖是生物体生长、发育、繁殖和遗传的基础。

马蛔虫子宫中充满了处于有丝分裂不同时期的受精卵。每个受精卵细胞中只有6条染色体，便于进行观察分析。

实验材料

1. 器材　显微镜、香柏油、乙酸乙酯、擦镜纸。
2. 材料　马蛔虫子宫切片标本。

实验方法

取马蛔虫子宫切片标本在低倍镜下观察。可见子宫周边为子宫壁，壁内为子宫腔，腔内有许多球形的结构为卵囊，在囊腔的中央即为处于不同发育阶段的受精卵细胞。选择处于有丝分裂状态的受精卵细胞，转换高倍镜仔细观察各个时期的图像。

1. 前期　核膨大，染色质丝浓缩变粗形成染色体，中心粒分开向两极移动，中心粒之间开始形成纺锤丝，每个中心粒周围有辐射状的星射线，核结构渐渐消失（图2-4-4）。
2. 中期　核膜完全消失，两个中心粒已位于细胞的两极，染色体排列在纺锤体的赤道面上，形成赤道板，构成中期的典型特征，是研究染色体的最佳时期。每条染色体由两条染色单体组成，连接两条染色单体的部位是着丝粒。到中期末，每条染色体已纵裂为二，但未完全分开，着丝粒尚未分开（图2-4-5）。
3. 后期　着丝粒纵裂，染色体分成两个染色单体，两组数目相等的染色单体在纺锤丝的牵引下向细胞两极移动，这时仍能看到星射线，两组染色体之间仍有纺锤丝。晚后期，细胞中部出现收缩环（图2-4-6）。
4. 末期　染色体解旋转变成染色质，核膜、核仁重新出现，纺锤体、星射线消失，细胞膜的收缩环加深，最后缢缩成两个子细胞（图 2-4-7）。

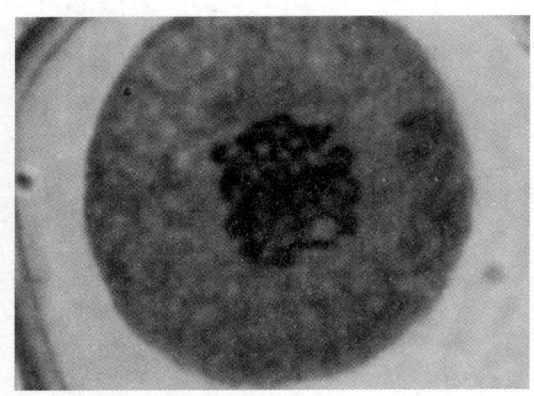

图 2-4-4　马蛔虫受精卵有丝分裂前期（油镜）

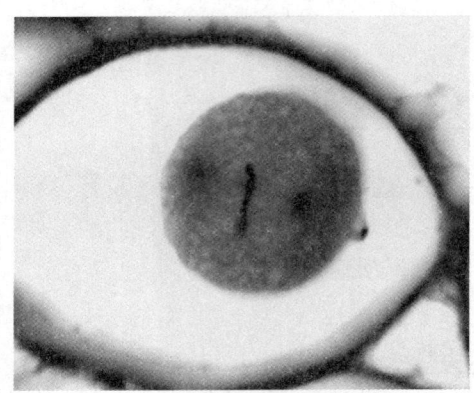

图 2-4-5　马蛔虫受精卵有丝分裂中期（油镜）

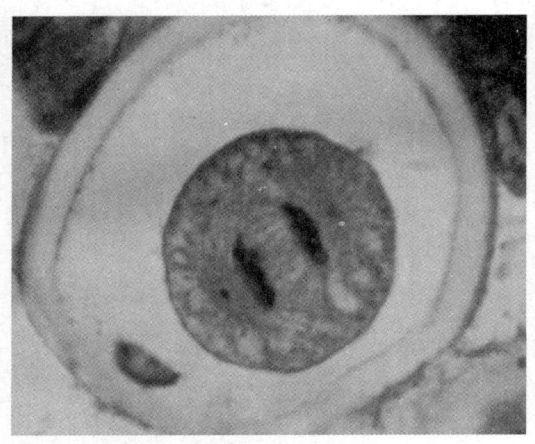

图 2-4-6　马蛔虫受精卵有丝分裂后期（油镜）

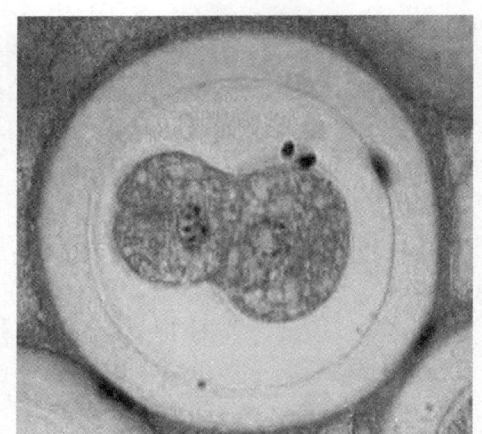

图 2-4-7　马蛔虫受精卵有丝分裂末期（油镜）

实验报告

绘制马蛔虫受精卵细胞有丝分裂中两个典型时期的细胞图。

思考题

1. 有丝分裂中期，如果从两极的方位来观察赤道板上的染色体，染色体是什么形态？
2. 为何有的卵囊中看不到细胞？为何有的受精卵细胞看不到染色体？

实验四　动物细胞减数分裂的观察

实验目的

1. 掌握生殖细胞减数分裂发生过程及各时期的染色体和细胞的形态变化特点。
2. 了解动物生殖细胞的形成过程,加深对减数分裂生物学意义的认识。

实验原理

减数分裂是一种特殊方式的有丝分裂,它与有性生殖细胞的形成有关。进行有性生殖的生物,在原始生殖细胞(如动物的精原细胞或卵原细胞)发展为成熟生殖细胞(精子或卵细胞)的过程中,要经过减数分裂。在整个减数分裂过程中,染色体只复制一次,而细胞连续分裂两次。减数分裂的结果是新产生的生殖细胞中的染色体数,比原始生殖细胞的染色体数减少一半。经过受精作用,雌、雄配子结合为合子,染色体数又恢复到原始生殖细胞水平,因而保证了亲、子代之间遗传的相对稳定性。

此外,在减数分裂过程中,还发生了同源染色体的联会、交换和非同源染色体的自由组合,充分体现了遗传的三大规律在丰富基因的多样性中起着重要的作用。

实验材料

1. 器材　光学显微镜、香柏油、乙酸乙酯或二甲苯、擦镜纸。
2. 材料　蝗虫精巢压片标本。

实验方法

蝗虫的精巢由多个精细管组成,各精细管中有许多不同发育阶段的生殖细胞。雄性蝗虫二倍体细胞染色体为 23 条,性染色体为 XO 型。雄性生殖细胞有 X 型(有一条性染色体)和 O 型(没有性染色体)两种。雌性蝗虫二倍体细胞染色体为 24 条,性染色体为 XX 型。雌性生殖细胞只有 X 型一种。

精子发生的顺序是:

上皮细胞 —分化→ 精原细胞 —发育→ 初级精母细胞 —分裂I→ 次级精母细胞 —分裂II→ 精细胞 —变形→ 精子

1. 观察蝗虫精巢压片标本　不能看到有序的精子发生断面的层次,但可随机地分析所观察到的标本不同发育时期的生殖细胞图像,方法是先在低倍镜下找到分裂象,再转换到高倍镜、油镜下观察,按理论课上已学过的减数分裂各期的形态特征加以分析。
2. 观察各个发育时期生殖细胞的形态特点(图 2-4-8)
(1) 精原细胞　多位于精细管的游离端,细胞核圆而大,几乎占有细胞的全部。核中染

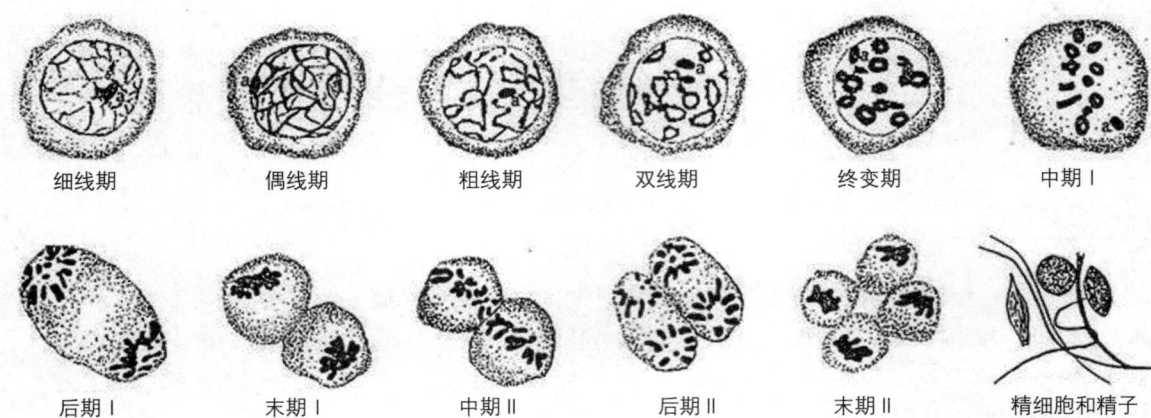

图 2-4-8 减数分裂各期特征

色质特别显著。细胞质染色较浅,几乎不能分辨。

(2)初级精母细胞 一个精原细胞通过有丝分裂增殖形成许多精原细胞,每个精原细胞经过生长期形成初级精母细胞。

(3)次级精母细胞、精细胞 初级精母细胞经过第一次成熟分裂形成 2 个次级精母细胞,次级精母细胞再经过第二次成熟分裂形成 4 个精细胞。

① 第一次成熟分裂(重点观察该分裂中的前期)

前期Ⅰ:此期时间较长、变化复杂,按染色体形态变化又分为下列各期:

细线期:此期是减数分裂的开始,细胞和细胞核比周围组织的细胞要大,染色质呈细线状,绕成一团,称为染色线。染色线上还可见到染色粒,其位置和大小比较固定。有时在核膜内侧可见一深染的 X 小体。

偶线期(联会期):细线形成后,同源染色体两两配对,称为联会。蝗虫染色体的配对从一端开始,并聚集在核的一侧,另一侧仍散开尚未配对,这种图像很像花束。雄性蝗虫生殖细胞只有一条性染色体,该染色体无配对现象,而且在第一次成熟分裂全过程中外形短粗、光滑、深染,无其他染色体表现的变化。

粗线期:同源染色体纵向配对后,彼此靠得很紧,然后变得粗短并散列在细胞核中,此时可见整个核中的图像较为稀疏,配对的染色体实为两个二分体紧靠在一起,结果成为一个四分体。

双线期:染色体进一步缩短,同时出现染色体灯刷现象,可区分为 11 个四分体和一个 X 染色体。同源染色体开始互相排斥,互相分离(但不全分开),分离时可有某一点或两点扭在一起形成交叉,使二价体形态上呈 X 型、O 型和 ∞ 型。

终变期:同源染色体进一步缩短,交叉点端移。二价体形态各种图像如"X""O""∞""V"和"+"等形状更加明显,此时核膜、核仁消失。

中期Ⅰ:染色体高度浓缩,灯刷现象消失,染色体边缘光滑、界线清晰。核膜完全消失,纺锤体出现,四分体排列在纺锤体的中央,每个四分体的着丝粒分别与两边的纺锤丝相连。

后期Ⅰ:每个四分体分成两个二分体(即同源染色体分开),由纺锤丝牵引移向两极,结果细胞的一极有 11 个二分体,另一极有 11 个二分体和一个 X 染色体(也是一个二分体)。从极面观,染色体在两极的排列形似两朵菊花。

末期 I:两组二分体分别到达两极,细胞拉长,中央凹陷,细胞质分为两部分。在每一部分,核仁、核膜重建,这样就形成了两个次级精母细胞,次级精母细胞比初级精母细胞小。

间期:极短,次级精母细胞经过此期染色体形态不变就进入第二次成熟分裂。

② 第二次成熟分裂

前期 II:时间很短,染色体形态基本上与末期 I 相似,不必在镜下寻找。

中期 II:各二分体排列在纺锤体中央,它与中期 I 图像比较的不同点在于染色体较小,与一般有丝分裂中期染色体相似,即染色体为二分体,含有两条染色单体,由一着丝粒联系着。

后期 II:着丝粒纵裂为二,染色单体彼此分离,形成两组子染色体,分别向两极移动,每组子染色体的数目只有精原细胞的一半。

末期 II:到达两极的子染色体聚集成块,逐渐解旋。新的核膜、核仁重新出现,此时的细胞称为精细胞。可见,一个精原细胞经过生长期成为初级精母细胞,再经过两次成熟分裂产生 4 个精细胞。精细胞与一般间期细胞相似,但体积较小,核较大。

(4)精子 经过变形期形成精子。精子可分为头、中段和尾三部分(变形期精细胞→精子的变化过程是从圆形→椭圆形→梭形→丝状)。

头部:着色较深,主要为细胞核,外围一层极薄的细胞质,接近成熟的精子头部呈纺锤形或长纺锤形,完全成熟的精子头部呈针形。

中段:头部下方一个极短的区域,其中含有中心粒,完全成熟的精子中,中心粒不明显。

尾部:中段之后一条纤细的鞭毛状尾,起运动器的作用。

实验报告

绘制蝗虫精巢细胞减数分裂前期 I 各阶段主要形态特征图。

思 考 题

1. 比较减数分裂与有丝分裂的异同点。
2. 简述减数分裂的生物学意义。

实验五 细 胞 计 数

实验目的

1. 掌握细胞板计数法进行细胞计数的原理。
2. 了解细胞计数的用途。

实验原理

细胞计数就是从需要计数的细胞悬液中取一定量细胞进行计数,并通过计数得知原始细胞悬液中的细胞密度以及细胞总和数。在细胞计数时,若细胞浓度太高,可进行必要的稀释。常用的细胞计数方法有细胞电子计数仪计数法和细胞板计数法,但电子计数仪计数法在许多实验室尚未完全推广,细胞板计数法仍是目前实验室常用的方法。

细胞计数板是一块特制的厚载玻片,其上有 4 条与长边垂直的凹槽,每两个槽之间构成一个平台,故有 3 个平台,其中两侧平台比中间平台高 0.1mm,中间平台较宽,又有一条与长边平行的短槽将其一分为二,在每一半上各刻有一个计数室(图 2-4-9)。每个计数室划分为 9 个大方格。一般使用的计数区域为四个角落的 4 个大方格(可分为 16 小格)(图 2-4-10),每个大方格面积为 $1mm \times 1mm = 1mm^2$,深度为 0.1mm,盖上盖玻片后容积为 $0.1mm^3$。

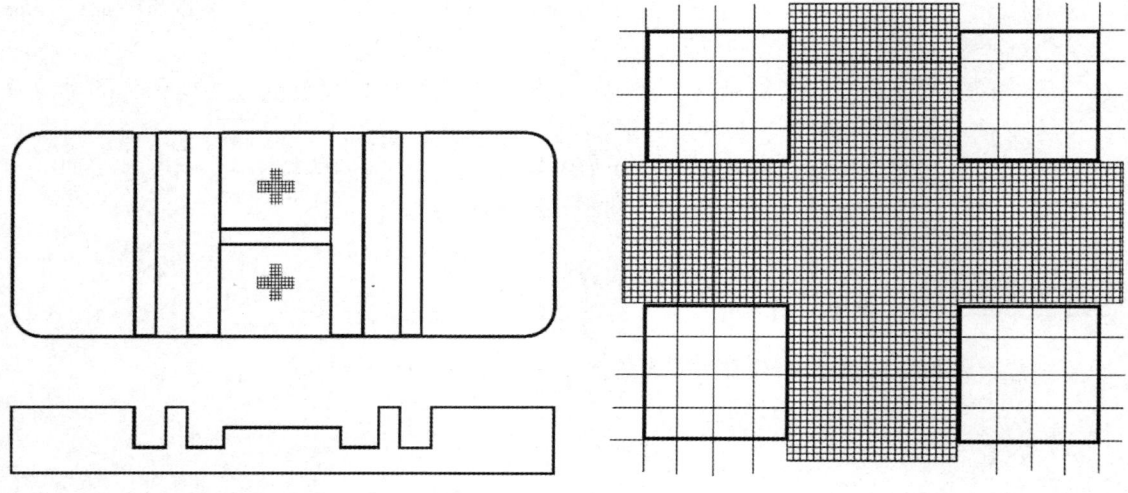

图 2-4-9 细胞计数板的正面和侧面结构　　图 2-4-10 低倍镜下的细胞计数板网格

实验材料

1. 器材　细口吸管、显微镜、细胞计数板、酒精纱布。
2. 试剂　生理盐水(0.9% 氯化钠溶液)。
3. 材料　人血细胞悬液。

实验方法

1. 制备人血红细胞稀释液　取 1000ml 烧杯一只,以 0.1ml 人血滴入生理盐水定容至 1000ml,即稀释 10 000 倍,即为人红血细胞稀释液。稀释液制备后应轻轻混匀,使细胞充分分散。

2. 准备计数板　用酒精清洁细胞计数器及专用盖玻片，再用纱布擦拭干净。

3. 加样　细胞计数板盖上专用盖玻片，用细口吸管吸取1滴人血细胞稀释液，从计数板上盖玻片的边缘一侧缓缓滴入，使之充满计数板和盖玻片之间的空隙。应注意加样量不要过多而溢出盖玻片，也不要过少或带有气泡。操作有失误时，应重新加样，否则会影响细胞计数结果。

4. 计数　稍候片刻，将计数板放在低倍镜下观察并计数。计算出计数板的四角大方格（每个大方格又分16个小方格）内的细胞数。计数时，只计数完整的细胞，若聚成一团的细胞则按一个细胞计数。在一个大方格中，如果有细胞位于线上，一般计上线细胞不计下线细胞，计左线细胞不计右线细胞。

5. 计算　计数完成后，需换算出每毫升稀释液中的细胞数。由于计数板中每一方格的体积为 $0.1 mm^3$，故可按下式计算：

细胞稀释液细胞数（个/ml）＝ 4个大方格总数 $/4 × 10^4$（如已稀释，计算全血细胞数时则要再乘稀释倍数）

实验报告

计算每毫升细胞稀释液中的红细胞数，以及每毫升全血中的细胞数。

思 考 题

1. 全血中有多种细胞，其他细胞会影响细胞计数的结果吗？
2. 为什么细胞计数时，细胞稀释液溢出凹槽外或有气泡时要重做？

实验六　线粒体的制备与观察

实验目的

1. 掌握细胞器活体染色的原理和有关的技术。
2. 熟悉动物活细胞内线粒体的形态、数量与分布。

实验原理

活体染色是指对生活有机体的细胞或组织某些结构能着色、但又不影响细胞的生命活动和产生任何物理化学变化以致引起细胞死亡的一种染色方法。因此活体染色技术通常可用来研究生活状态下的细胞形态结构和生理、病理状态。根据所用染色剂的性质和染色方法的不同，通常把活体染色分为体内活染与体外活染两类。

1. 体内活染　是以胶体状的染料溶液注入动、植物体内，染料的胶粒固定、堆积在细胞内某些特殊结构中，达到易于识别的目的。可用于尿液、阴道分泌物等的滴虫检查（瑞氏染色）。

2. 体外活染 是由活的（或者刚死的）动、植物分离出部分细胞或组织小块，以染料溶液侵染，染料被选择固定在活细胞的某些结构上而显色。例如可用于精子染色。

詹姆斯绿 B 染液是毒性较小的碱性染料，可专一性地对线粒体进行超活染色。这是由于线粒体内的细胞色素氧化酶系的作用，使染料始终保持氧化状态（即有色状态），呈蓝绿色；而线粒体周围的细胞质中，这些染料被还原为无色的色基（即无色状态）。

实验材料

1. 器材　显微镜、恒温水浴锅、表面皿、牙签、滤纸。
2. 试剂　Ringer 溶液、1/5000 詹姆斯绿 B 染液。
3. 材料　人口腔上皮细胞。

实验方法

1. 取清洁载玻片，滴 1~2 滴詹姆斯绿 B 染液。
2. 实验者用牙签宽头在自己口腔黏膜处稍加用力刮取上皮细胞，将刮下的黏液状物放入载玻片的染液滴中，37℃恒温染色 10~15 min。
3. 盖上盖玻片，用吸水纸吸去四周溢出的染液，置显微镜下观察。
4. 观察　在低倍镜下，选择蓝灰色平展的口腔上皮细胞，换高倍镜或油镜进行观察。可见扁平状上皮细胞的核周围胞质中，分布着一些蓝色或蓝绿色的颗粒状或短棒状的结构，即是线粒体（图 2-4-11）。

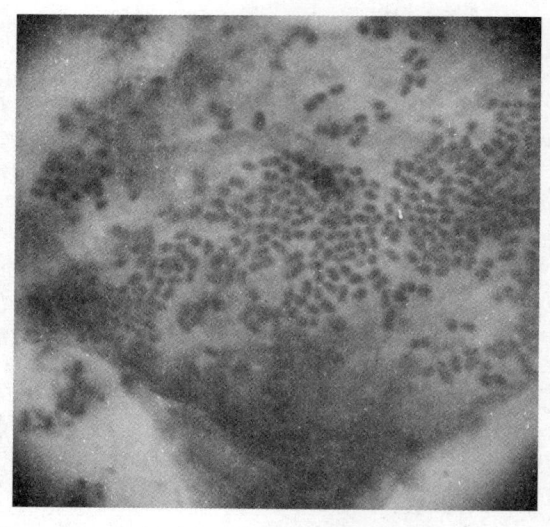

图 2-4-11　人口腔上皮细胞中的粒状线粒体（油镜）

实验报告

画出口腔黏膜上皮细胞的线粒体。

思考题

1. 为什么有些细胞的线粒体多，而有些细胞的线粒体却很少？
2. 为什么詹姆斯绿 B 染液只能使线粒体染色？

实验七 细胞器的制备与观察

实验目的

1. 掌握细胞骨架的光镜临时装片标本的制作方法。
2. 熟悉细胞骨架的结构特征。
3. 熟悉高尔基体在光学显微镜下的形态特点。

实验原理

细胞器是构成细胞的基本结构和功能单位。在光镜下,只能观察到线粒体、高尔基体、中心体和细胞核等细胞器的形态。通过特殊处理和染色,也能够看到细胞骨架的基本形态。

细胞骨架是指细胞中纵横交错的纤维网络结构,它们是由各种不同成分的蛋白质组成,按组成成分和形态结构的不同可分为微管、微丝和中间纤维。它们对细胞形态的维持、细胞的生长、运动、分裂、分化和物质运输等起重要作用。

在光镜下观察细胞骨架,通常用非离子去垢剂 Triton X-100 处理使细胞膜和胞内的脂类物质被溶解,再用固定剂对细胞骨架进行固定,然后用非特异性蛋白染料对其进行染色,使胞质中的细胞骨架得以清晰显现。

细胞器中的高尔基体也称高尔基复合体,是真核细胞中内膜系统的组成之一,由意大利细胞学家 Golgi 首次用银染方法在神经细胞中发现。高尔基体是由光面膜组成的膜囊系统,在普通光学显微镜下,膜囊叠在了一起,呈现不光滑的扭曲的粗线条状。

实验材料

1. 器材 光学显微镜、载玻片、盖玻片、镊子、培养皿、吸水纸、吸管、水浴锅。
2. 试剂 6 mmol/L 磷酸盐缓冲液(PBS)、1% Triton X-100(去垢剂)、3% 戊二醛、0.2% 考马斯亮蓝 R-250 染料。
3. 材料 洋葱、猫神经节切片(示高尔基体)。

实验方法

(一)制作细胞骨架临时装片

1. 取材 撕取洋葱鳞茎内表皮 2~3 mm² 置于载玻片上,用吸管加 6 mmol/L PBS 2 滴,使材料充分浸入到液体中,处理 5~10 min。
2. 去垢处理 用吸水纸吸尽浸泡材料的 PBS,加 2~3 滴去垢剂 1%Triton X-100,使液体充分浸泡材料,并立即放入 37℃ 水浴锅中处理 15 min。
3. 冲洗 吸去 1% Triton X-100,用 6 mmol/L PBS 轻轻冲洗 2 次,每次 5 min。

4. 固定　用吸管将 PBS 吸尽，加 2 滴 3% 戊二醛固定 20 min。

5. 冲洗　吸去 3% 戊二醛固定液，用 6 mmol/L PBS 冲洗 2 次，每次 5 min。

6. 染色　吸去 PBS，滴几滴 0.2% 考马斯亮蓝 R-250 染料，染色 10 min。

7. 制片　用吸水纸吸去染料，小心地加盖盖玻片（注意：不能有小气泡）。

8. 观察　将制好的临时装片置于光镜低倍镜下观察，可见到规则排列的长方形洋葱表皮细胞轮廓，细胞内可见到被染成蓝色的粗细不等的分枝状结构，这便是细胞骨架。转高倍镜继续观察，调节细螺旋可见到细胞骨架的立体结构（图 2-4-12）。

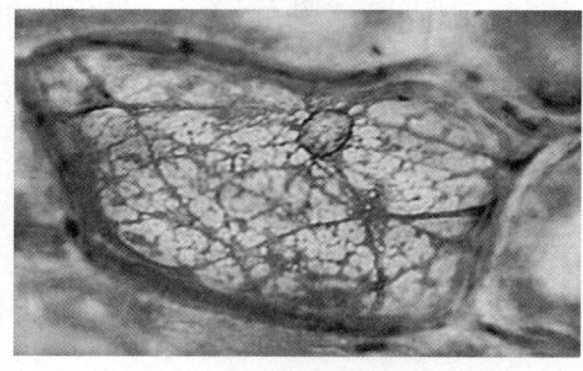

图 2-4-12　洋葱表皮细胞骨架（高倍镜）

（二）观察高尔基体

在猫神经节切片上观察。在低倍镜下可见材料被染成淡棕黄色，在其边缘可见许多大小不等的椭圆形细胞即为神经细胞，在其周围，可见呈条形的神经纤维。选一较大的神经细胞于视野中央，转换高倍镜和油镜继续观察。在椭圆形神经细胞的中央有一圆形区域，这是被消化掉的细胞核的位置。核周围的细胞质被染成黄色，其中有许多染成深棕色的不规则颗粒状或线状的结构即为高尔基体（图 2-4-13）。

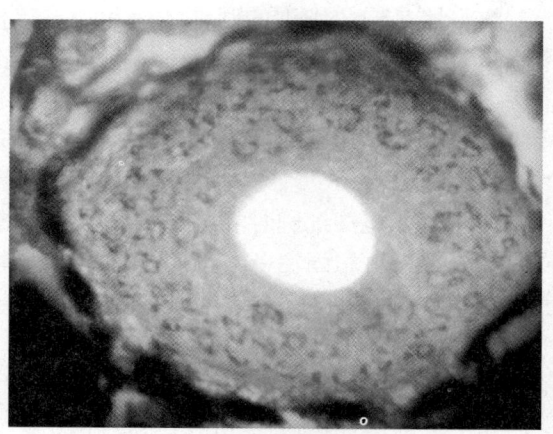

图 2-4-13　猫神经细胞（油镜）

实验报告

绘制洋葱表皮细胞骨架图。

思　考　题

1. 在细胞骨架临时装片的制作过程中，Triton X-100 和戊二醛各起什么作用？
2. 哪些因素影响细胞骨架的稳定性？

实验八　细胞内多糖和过氧化物酶的定位

实验目的

1. 熟悉过碘酸-希夫反应的原理并掌握其制片方法，观察细胞内多糖的分布。
2. 熟悉过氧化物酶反应的原理并掌握其制片方法，观察过氧化物酶在细胞中的位置。

实验原理

过碘酸-希夫反应，简称为PAS反应，主要是利用过碘酸作为强氧化剂，许多多糖分子残基中含有二醇基，过碘酸能将二醇基氧化为二醛基，氧化所得的二醛能与希夫试剂反应，形成紫红色不溶性化合物。此反应对于二醇基是有特异性的，而且颜色的深浅与糖类的多少有关，红色较深的则说明含有糖类成分较多，红较浅则说明所含糖类成分相对较少。

过氧化物酶是由微生物或植物所产生的一类氧化还原酶，它们能催化很多反应。过氧化物酶是以过氧化氢为电子受体催化底物氧化的酶，主要存在于细胞的过氧化物酶体中，以铁卟啉为辅基，可催化过氧化氢氧化酚类和胺类化合物，具有消除过氧化氢和酚类、胺类毒性的双重作用。联苯胺能被过氧化物酶氧化成蓝色或棕色络合物，因此可以根据细胞蓝色或棕色出现的位置来定位过氧化物酶。

实验材料

1. 器材　显微镜、刀片、镊子、载玻片、盖玻片、染色皿、吸水纸。
2. 试剂　过碘酸溶液、70%乙醇、Schiff试剂、亚硫酸水溶液、联苯胺溶液、0.1%钼酸铵溶液。
3. 材料　马铃薯块茎、洋葱鳞茎。

实验方法

（一）细胞内多糖的测定：过碘酸-希夫（PAS）反应

1. 把马铃薯块茎用刀片切成薄片。
2. 把薄片浸于过碘酸溶液15 min。
3. 移入70%乙醇中浸片刻。
4. 移入Schiff试剂浸15 min。
5. 亚硫酸溶液洗3次，每次1 min。
6. 蒸馏水洗片刻。
7. 将薄片放置于载玻片上，盖上盖玻片，镜检。

（二）细胞中过氧化物酶的测定：联苯胺反应

1. 用镊子撕取洋葱鳞茎内表皮一小块。
2. 浸在溶有 0.1% 钼酸铵的 0.85% 氯化钠溶液中 5 min。
3. 浸在联苯胺溶液内 2 min，至切片出现蓝色。
4. 在 0.85% 氯化钠溶液中洗 1 min。
5. 将薄片置于载玻片上展开，盖上盖玻片，镜检。

实验报告

绘出细胞中多糖及过氧化物酶的分布。

思 考 题

1. 简述过氧化物酶的生理学意义。
2. 能使 PAS 反应呈阳性反应的物质除多糖外，是否还有其他物质？

实验九　植物染色体标本的制作与观察

实验目的

1. 掌握制备植物染色体标本的常规压片法。
2. 了解常规压片法制备染色体标本的基本原理。

实验原理

染色体是细胞分裂时期遗传物质存在的特定形式，是染色质紧密包装的结果。对染色体的观察在研究生物进化、发育、遗传和变异中有十分重要的意义。

制备植物细胞的染色体标本，常用分生组织，如根尖、茎尖和嫩叶做材料，因为这些材料的细胞分裂都处于比较旺盛的时期，而且取材方便。常规压片法是目前观察植物染色体常用的方法，整个制片过程包括取材、预处理、固定、解离、染色和压片等步骤。预处理采用秋水仙素处理材料，使其染色体缩短且停止在中期。解离是用盐酸处理材料使细胞壁分离软化。但压片法的缺点是染色体很难分散开，而且染色体容易变形和断裂。

实验材料

1. 器材　培养箱、显微镜、镊子、刀片、剪刀、培养皿、吸水纸、染色皿、载玻片、盖玻片、酒精灯。

2. 试剂　Carnoy 固定液、0.02% 秋水仙素溶液、1 mol/L HCl、70% 乙醇、85% 乙醇、95% 乙醇、改良苯酚品红染色液。

3. 材料　洋葱鳞茎。

实验方法

1. 取材　将洋葱鳞茎置于盛水的小烧杯中，放在 25℃ 温箱中发根，一般等待 3~5 天，根长至 2 cm 左右，于上午 9~11 时剪下根尖。

2. 预处理　将剪下的根尖放置在 0.02% 秋水仙素溶液中，浸泡处理 4 h。

3. 固定　用蒸馏水洗净处理过的根尖，经 Carnoy 固定液固定 6~12 h，再经 95% 乙醇、85% 乙醇各半小时，最后转入 70% 乙醇中，置 4℃ 冰箱保存备用。

4. 解离　取出根尖，用蒸馏水洗净，放入 1 mol/L HCl 中 60℃ 解离 8~10 min，再用蒸馏水洗净。

5. 染色　转入改良苯酚品红染色液中染色 5~10 min。

6. 压片　把染好色的根尖放在载玻片上，切取分生区部分，加 1 滴染色液，用镊子捣碎，盖上盖玻片，然后在盖玻片上放一片吸水纸，用铅笔上的橡皮头轻轻敲打盖玻片，使细胞和染色体分散。

7. 镜检。

实验报告

绘制出细胞中期染色体图。

思 考 题

1. 讨论染色体制备技术在生物学研究中的应用。
2. 植物染色体的制备成功与否需注意哪些事项？

附：试剂配制方法

1. 改良苯酚品红染色液

母液 A：称取 3 g 碱性品红于烧杯中，加入 100 ml 70% 乙醇，混匀。此液可放置在 4℃ 冰箱中长期保存。

母液 B：取 A 液 10 ml，加入 90 ml 5% 苯酚水溶液，混匀。此液 2 周内可以使用。

然后取 B 液 45 ml 于烧杯中，再分别加入冰醋酸 6 ml 和 37% 甲醛 6 ml，混匀。此液即为苯酚品红染色液。

再取苯酚品红染色液 10 ml，分别加入山梨醇 1.8 g 和 45% 乙酸 90 ml，混匀。此液为改良苯酚品红染色液，放置 2 周后，染色效果较好。

2. Carnoy 固定液　甲醇 – 冰醋酸以体积比 3∶1 混合。

实验十 免疫胶体金技术

实验目的

1. 掌握应用于光镜的免疫金染色方法。
2. 了解免疫胶体金染色技术的原理及其重要意义。

实验原理

用化学方法将氯金酸盐水溶液还原为胶体金微粒。在氯金酸盐溶液中加入各种还原剂,使溶质分子聚集成多分子聚集体,产生一定大小的金颗粒溶液。胶体金在电解质中是不稳定的,易成絮状凝集,但被蛋白质包被的胶体金是稳定的,目前常用免疫球蛋白或葡萄球菌蛋白质 A (staphylococcal protein A) 包被胶体金。本实验用山羊抗鼠 Ig 抗体包被胶体金。一般认为由于金颗粒表面的负电荷与蛋白质的正电荷基团之间的静电作用而相互吸引,这是一种非共价键的静电吸引,故一般不影响蛋白质的活性。关于蛋白质吸附于金颗粒表面的机制目前还不完全清楚。

免疫金银染色法(immunogold–silver staining,IGSS)测定细胞表面标志,以单抗为一抗,以胶体金标记的羊抗鼠 IgG 为二抗,与细胞孵育、固定后,经银显影液染色和 Giemsa 复染,即可在光镜下进行观察。本方法无需特殊仪器,染色后的样本可长期保存,稳定性好,操作简便。

实验材料

1. **器材** 超速离心机、显微镜、水浴锅、分光光度计、孔径为 0.2 μm 的滤膜、培养皿(16cm)、镊子、滤纸、擦镜纸、离心管、量筒(100 ml)、刻度吸管(5 ml)、试剂瓶、酒精灯、玻璃棒、烧杯、载玻片、盖玻片。
2. **试剂** 氯金酸钠、1% 柠檬酸钠水溶液、山羊抗鼠 Ig 抗体(浓度为 1.5~3.0 mg/ml)、胶体金溶液(颗粒直径为 18~20 nm)、10% 氯化钠、1% 聚乙二醇(PEG)、0.01 mol/L PBS (pH 7.2)、对 T 淋巴细胞特异的单克隆抗体、金标记山羊抗鼠 Ig 抗体含 0.2% 叠氮化钠、1%BSA(牛血清白蛋白)和含 2% 热灭活人 AB 血清的 PBS、1% 戊二醛(用无水乙醇配制)、50% 硝酸银溶液、明胶显影液、Giemsa 原液、2% Giemsa 磷酸盐缓冲液染液(pH 6.8)。
3. **材料** 人外周抗凝全血。

实验方法

1. 胶体金溶液的配制

(1) 称取 1 g 氯金酸钠,并将其溶解于约 1 000 ml 无离子水中。
(2) 加热煮沸,在剧烈搅拌下,快速加入 25 ml 新配制的 1% 柠檬酸钠水溶液。
(3) 连续煮沸大约 5 min,待溶液变成橘红色。

（4）用蒸馏水将 525 nm 吸光度值调到 0.8。

这样制备的胶体金颗粒直径为 18～20 nm。

2. 胶体金的包被

（1）将山羊抗鼠 Ig 抗体溶液在 4 对蒸馏水适当透析后，以 10 000 r/min 离心 30 min。

（2）取出上清液经孔径为 0.2 μm 的滤膜过滤。

（3）确定蛋白质包被的最适浓度

① 将蛋白质溶液作连续 10 倍稀释，体积为 1 ml。

② 将各个稀释度的蛋白质溶液分别加到 5 ml 胶体金溶液中（其 pH 应调到稍高于蛋白质溶液的 pH），快速混合。

③ 1 min 后加入 1 ml 10% 氯化钠溶液，快速混合后静置 5 min。

④ 用蒸馏水将 5 ml 胶体金稀释到 7 ml，用作空白对照。

⑤ 分别测定吸光度，选择呈最低吸光度的蛋白质浓度溶液用于正式包被。

（4）先将蛋白质浓度稀释到 0.5 mg/ml，然后按所确定的蛋白质浓度和胶体金的体积，将所需量的蛋白质溶液加到胶体金中。

（5）快速混合后，使蛋白质吸附 1～2 min 后，每 100 ml 胶体金加 1 ml 1% 聚乙二醇，以阻止发生非特异性凝集。

（6）以 700 r/min 离心 1 h，使包被的胶体金沉淀于管底。

（7）吸弃上清液，将胶体金悬浮于含 1% 聚乙二醇的 PBS 中。

（8）同步骤（6）离心，洗涤去除未吸附的蛋白体。

（9）吸弃上清液后，将包被的胶体金稀释到在 525 nm 吸光度为 1.5（以稀释剂作空白对照）。

（10）用孔径为 0.2 μm 的滤膜过滤除菌后，于 4℃ 保存备用。

如发现有非特异性凝集，则应废弃，重新配制。

3. 从外周抗凝血液吸出白细胞（低速离心，取其棕黄色层），即为白细胞悬液。吸出上层黄色透明液，为自源血浆。

4. 取 20 μl 白细胞悬液与 5 μl 对 T 淋巴细胞特异的单克隆抗体在 4℃ 作用 30 min。

5. 将与抗体作用后的细胞用洗液离心洗 2 次。

6. 将洗涤后的细胞与 20 μl 金标记的山羊抗鼠 Ig 抗体在室温下作用 30 min。

7. 将与抗体作用后的细胞用洗液离心洗涤 2 次。

8. 加 5 μl 自源血浆，在 37℃ 下作用 30 min。

9. 将细胞做涂片，用 1% 戊二醛在室温下固定 10 min。

10. 自来水下冲洗 3 min。

11. 按"染色体核仁组成区的银染色法"染色，并用 2% Giemsa 磷酸盐缓冲液染液复染 1～3 min，镜检。

实验报告

1. 在光镜下可见在阳性细胞表面有许多棕黑色颗粒，阴、阳性细胞容易辨识。经测定表明，用 IGSS 法测定细胞阳性率与荧光染色（FITC）的结果相似。

2. 绘图说明阳性细胞是如何标记的。

3. 计数 100 个细胞，计算 T 细胞阳性率。

思 考 题

1. 影响胶体金颗粒大小的因素有哪些？
2. 简述蛋白质包被胶体金的基本原理。
3. 简述胶体金标记技术在细胞生物学研究中的应用前景。

实验十一　细胞的吞噬活动

实验目的

1. 掌握和理解细胞的吞噬作用对生物体的意义。
2. 熟悉实验动物的腹腔注射等基本操作方法。

实验原理

白细胞是机体防御系统中能游走的单位，它分为粒细胞系、单核细胞系、淋巴细胞系三种。它们有许多生理功能，如游走性、阿米巴运动、趋化性、吞噬异物等。在白细胞中，以粒细胞、单核细胞的吞噬活动较强，故称此两类细胞为吞噬细胞。单核细胞由血液进入组织后逐渐演变成巨噬细胞。吞噬细胞主要靠吞噬来处理异物。吞噬细胞首先由于趋化作用而向异物游走，然后伸出伪足包围异物，并发生胞吞作用形成吞噬泡，将异物吞进细胞，继而溶酶体与吞噬泡融合，消化异物。

实验材料

1. 器材　光镜、2ml 注射器、载玻片、盖玻片、解剖器材、滴管、吸水纸、试管。
2. 试剂　4% 锥虫蓝、生理盐水。
3. 材料　小白鼠、1% 鸡红细胞悬液、6% 淀粉肉汤。

实验方法

1. 实验前 2 天，每天向小白鼠腹腔注射 6% 淀粉肉汤（含锥虫蓝，起标记作用）1ml 以刺激腹腔产生较多的巨噬细胞（此步骤由教师在实验前完成）。
2. 实验时，每组取一只上述处理的小白鼠，给予腹腔注射 1% 鸡红细胞悬液 0.5～1ml，注射后轻揉小白鼠腹部以使红细胞悬液分散均匀。
3. 20 min 后，用颈椎脱臼法处死小白鼠，迅速剖开小白鼠腹部，向腹腔部注射 0.5～1ml 生理盐水，用吸管轻轻使生理盐水与腹腔液混匀。
4. 用吸管抽取小白鼠腹腔液，滴片，然后盖上盖玻片。

5. 镜检 在高倍镜下可见有许多较大的圆形和形状不规则的巨噬细胞，因未染色，细胞核不易见到，其胞质中含有数量不等的蓝色圆形小颗粒（即吞入的含台盼蓝的淀粉肉汤所形成）；还可见少量黄色椭圆形有明显细胞核的鸡红细胞。慢慢移动玻片标本，仔细观察视野中的巨噬细胞表面，有的红细胞已部分被吞入，有的巨噬细胞内已吞入了一个或多个红细胞形成吞噬泡。

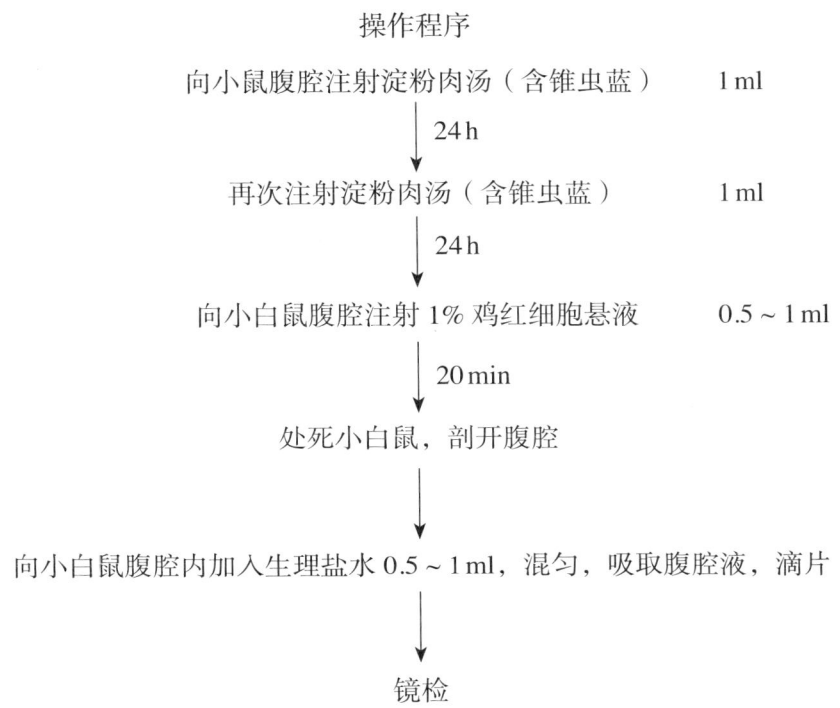

实验报告

绘图说明巨噬细胞的吞噬过程。

思 考 题

1. 吞噬细胞的胞吞作用对于生物整体而言，有哪些方面的作用？
2. 被吞噬的成分，在细胞中将被运送到哪些细胞结构？如何追踪？

（罗　琼　刘　佳）

第五章 生物化学

实验一 生物化学实验基本操作

实验目的

1. 掌握一般玻璃仪器的洗涤方法和刻度吸量管、微量移液器的使用及注意事项。
3. 熟悉离心机的基本使用方法和注意事项。
2. 了解实验室的一般规则，点收仪器。

实验材料

1. 器材　烧杯、试管等玻璃仪器，试管刷，刻度吸量管，微量移液器，离心机，电子天平等。
2. 试剂　重铬酸钾洗液。

实验方法

（一）玻璃仪器的洗涤

在生物化学实验中，玻璃仪器洁净与否，是能否获得准确结果的重要环节。洁净的玻璃仪器内壁应十分明亮、光洁，无水珠附着在玻璃壁上。

1. 常用的洗涤方法

（1）一般仪器　如烧杯、试管等可先用毛刷蘸肥皂液、合成洗涤剂仔细刷洗，然后用自来水反复冲洗，最后用少量蒸馏水冲洗2~3次，倒置在器皿架上晾干或置烘箱烤干备用。

（2）容量分析仪器　如吸量管、容量瓶、滴定管等，不能用毛刷刷洗，用后应及时用自来水多次冲洗，细心检查洁净程度，根据挂不挂水珠采取不同处理方法：

① 不挂水珠，可用蒸馏水冲洗、干燥，方法同上。

② 挂水珠，则应沥干后用重铬酸钾洗液浸泡4~6h，然后按上述方法顺序操作，即先用自来水冲洗，再用蒸馏水冲洗，最后干燥。

（3）黏附有血浆的刻度吸量管等，有三种洗涤方法：

① 先用45%尿素溶液浸泡，使血浆蛋白溶解，然后用自来水冲洗。

② 用1%氨水浸泡，使血浆溶解，然后再依次用1%稀盐酸溶液、自来水冲洗。

③ 以上两种方法如达不到清洁要求，可用重铬酸钾洗液浸泡4~6h，再用大量自来水冲洗，最后用蒸馏水冲洗2~3次。

（4）新购置的玻璃仪器，应先置于1%～2%稀盐酸溶液中浸泡2～6h，除去附着的游离碱，再用自来水冲洗干净，最后用蒸馏水冲洗2～3次。

（5）凡用过的玻璃仪器，均应立即洗涤，久置干涸后洗涤十分困难。如不能及时洗涤，应先用流水初步冲洗后浸泡在清水中，待后按常规处理。

2.使用重铬酸钾洗液时的注意事项

（1）需用重铬酸钾洗液浸泡的容器，在浸泡前应尽量沥干。否则会因洗液被稀释而降低洗液的氧化力。

（2）Hg^{2+}、Ba^{2+}、Pb^{2+}等离子可与重铬酸钾洗液发生化学反应，生成不溶性化合物沉积在容器壁上。因此，凡接触过上述离子的容器，应先除去上述离子（可用稀硝酸或5%～10% EDTA-Na清除）。

（3）油类、有机溶剂等有机化合物可使洗液还原失效。因此，容器壁上附有大量油类、有机物时，应先除去。

（4）洗液的酸性和氧化性很强，使用时应格外注意，千万不要滴落在皮肤或衣物上，以免灼伤或烧坏。

（5）洗液颜色由深棕色变为绿色时，说明洗液已经失效，应停止使用，更换新液。因重铬酸变成硫酸铬后不再具有氧化性。

（二）吸量管的使用

吸量管和定量吸（移）液器（微量加样器）均为用来转移一定体积溶液的量器。

生物化学实验中常用的有三种，即奥式吸量管、移液吸量管和刻度吸量管。最常用的是刻度吸量管。

1.刻度吸量管

（1）刻度吸量管的种类

① 按容量规格来分，有0.1ml、0.2ml、0.25ml、0.5ml、1ml、2ml、5ml、10ml等数种。其精密度按不同的容积可达移取量的0.1%～1%。

② 按"零"点位置来分，有"0"点在吸量管上端的（即读数从上向下逐渐增大），也有"0"点在吸量管下端的（读数从下向上逐渐增大）。两种标示方法，在使用时各有方便之处。

③ 按刻度方法来分，分为两种：一种是刻度刻到尖端的，将液体放出时，需"吹"出残留在吸量管尖端的少量液体；另一种是刻度不刻到尖端的。

（2）刻度吸量管的使用方法　用右手拇指和中指夹住管身，将吸量管的尖端伸入试液深处，左手持洗耳球将试液吸入管内至高过刻度以上时，迅速用右手示指按住吸量管的上口，以控制试液的泄放。吸液后应尽量使吸量管保持垂直，使右眼与刻度等高，稍微轻抬示指或轻轻转动吸量管，使试液面缓慢降落，至管内试液弯月面的最低点与吸量管的刻度线相齐为止。然后将吸量管插到需加试剂的容器中，使其尖端与容器内壁靠紧，松开示指使液体流出。液体流完后再停靠15s，捻动一下吸量管后移去（如使用需"吹"的吸量管，则吹出尖端的液体后再捻转一下吸量管移去）。

（3）使用刻度吸量管的注意事项

① 选择适当规格的吸量管：吸量管的最大容积应等于或略大于所需容积。

② 仔细看清吸量管的刻度情况：刻度是否包括吸量管尖端的液体；读数方向是从上向下，还是从下向上。

③ 拿吸量管时，刻度一定要面向自己，以便读数。

④ 吸取试剂时应注意三点：一是先"吹"去吸量管内可能存在的残留液体；二是将吸量管插入试剂液面深部（以免吸液过程中因液面降低，吸入空气而产生气泡或管内试剂进入洗耳球）；三是吸取液体时要使用洗耳球，不可直接用口吸。

⑤ 按吸量管上口时应该用示指，不能用拇指。

⑥ 吸取黏滞性大的液体（如血液、血浆、血清等）时，除选用合适的吸管（奥氏吸量管）外，还应注意拭净管尖附着的液体，尽量减慢放液速度（用示指压力控制），待液体流尽后吹出管尖残留的最后一滴液体。

⑦ 吸量管应干净、干燥无水。如急用而又有水时，可用少量欲取试剂冲洗3次，以免试剂被稀释。

2. 移液吸量管　移液吸量管有两种。常见的一种是吸量管的上端只有一个刻度；另一种是除了在吸量管上端有刻度外，在吸量管下端狭窄处也有一刻度线。无论哪一种，在使用时将量取的液体放出后，只需将吸量管的尖端触及受器壁约半分钟即可，不得吹出尖端的液体。

3. 奥氏吸量管　量取液体准确度最高，使用时必须吹出留在尖端的液体。

（三）微量加样器

1. 微量加样器的优点　使用方便，取样迅速，计量准确，不易破损，能吸取多种样品。

2. 微量加样器的类型

（1）固定式　只能取加一定容量的试剂，不能随意调节加样量。其规格有 10μl、20μl、25μl、30μl、50μl、100μl、200μl、250μl、300μl、400μl、500μl、1000μl 等。

（2）可调式　在一定容量范围内可根据需要进行加样量调节。例如规格为 50~200μl 的可调式定量吸液器，可以在 50~200μl 的范围内根据需要调节成设计容许的各种取样容量。

一般来讲，固定式吸液器加样量比较准确，可调式吸液器使用较为方便。

3. 微量加样器的使用方法

（1）选择适当的微量加样器　吸液前先把吸头套在吸液管上，并轻轻旋紧，以保证结合严密。

（2）拿法　右手四指（除拇指外）并拢握住吸液器外壳（使外壳突起部分搭在示指近端），拇指轻轻放在吸液器的按钮上。

（3）取样（吸液）　用拇指按下按钮到第一停止点，以排出一定容量的空气，随后把吸嘴尖浸入取样液内，徐徐松开拇指，使按钮慢慢自行复原，取样即告完成。

（4）排液　将微量加样器的吸嘴尖置于加样容器壁上，用拇指慢慢地将按钮按下至第一停止点，停留1s（黏性较高的溶液停留时间应适当延长），然后再将按钮按至第二停止点上，让吸嘴沿管壁向上滑动。当吸嘴尖与容器壁或溶液离开时，方可释放按钮，使其恢复到初始位置。

（5）微量加样器用后应及时取下吸嘴，将吸嘴用自来水冲洗后浸入盛水的容器内（以防干涸），待实验结束后集中仔细清洗。

（四）溶液的混匀

1. 混匀的目的

（1）使反应体系内的各种物质分子很好地互相接触，充分进行反应。

（2）使欲稀释的溶液成为浓度均一的溶液。

2.混匀的方法　通常有以下几种：

（1）旋转法　适用于未盛满溶液的锥形瓶、试管和小口容器等内容物的混匀。

（2）指弹法　左手持试管上端，用右手指轻击试管下半部，使管内溶液做旋转运动。如锥形离心管、小试管和小塑料管等内容物的混匀。

（3）甩动法　适用于试管内液量不多的溶液混匀。

（4）倒转法与玻棒搅拌法　适用于有盖子的容器内容物的混匀。

（5）吸管混匀　样品不同浓度等级稀释的混匀。

3.混匀的注意事项

（1）防止容器内的液体溅出或被污染。

（2）严禁用手指堵塞管口或瓶口震荡混匀。

（五）离心机的使用

离心法是分离沉淀的一种方法。它是利用离心机转动产生的离心力，使比重较大的物质沉积在管底，以达到与液体分离的目的。因液体在沉淀的上部，故称清亮的液体部分为上清液。

离心机的使用方法：

1.将欲离心的液体，置于离心管或小试管内，并检查离心管或小试管的大小是否与离心机插孔相匹配。

2.检查清理离心机内部，之后将盛有离心液的两个离心管或试管分别置于天平的两侧，调节两个离心管的重量以保证在离心过程中保持平衡。

3.将已平衡的离心管，分别放入离心机相互对应的两插孔内，盖上离心机盖，打开电源开关，调节所需转速、离心时间和温度。在离心机停止转动之前，不可打开离心机盖。

实验报告

简述各种仪器的使用方法和注意事项。

思　考　题

1.玻璃仪器清洗干净的标准是什么？如何判断？

2.用2ml蒸馏水洗1支试管，采用2ml蒸馏水洗一次与用1ml蒸馏水洗2次，哪种方法洗涤效果更好？为什么？

3.简述离心机使用的注意事项。

实验二　糖类的还原作用

实验目的

1. 掌握糖类还原作用的原理。
2. 了解鉴定糖类还原性的方法。

实验原理

分子结构中含有还原性基团如游离醛基、半缩醛羟基或游离酮基（只有变成烯醇式后才显示出还原性）的糖，称为还原糖，如葡萄糖、果糖、麦芽糖、乳糖等。所有的单糖（除二羟丙酮），不论醛糖、酮糖都是还原糖。大部分双糖也是还原糖。还原糖的判断依据是看羰基碳（异头碳）有没有全部参与形成糖苷键，如果没有全部参与则属于还原糖。

糖类由于其分子中含有游离的或潜在的醛基或酮基，故在碱性溶液中能将铜、铁、银等金属离子还原，同时，糖类本身被氧化成糖酸及其他产物。糖类这种性质常用作还原糖的定性或定量测定。

斐林试剂和 Benedict 试剂均为含有 Cu^{2+} 的碱性溶液，能使还原糖氧化而本身被还原成红色或黄色的 Cu_2O 沉淀。生成的 Cu_2O 沉淀的颜色之所以不同，是由于在不同条件下产生的沉淀颗粒大小不同引起的，颗粒较小者呈黄色，颗粒较大者呈红色。如有保护性胶体存在，常生成黄色沉淀。

目前多用 Benedict 试剂法来鉴定还原糖。此法试剂稳定，不用临时配制，且不因氯仿的存在而被干扰，灵敏度高，即使还原糖很少也会生成大量沉淀。在临床上肌酐或肌酸等物质所产生的干扰程度也较斐林试剂小。

实验材料

1. 器材　试管及试管架、试管夹、水浴锅、电炉、吸量管等。
2. 试剂　斐林试剂、Benedict 试剂、10g/L 葡萄糖溶液、10g/L 果糖溶液、10g/L 蔗糖溶液、10g/L 麦芽糖溶液、10g/L 淀粉溶液。

实验方法

1. 取 5 支试管，分别加入斐林试剂甲液和乙液各 1ml，混匀，再向各试管分别加入 10g/L 葡萄糖溶液、10g/L 果糖溶液、10g/L 蔗糖溶液、10g/L 麦芽糖溶液、10g/L 淀粉溶液各 1ml，置沸水浴中加热数分钟，取出冷却，观察各管沉淀和颜色变化。

2. 另取 5 支试管，分别加入 10g/L 葡萄糖溶液、10g/L 果糖溶液、10g/L 蔗糖溶液、10g/L 麦芽糖溶液、10g/L 淀粉溶液各 1ml，然后每管加入 Benedict 试剂 2ml，置沸水浴加热数分钟，取出冷却，观察各管的变化。

注意事项

（1）为防止 Cu^{2+} 和碱反应生成 $Cu(OH)_2$ 或碱性 $CuCO_3$ 沉淀，在斐林试剂中加入酒石酸钾钠，它与 Cu^{2+} 形成的酒石酸钾钠络合铜离子是可溶性的络离子，该反应是可逆的。平衡后溶液内保持一定的 $Cu(OH)_2$。斐林试剂是一种弱氧化剂，不与铜和芳香醛发生反应。

（2）Benedict 试剂是斐林试剂的改良试剂。Benedict 试剂利用柠檬酸作为 Cu^{2+} 的络合剂，其碱性较斐林试剂弱，灵敏度高，干扰因素少。

（3）酮基本身没有还原性，只有在碱性条件下变成烯醇式后，才显示还原作用（如果糖）。

（4）糖的还原作用生成 Cu_2O 沉淀的颜色决定于颗粒的大小，Cu_2O 颗粒的大小又决定于反应速度。反应速度快时，生成的 Cu_2O 颗粒较小，呈黄绿色；反应速度慢时，生成的 Cu_2O 颗粒较大，呈红色。溶液中还原糖的浓度可以从生成沉淀的多少来估计，而不能依据沉淀的颜色来判断。

（5）本反应是还原糖反应，还原糖经过水解能产生还原糖的化合物均呈正反应，酮糖因在碱性条件下能异构化为醛糖，故也呈正反应。另外，脂肪醛、α-酮酸及甲酸也能呈正反应。

实验报告

比较两种方法的结果，并解释实验现象，填入表 2-5-1。

表 2-5-1　还原糖测定实验结果及现象解释

试剂	10g/L 葡萄糖溶液	10g/L 果糖溶液	10g/L 蔗糖溶液	10g/L 麦芽糖溶液	10g/L 淀粉溶液
斐林试剂					
Benedict 试剂					

思 考 题

1. 试比较斐林试剂法和 Benedict 试剂法。
2. 斐林试剂、Benedict 试剂法检测糖的原理是什么？

实验三 还原糖和总糖的测定

实验目的

1. 掌握还原糖和总糖测定的基本原理。
2. 掌握比色法测定还原糖的操作方法和分光光度计的使用。

实验原理

还原糖的测定是糖定量测定的基本方法。还原糖是指含有游离醛基或酮基的糖类,单糖都是还原糖,双糖和多糖不一定是还原糖,如乳糖和麦芽糖是还原糖,蔗糖和淀粉是非还原糖。可利用酸水解法使多糖降解成有还原性的单糖进行测定,再分别求出样品中还原糖和总糖的含量。

还原糖和总糖的测定采用3,5-二硝基水杨酸比色法。还原糖在碱性条件下加热被氧化成糖酸及其他产物,3,5-二硝基水杨酸则被还原为棕红色的3-氨基-5-硝基水杨酸。在一定范围内,还原糖的量与棕红色物质颜色的深浅成正比关系,利用分光光度计,在540nm波长下测定光密度值,查对标准曲线并计算,便可求出样品中还原糖和总糖的含量。

实验材料

1. 器材 具塞玻璃刻度试管、滤纸、烧杯、锥形瓶、容量瓶、刻度吸量管、恒温水浴锅、煤气炉、漏斗、电子天平、分光光度计、离心机等。
2. 试剂 1mg/ml 葡萄糖标准液、3,5-二硝基水杨酸(DNS)试剂、KI-I_2 溶液、酚酞指示剂、6 mol/L HCl 溶液、6 mol/L NaOH 溶液。
3. 实验用品 小麦面粉。

实验方法

1. 制作葡萄糖标准曲线 取7支20ml具塞刻度试管并编号,按表2-5-2分别加入1mg/ml葡萄糖标准液、蒸馏水和3,5-二硝基水杨酸(DNS)试剂,配成不同葡萄糖含量的反应液。

将各管液体混匀,在沸水浴中加热5min,取出,用冷水迅速冷却至室温,用蒸馏水定容至20ml,加塞后颠倒混匀。调分光光度计波长至540nm,用0号管调零点,测出1~6号管的 OD_{540nm}。以测定的 OD_{540nm} 为纵坐标,葡萄糖含量(mg)为横坐标,绘出葡萄糖标准曲线。

2. 样品中还原糖和总糖的测定

(1) 还原糖的提取 称取3g小麦面粉,放入100ml烧杯中,先用少量蒸馏水调成糊状,然后加入50ml蒸馏水,搅拌均匀,置于50℃恒温水浴中保温20min,不时搅拌,使还原糖浸出。过滤,将滤液全部收集在100ml容量瓶中,用蒸馏水定容至刻度,即为还原糖提取液。

表 2-5-2　葡萄糖标准曲线制作

管号	1 mg/ml 葡萄糖标准液（ml）	蒸馏水（ml）	DNS（ml）	葡萄糖含量（mg）	光密度值（OD$_{540nm}$）
0	0	2	1.5	0	
1	0.2	1.8	1.5	0.2	
2	0.4	1.6	1.5	0.4	
3	0.6	1.4	1.5	0.6	
4	0.8	1.2	1.5	0.8	
5	1.0	1.0	1.5	1.0	
6	1.2	0.8	1.5	1.2	

（2）总糖的水解和提取　称取 1g 小麦面粉，放入 100ml 锥形瓶中，加 15ml 蒸馏水及 10ml 6mol/L HCl 溶液，置沸水浴中加热水解 30min，取出 1~2 滴滴于白瓷板上，加 1 滴 KI-I$_2$ 溶液检查水解是否完全。如果已水解完全，则不呈现蓝色。水解完全，冷却至室温后加入 1 滴酚酞指示剂，以 6mol/L NaOH 溶液中和至溶液呈微红色，并定容至 100ml，过滤，取滤液 10ml 于 100ml 容量瓶中，定容至刻度，混匀，即为稀释 1000 倍的总糖水解液，用于总糖测定。

（3）显色和比色　取 4 支 20ml 具塞刻度试管，并编号，按表 2-5-3 所列分别加入待测液和显色剂，将各管液体混匀，在沸水浴中准确加热 5min，取出，用冷水迅速冷却至室温，用蒸馏水定容至 20ml，加塞后颠倒混匀，在分光光度计上进行比色。调波长至 540nm，用 0 号管调零点，测定 7~10 号管的光密度值。

表 2-5-3　样品还原糖测定

管号	还原糖待测液（ml）	总糖待测液（ml）	蒸馏水（ml）	DNS（ml）	光密度值（OD$_{540nm}$）	葡萄糖含量（mg）	平均值
7	0.5	—	1.5	1.5			
8	0.5	—	1.5	1.5			
9	—	1	1	1.5			
10	—	1	1	1.5			

（4）结果与计算　计算出 7、8 号管 OD$_{540nm}$ 的平均值和 9、10 管 OD$_{540nm}$ 的平均值，在葡萄糖标准曲线上分别查出相应的葡萄糖毫克数，按下式计算出样品中还原糖和总糖的百分含量（以葡萄糖计）。

$$还原糖（\%）= \frac{查葡萄糖标准曲线所得葡萄糖毫克数 \times \frac{提取液总体积}{测定时取用体积}}{样品毫克数} \times 100$$

$$总糖（\%）= \frac{查葡萄糖标准曲线所得水解后葡萄糖毫克数 \times 稀释倍数}{样品毫克数} \times 0.9 \times 100$$

注意事项

1. 葡萄糖标准曲线制作与样品测定应同时进行显色，并使用同一空白调零点和比色。
2. 面粉中还原糖含量较少，计算总糖时可将其合并入多糖一起考虑。

实验报告

绘制葡萄糖标准曲线，计算小麦面粉中还原糖和总糖的含量。

思 考 题

1. 在样品的总糖提取时，为什么要用浓HCl处理？而在其测定前，又为何要用NaOH中和？
2. 标准葡萄糖溶液浓度梯度和样品含糖量的测定为什么应该同步进行？比色时设0号管有什么意义？
3. 绘制葡萄糖标准曲线的目的是什么？

实验四　蛋白质的呈色反应、沉淀反应及等电点的测定

实验目的

1. 掌握蛋白质和某些氨基酸的呈色反应与沉淀反应原理及维持蛋白质胶体溶液稳定的因素。
2. 熟悉常见的鉴定蛋白质和氨基酸性质的一般方法。
3. 了解蛋白质变性与沉淀的关系。

实验原理

蛋白质分子中的氨基酸是以肽键连接的，因此蛋白质具有缩二脲反应。由于蛋白质分子中含有游离氨基，可与茚三酮试剂作用生成紫蓝色化合物，此反应称茚三酮反应。以上呈色反应可用于检验蛋白质。

在蛋白质溶液中加入中性盐[$(NH_4)_2SO_4$、$MgSO_4$、$NaCl$等]时，蛋白质即沉淀析出，这一过程称为盐析作用或盐析。盐析作用包括两种过程：① 大量电解质破坏了蛋白质的水化层而出现沉淀；② 电解质中和了蛋白质分子所带的电荷而沉淀。

中性盐能否沉淀各种蛋白质常决定于中性盐的浓度、蛋白质的种类、溶液的 pH 以及蛋白质胶体颗粒的大小等。颗粒大的比颗粒小的容易析出，如球蛋白多在半饱和 $(NH_4)_2SO_4$ 溶液中析出，而清蛋白则常在饱和 $(NH_4)_2SO_4$ 溶液中析出。

极性较大的有机溶剂（如甲醇、乙醇、丙酮等）由于对水的亲和力较大，可破坏蛋白质的水化层使其沉淀。当溶液的 pH 值大于蛋白质的等电点时，蛋白质带有较多的负电荷，可与重金属离子结合生成不溶性的蛋白盐沉淀。在溶液的 pH 值小于蛋白质的等电点时，蛋白质带有较多的正电荷，可与酸根（如苦味酸、钨酸、三氯乙酸、磺基水杨酸、偏磷酸等）离子结合生成不溶性蛋白盐沉淀。

当蛋白质解离成两性离子（其分子净电荷为零）时溶液的 pH 值称为该蛋白质的等电点。酪蛋白溶液在等电点时很不稳定，可以发生沉淀。所以，可以根据相对浊度来测定酪蛋白的等电点的近似值。

实验材料

1. 仪器　小试管、大试管、滴管、刻度吸量管等。
2. 试剂　10% 鸡蛋清溶液（V/V）、0.2% 茚三酮乙醇溶液、固体 $(NH_4)_2SO_4$、饱和 $(NH_4)_2SO_4$ 溶液、0.5% NaOH 溶液、0.5% 硫酸锌溶液、10% 三氯乙酸溶液、0.01 mol/L 醋酸、0.1 mol/L 醋酸、1.0 mol/L 醋酸、0.5% 酪蛋白醋酸钠溶液。

实验方法

（一）茚三酮反应

取小试管 1 支，加 10% 鸡蛋清溶液 4 滴，蒸馏水 10 滴和 0.2 % 茚三酮乙醇溶液 6 滴，混匀，在沸水浴中加热 5~10 min，待冷却后观察溶液的颜色变化。

（二）沉淀反应

1. 盐析　取 10% 鸡蛋清溶液 4 ml 于小试管中，再加入 4 ml 饱和 $(NH_4)_2SO_4$ 溶液，混匀，静置 20 min 后，则球蛋白全部析出。2000 r/min，离心 5 min，取上清液 1 ml，加固体 $(NH_4)_2SO_4$ 约 0.5 g 使之饱和，边加边振荡至溶液出现混浊，再向混浊液（应不含硫酸铵结晶颗粒）中加 1.5~2.0 ml 蒸馏水，观察结果。
2. 重金属盐沉淀蛋白质　取试管 1 支，加入 10% 鸡蛋清溶液 1 ml 及 0.5% NaOH 溶液 1 滴，混匀，再加入 0.5% 硫酸锌溶液 6 滴，观察结果。
3. 有机酸沉淀蛋白质　取试管 1 支，加入 10% 鸡蛋清溶液 1 ml，然后再加入 10% 三氯乙酸溶液 3~5 滴，观察沉淀的生成。

（三）蛋白质等电点的测定

1. 取 7 支同样规格的试管，按表 2-5-4 所列精确加入各试剂（注：单位均为 ml）。
2. 向每支试管中各加 0.5% 酪蛋白醋酸钠溶液 20 滴，应边加边振摇（切勿在各管加完后才振摇），观察各管浊度。

表 2-5-4 蛋白质等电点的测定

试管号码	1	2	3	4	5	6	7
蒸馏水	2.4	3.2	–	3.0	1.5	2.75	3.38
1.00 mol/L 醋酸	1.6	0.8	–	–	–	–	–
0.1 mol/L 醋酸	–	–	4.0	1.0	–	–	–
0.01 mol/L 醋酸	–	–	–	–	2.5	1.25	0.62
pH	3.5	3.8	4.1	4.7	5.3	5.6	5.9
浊度比较							

3. 静置 20 min 后，以 0、＋、＋＋、＋＋＋、＋＋＋＋表示各管的浊度，并指出哪一种 pH 是酪蛋白的等电点。

实验报告

1. 描述茚三酮反应的颜色变化，并解释实验现象。
2. 描述各种沉淀反应变化，并解释实验现象。
3. 通过等电点的测定，将不同 pH 下的溶液浊度表示在表 2-5-4 中，并指出酪蛋白的等电点是多少。

思 考 题

1. 茚三酮反应的原理是什么？
2. 什么是蛋白质变性？
3. 分析重金属和三氯乙酸使蛋白质沉淀的原因。
4. 在等电点时，蛋白质溶液为什么容易发生沉淀？

实验五　考马斯亮蓝 G–250 测定蛋白质含量

实验目的

1. 掌握考马斯亮蓝法测定蛋白质含量的方法及绘制标准曲线。
2. 熟悉考马斯亮蓝法测定蛋白质含量的原理。

实验原理

蛋白质浓度的测定方法包括凯氏定氮法、双缩脲法、福林 – 酚试剂法（Lowry 法）、紫外吸收法、Bradford 法等。其中 Bradford 法目前应用最广泛。

Bradford 法又称考马斯亮蓝法,它能通过范德华力与蛋白质的疏水微区结合,这种结合具有高度敏感性,测定范围在 10~100μg。

考马斯亮蓝 G-250 在酸性溶液中的游离状态呈红褐色,最大吸收峰为 465nm。当其与蛋白质结合后呈蓝色,最大吸收波长转变为 595nm。在一定的蛋白质浓度范围内,染料 – 蛋白质复合物在 595nm 处的吸光度值与蛋白质浓度成正比,可用比色法进行蛋白质定量测定。

蛋白质与染料结合很快,2min 即可完成反应,出现最大光吸收,并可稳定一段时间,1h 后复合物发生聚合沉淀。

此方法重复性好,精确度高,线性关系好。标准曲线在蛋白质浓度较大时稍有弯曲,这是由于染料本身的两种颜色形式光谱有重叠。试剂背景值随更多染料与蛋白质结合而不断降低,但直线弯曲程度很小,不影响测定。

实验材料

1. 仪器　分析天平、试管及试管架、分光光度计、容量瓶、漏斗、滤纸、微量移液器、刻度吸量管等。
2. 试剂　标准蛋白质溶液 1mg/ml BSA、考马斯亮蓝 G-250 染液。
3. 实验用品　待测样品液:人血清,使用前用蒸馏水稀释 20 倍。

实验方法

1. 蛋白质标准曲线的制作　取 21 支试管,编号,按表 2-5-5 顺序,分三组平行操作。

表 2-5-5　考马斯亮蓝 G-250 测定蛋白质标准曲线

管号	1	2	3	4	5	6	7
蛋白质标准液(μl)	0	10	20	30	40	50	60
蒸馏水(μl)	100	90	80	70	60	50	40
考马斯亮蓝 G-250 染液(ml)	5						
混匀,室温放置 5min,1 号管为对照,在 1h 内测定其 595nm 处吸光度值							
A_{595nm}	0						
	0						
	0						
平均值	0						
标准蛋白含量(μg)	0	10	20	30	40	50	60

2. 样品中蛋白质含量的测定　另取 2 支干净的试管(做 2 个重复),取不同体积的待测样品,用同样方法测定 595nm 波长处吸光度值,使其测定值在标准曲线的范围内,由样品液的吸光度查标准曲线即可求出蛋白质含量,计算出待测样品的蛋白质浓度(mg/ml),将结果填入表 2-5-6。

表 2-5-6　样品中蛋白质含量测定结果

样品标号	待测样品体积（μl）	稀释倍数	A_{595nm}	A_{595nm}	平均值	蛋白质浓度（mg/ml）

注意事项

（1）比色应在 2 min ~ 1h 内完成，如果要求严格，最好在试剂加入后 5 ~ 20 min 内测定吸光度，因为这段时间内颜色是最稳定的。

（2）测定过程中，蛋白质-染料复合物会有少部分吸附于比色杯壁上，因此不应使用石英比色皿（因不易洗去染色），而要使用塑料或玻璃比色皿，使用后立即用少量 95% 乙醇荡洗，以洗去染色。塑料比色皿绝不可用乙醇或丙酮长时间浸泡。

（3）研究表明，NaCl、KCl、$MgCl_2$、乙醇、$(NH_4)_2SO_4$ 对实验无干扰；少量的去污剂及 Tris、乙酸、2-巯基乙醇、蔗糖、甘油、EDTA 对实验有少量干扰，可通过用适当的溶液对照而消除；大量的去污剂如 Triton X-100、SDS 等严重干扰测定而不易消除。

（4）测定那些与标准蛋白质氨基酸组成有较大差异的蛋白质含量时，有一定误差，因为不同的蛋白质与染料结合量是不同的，故该法适合测定与标准蛋白质氨基酸组成相似的蛋白质。

实验报告

1. 绘制标准蛋白质溶液的标准曲线。
2. 将样品测定结果填写入表 2-5-6，并计算样品的蛋白质浓度。

思考题

1. 说出你所知道的几种蛋白质定量测定的方法，并与考马斯亮蓝染色法进行比较，各有何优、缺点。
2. 考马斯亮蓝法测定蛋白质含量的原理是什么？应如何克服不利因素对测定的影响？

实验六　酶的特性验证

酶是生物催化剂，生物体内的化学反应基本上都是在酶的催化下进行的。通过本实验了解酶催化的特异性、温度对酶活力的影响、pH 对酶活力的影响、激活剂和抑制剂对酶活力的影响，对于进一步掌握代谢反应及其调控机制具有十分重要的意义。

本实验由酶的专一性实验、温度对酶活力的影响、pH 对酶活力的影响、激活剂和抑制剂对酶活力的影响 4 个小实验组成。

一、酶的专一性

实验目的

了解酶催化的特异性。

实验原理

本实验以唾液淀粉酶对淀粉和蔗糖的作用为例来验证酶的专一性。淀粉和蔗糖无还原性，唾液淀粉酶可水解淀粉生成有还原性的二糖——麦芽糖，但不能催化蔗糖的水解。用班氏试剂检查糖的还原性。班氏试剂为碱性硫酸铜，能氧化具有还原性的糖，生成砖红色沉淀氧化亚铜。

实验材料

1. 仪器　恒温水浴锅、沸水浴、试管及试管架等。
2. 试剂　稀释200倍的唾液、2%蔗糖溶液、溶解于0.3% NaCl 的0.5%淀粉溶液、班氏试剂。

实验方法

1. 唾液的获取及稀释　用一次性杯取一定量的饮用水，漱口以清洁口腔，然后在口中含10~20ml饮用水，轻轻漱口2min左右，即可获得唾液原液，内含唾液淀粉酶。将唾液原液稀释200倍备用。
2. 淀粉酶的专一性　取6支试管，并编号，按表2-5-7加入试剂。

表 2-5-7　淀粉酶专一性实验

	试管					
	1	2	3	4	5	6
0.5% 淀粉溶液（滴）	4	–	4	–	4	–
2% 蔗糖溶液（滴）	–	4	–	4	–	4
稀释唾液（ml）	–	–	1	1	–	–
煮沸过的最佳稀释度唾液（ml）	–	–	–	–	1	1
蒸馏水（ml）	1	1	–	–	–	–
	37℃恒温水浴中保温 5 min					
班氏试剂（ml）	1	1	1	1	1	1
	沸水浴中 2~3 min					
实验结果						

实验报告

描述各试管中的颜色变化,填入表 2-5-7,并解释现象。

二、温度对酶活力的影响

实验目的

1. 熟悉定性测定唾液淀粉酶活性的简单方法。
2. 了解温度对酶活力的影响作用。

实验原理

酶的催化作用受温度的影响。在最适温度下,酶的反应速度最快。大多数动物酶的最适温度为 37~40℃,植物酶的最适温度为 50~60℃。高温能使酶失活,低温能降低或抑制酶的活性,但不能使酶失活。

唾液淀粉酶是动物唾液中含有的一种有催化活性的蛋白质,可以催化淀粉水解为糊精、麦芽糖和葡萄糖。可溶性淀粉遇碘呈蓝色,糊精按其分子的大小,遇碘可呈蓝色、紫色、暗褐色或红色。最简单的糊精遇碘不呈现颜色,麦芽糖遇碘也不呈现颜色。在不同温度下,淀粉被唾液淀粉酶水解的程度可由水解混合物遇碘呈现的颜色来判断。

实验材料

1. 仪器 试管及试管架、恒温水浴锅、制冰机、电炉。
2. 试剂 稀释 200 倍的唾液、溶解于 0.3% NaCl 的 0.5% 淀粉溶液、KI-I_2 溶液。

实验方法

1. 取 3 支干燥的试管,编号后,按表 2-5-8 加入试剂。

将各管摇匀后,将 1、3 号试管放入 37℃恒温水浴中,2 号试管放入冰水中,10min 后将 1、

表 2-5-8 温度对酶活力的影响实验

	试管		
	1	2	3
0.5% 淀粉溶液(ml)	1.5	1.5	1.5
稀释唾液(ml)	1	1	
煮沸过的稀释唾液(ml)			1
实验结果			

2、3试管均取出（将2号管内液体分至另外1支试管中），用 KI-I$_2$ 溶液检验1、2、3号试管内淀粉被唾液淀粉酶水解的程度，记录并解释结果。将2号试管剩下的一半溶液放入37℃恒温水浴中继续保温10min后，再加入 KI-I$_2$ 溶液，记录实验结果。

实验报告

描述各管中的颜色变化，将实验结果填入表2-5-8，并解释实验现象。

三、pH 对酶活力的影响

实验目的

了解 pH 对酶活力的影响作用。

实验原理

酶的活力受环境 pH 值的影响极为显著：pH 过高或过低可导致酶高级结构的改变，使酶失活；pH 的改变可通过影响酶的可解离基团的解离状态来影响酶活性；pH 通过影响底物的解离状态以及中间复合物的解离状态而影响酶促反应效率。

如果其他条件不变，酶只有在一定的 pH 范围内才能表现催化活性，且在某一 pH 下，酶促反应速率最大，此 pH 称为酶的最适 pH。不同酶的最适 pH 不同。本实验观察 pH 对唾液淀粉酶活性的影响。唾液淀粉酶的最适 pH 约为6.8。

实验材料

1. 仪器　试管及试管架、吸量管、滴管、恒温水浴锅、pH 试纸、锥形瓶等。
2. 试剂　0.2mol/L 磷酸氢二钠溶液、0.1mol/L 柠檬酸溶液、KI-I$_2$ 溶液、稀释200倍的唾液、新配制的溶解于0.3%NaCl 的0.5%淀粉溶液。

实验方法

1. 取4个标有编号的50ml 锥形瓶，按表2-5-9加入试剂以配制 pH 5.0～8.0 的4种缓冲液。
2. 从3号锥形瓶中吸取缓冲液3ml，加入1支试管中，加入0.5%淀粉溶液2ml，混匀，置于37℃恒温水浴中保温5～10min，再加稀释唾液2ml，混匀，仍在37℃恒温水浴中保温。此后每隔1min 取出1滴混合液，置于白瓷调色板上，加1滴 KI-I$_2$ 溶液，检验淀粉的水解程度。待混合液变为（淡）棕黄色时（颜色有点淡即可），记录酶作用的时间（自加入唾液时开始计时，准确掌握该时间是实验成败的关键）。
3. 从4个锥形瓶中各吸取缓冲液3ml，分别加入4支带编号的试管中，随后向各个试管中加入0.5%淀粉溶液2ml，于37℃恒温水浴中保温5～10min，再加稀释唾液2ml，混匀，仍在37℃恒温水浴中保温。向各试管中加入稀释唾液的时间间隔为1min。将各试管中物质

表 2-5-9　不同 pH 的缓冲溶液的配制

锥形瓶编号	0.2 mol/L 磷酸氢二钠溶液（ml）	0.1 mol/L 柠檬酸溶液（ml）	pH
1	5.15	4.85	5.0
2	6.05	3.95	5.8
3	7.72	2.28	6.8
4	9.72	0.28	8.0

混匀，并依次置于 37℃恒温水浴中保温。根据前期记录的酶作用时间，向所有试管依次加入 1~2 滴 $KI-I_2$ 溶液，加入 $KI-I_2$ 溶液的时间间隔，从第 1 管起，均为 1min。观察各试管中物质呈现的颜色，分析 pH 对唾液淀粉酶活性的影响。

实验报告

描述各试管中的颜色变化，并分析、解释实验现象。

四、唾液淀粉酶的活化及抑制

实验目的

了解酶激活剂与酶抑制剂对酶活力的影响作用。

实验原理

酶的活性受某些物质的影响，能使酶活力提高的物质称为激活剂，能使酶活力降低的物质称为抑制剂。极少量的激活剂和抑制剂就会影响酶的活性，而且常具有特异性。

常见酶激活剂有：无机离子，如 Mg^{2+}、Cl^-；中等大小的有机分子，如维生素 C；蛋白质分子等，可激活某些酶原。

常见酶抑制剂有：重金属离子如 Ag^+、Hg^{2+}、Pb^{2+}、Cu^{2+}，CO，H_2S，生物碱，有机磷农药等。本实验中 Cl^- 为淀粉酶的激活剂，Cu^{2+} 为其抑制剂。

实验材料

1. 仪器　试管及试管架、恒温水浴锅等。
2. 试剂　1% NaCl 溶液、1% $CuSO_4$ 溶液、$KI-I_2$ 溶液、1% Na_2SO_4 溶液、0.5% 淀粉溶液、稀释 200 倍的唾液。

实验方法

取 4 支试管，并编号，按照表 2-5-10 所列加入试剂，记录并解释现象。

实验报告

描述各试管的颜色变化，并记录、解释实验现象。

表 2-5-10　唾液淀粉酶活化及抑制实验

	试管			
	1	2	3	4
0.5% 淀粉溶液（ml）	1.5	1.5	1.5	1.5
最佳稀释度唾液（ml）	0.5	0.5	0.5	0.5
1% NaCl 溶液（ml）	0.5	—	—	—
1% $CuSO_4$ 溶液（ml）	—	0.5	—	—
1% Na_2SO_4 溶液（ml）	—	—	0.5	—
蒸馏水（ml）	—	—	—	0.5
37℃恒温水浴中保温 10 min				
$KI-I_2$ 溶液（滴）	2~3	2~3	2~3	2~3
现象				

思 考 题

1. 何谓酶的最适 pH 和最适温度？
2. 说明底物浓度、酶浓度、温度和 pH 对酶反应速度有什么影响。
3. 作为一种生物催化剂，酶有哪些催化特点？

实验七　紫外分光光度法测定水果中维生素 C 的含量

实验目的

1. 掌握紫外分光光度计的工作原理及使用方法。
2. 掌握快速测定果蔬中维生素 C 含量的方法。

实验原理

维生素 C，又称抗坏血酸，分子式为 $C_6H_8O_6$，为无色结晶，水溶性，最大紫外吸收波长为 243 nm。维生素 C 具有酸性和较强的还原性，加热或在溶液中易氧化分解，在碱性条件下更易被氧化为己糖衍生物。

紫外分光光度法快速测定维生素C是根据维生素C具有对紫外产生吸收和对碱不稳定的特性，于波长243nm处测定样品液与碱处理样品液两者吸光度值之差，通过查标准曲线，即可计算样品中维生素C的含量。

实验材料

1. 仪器　小试管、离心管、研钵、天平、离心机、微量移液器等。
2. 试剂　维生素C、盐酸、氢氧化钠。

实验方法

（一）维生素标准曲线的制作

1. 维生素C标准溶液的配制　准确称取维生素C 10mg，加2ml 10%盐酸，加蒸馏水定容至100ml，混匀。此维生素C溶液的浓度为100μg/ml。
2. 维生素C标准曲线的绘制　取9支试管，并编号，按表2-5-11所列加入试剂，测定维生素C标准曲线。

表2-5-11　维生素C标准曲线制作

项目	试管							
	1	2	3	4	5	6	7	8
维生素C标准溶液（ml）	0.1	0.2	0.3	0.4	0.5	0.6	0.7	0.8
蒸馏水（ml）	9.9	9.8	9.7	9.6	9.5	9.4	9.3	9.2
总体积（ml）	10.0	10.0	10.0	10.0	10.0	10.0	10.0	10.0
维生素C溶液浓度（μg/ml）	1.0	2.0	3.0	4.0	5.0	6.0	7.0	8.0

3. 吸光度值的测定　以蒸馏水为空白，在波长243nm处测定标准系列维生素C溶液的吸光度值，以维生素C的含量（μg）为横坐标，以相应的吸光度为纵坐标绘制标准曲线。

（二）样品的测定

1. 样品的提取　将果蔬样品洗净、擦干、切碎、混匀，称取5g于研钵中，加入5ml 1%HCl，匀浆，转移到25ml容量瓶中，稀释至刻度。若提取液澄清透明，则可直接取样测定，若有混浊现象，可通过离心（3000r/min，10~20min）来消除。
2. 样品的测定　取0.2ml提取液，放入盛有0.4ml 10%盐酸的10ml容量瓶中，用蒸馏水稀释至刻度后摇匀。以蒸馏水为空白，在波长243nm处测定其吸光度值。
3. 待测碱处理液的制备　分别吸取0.2ml提取液，2ml蒸馏水和0.6ml 1mol/L NaOH溶液依次加入10ml容量瓶中，混匀，放置20min后再加入0.6ml 10% HCl，混匀，并定容至刻度。以蒸馏水为空白，在波长243nm处测定其吸光度值。
4. 由待测样品与待测碱处理液的吸光度差值和标准曲线，即可计算出样品中维生素C的含量。

5. 也可直接以待测碱处理液为空白，测出待测液的吸光度值，通过查标准曲线，计算出样品的维生素 C 含量。

（三）结果计算

$$\text{维生素 C 的含量（μg/g）} = \frac{\mu \times V_{总}}{V_1 \times W_{总}}$$

式中，μ 为从标准曲线上查得的维生素 C 含量（μg）；V_1 为测吸光度值时吸取样品溶液的体积（ml）；$V_{总}$ 为样品定容体积（ml）；$W_{总}$ 为称样重量（g）。

> 实验报告

1. 绘制维生素 C 溶液的标准曲线。
2. 计算样品中维生素 C 的含量。

> 思 考 题

1. 除了本实验中的方法外，还有哪些测定维生素 C 含量的方法？
2. 维生素 C 在人体内的作用有哪些？

实验八　氨基酸的分离鉴定——纸层析

> 实验目的

1. 掌握氨基酸纸层析法的基本原理。
2. 掌握氨基酸纸层析的操作技术。

> 实验原理

纸层析法是生物化学实验中分离、鉴定氨基酸混合物的常用技术，可用于蛋白质的氨基酸成分的定性鉴定和定量测定，也是定性或定量测定多肽、核酸碱基、糖、有机酸、维生素、抗生素等物质的一种分离分析工具。纸层析法是用滤纸作为惰性支持物的分配层析法，其中滤纸纤维素上吸附的水是固定相，展开用的有机溶剂是流动相。在层析时，将样品点在距滤纸一端 2～3cm 的某一处，该点称为原点；然后在密闭容器中层析溶剂沿滤纸的一个方向进行展开。这样混合氨基酸在两相中不断分配，由于分配系数（K_d）不同，结果它们分布在滤纸的不同位置上。物质被分离后在纸层析图谱上的位置可用比移值（rate of flow，R_f）来表示。所谓 R_f 是指在纸层析中，从原点至氨基酸停留点（又称为层析点）中心的距离（X）与原点至溶剂前沿的距离（Y）的比值：

$$R_f = \frac{\text{原点至层析点中心的距离}}{\text{原点至溶剂前沿的距离}} = \frac{X}{Y}$$

在一定条件下某种物质的 R_f 值是常数。R_f 值的大小与物质的结构、性质，溶剂系统，温度，湿度，层析滤纸的型号和质量等因素有关。

实验材料

1. 仪器　层析缸、点样毛细管、小烧杯、培养皿、量筒、喷雾器、吹风机（或烘箱）、层析滤纸、直尺及铅笔等。
2. 试剂　扩展剂（水饱和的正丁醇和乙酸混合液）、氨基酸溶液（0.5% 赖氨酸、0.5% 脯氨酸、0.5% 亮氨酸以及它们的混合液）、显色剂（0.1% 水合茚三酮正丁醇溶液）。

实验方法

1. 准备滤纸　取层析滤纸（长 22 cm，宽 14 cm）一张，在纸的一端距边缘 2~3 cm 处用铅笔划一条直线，在此直线上每间隔 3 cm 作一记号，如图 2-5-1 所示。
2. 点样　用点样毛细管将各氨基酸样品分别点在这 4 个位置上，晾干后重复点样 2~3 次。每点在纸上扩散的直径最大不超过 3 mm。
3. 扩展　用线将滤纸缝成筒状，纸的两边不能互相接触。将盛有约 20 ml 扩展剂的培养皿迅速置于密闭的层析缸中，并将滤纸直立于培养皿中（点样的一端在下，扩展剂的液面需低于点样线 1 cm）。待溶剂上升 15~20 cm 时即取出滤纸，用铅笔描出溶剂前沿界线，自然干燥或用吹风机热风吹干。

图 2-5-1　纸层析

4. 显色　用喷雾器在层析滤纸均匀喷上 0.1% 茚三酮正丁醇溶液，然后用吹风机吹干或者置烘箱（100℃）烘烤 5 min，即可显出各层析斑点。
5. 计算　计算各种氨基酸的 R_f 值。

注意事项

1. 取滤纸前，要将手洗干净，并尽可能少接触滤纸，以免手上的汗渍污染滤纸；如果条件许可，也可戴一次性手套取滤纸。要将滤纸平放在洁净的纸上，不可放在实验台上，以防止污染。
2. 点样点的直径不能大于 0.5 cm，否则分离效果不好，并且样品用量大会造成"拖尾巴"现象。
3. 在滤纸的一端用点样毛细管点样品，要使点样点高于培养皿中扩展剂液面约 1 cm。由于各氨基酸在流动相（有机溶剂）和固定相（滤纸吸附的水）的分配系数不同，当扩展剂从滤纸一端向另一端展开时,对样品中各组分进行了连续的抽提,从而使混合物中的各组分分离。

实验报告

描述纸层析过程,计算各种氨基酸溶液的 R_f 值。

思 考 题

1. 纸层析法的原理是什么?
2. 何谓 R_f 值?影响 R_f 值的主要因素是什么?
3. 点样过程中必须在第一滴样品干后再点第二滴,为什么?

实验九　葡萄糖氧化酶法测定血糖浓度

实验目的

1. 掌握葡萄糖氧化酶法测定血糖含量的实验方法。
2. 熟悉葡萄糖氧化酶法测定血糖含量的实验原理。

实验原理

葡萄糖氧化酶(glucose oxidase,GOD)对 β-D- 葡萄糖的特异性很强。溶液中的葡萄糖有 α-D- 葡萄糖和 β-D- 葡萄糖两型,两者处于动态平衡。当 β-D- 葡萄糖不断受酶催化而减少时,α-D- 葡萄糖便依靠平衡移动,全部转变为 β-D- 葡萄糖参与反应。

GOD 催化 β-D- 葡萄糖分子中的醛基氧化生成葡萄糖酸和 H_2O_2,后者在过氧化物酶(PA)作用下释放出氧,其可将色原性氧受体 4- 氨基安替吡啉偶联酚的酚氧化,并与 4- 氨基安替吡啉缩合生成红色化合物,其反应如下:

$$\begin{array}{c}\text{H}-\text{C}=\text{O}\\ |\\ \text{H}-\text{C}-\text{OH}\\ |\\ \text{HO}-\text{C}-\text{H}\\ |\\ \text{H}-\text{C}-\text{OH}\\ |\\ \text{H}-\text{C}-\text{OH}\\ |\\ \text{CH}_2\text{OH}\end{array} + O_2 + H_2O \xrightarrow{\text{GOD}} \begin{array}{c}\text{COOH}\\ |\\ \text{H}-\text{C}-\text{OH}\\ |\\ \text{HO}-\text{C}-\text{H}\\ |\\ \text{H}-\text{C}-\text{OH}\\ |\\ \text{H}-\text{C}-\text{OH}\\ |\\ \text{CH}_2\text{OH}\end{array} + H_2O_2$$

β-D- 葡萄糖　　　　　　　　　　　　　　D- 葡萄糖酸

$$\underset{\text{4-氨基安替吡啉}}{\begin{array}{c}H_3C\\ \diagdown\\ H_3C-N\end{array}\begin{array}{c}NH_2\\ \diagup\\ \diagdown\\ =O\end{array}} + \diagdown\!\!\!\!-OH + 2H_2O_2 \longrightarrow \underset{\text{红色醌类化合物}}{\begin{array}{c}H_3C\\ \diagdown\\ H_3C-N\end{array}\begin{array}{c}N=\!\!\!\!\diagdown\!\!\!\!-\!\!=O\\ \diagup\\ =O\end{array}} + 4H_2O$$

于波长 505nm 与同样处理的标准葡萄糖溶液比色,可测得葡萄糖含量。

实验材料

1. 仪器　分光光度计、恒温水浴箱、微量加样器、刻度吸量管、小号试管。
2. 试剂　磷酸缓冲液、酶试剂、酚试剂、葡萄糖标准溶液、蛋白沉淀剂。
3. 实验用品　新鲜血清或全血。

实验方法

1. 血浆直接测定　取 4 支试管,标明测定管 1、测定管 2、标准管、空白管,按表 2-5-12 所列加入各试剂,混匀后将 4 支试管同时置 37℃恒温水浴箱中保温 15min,到时取出冷却。在 505nm 波长处,以空白管调零,读取各管溶液的吸光度值。

2. 全血去蛋白血滤液测定　取蛋白沉淀剂 1ml 于小试管中,加入全血 50μl,混匀,放置 7min 后离心,分别取上清液 0.5ml 于 2 支测定管内;取蛋白沉淀剂 1ml 于小试管中,加入葡萄糖标准溶液 50μl,混匀后从中吸取 0.5ml 加入标准管内;另取蛋白沉淀剂 0.5ml 加入空白管内。以上 4 管各加酶-酚混合试剂 3ml,各管分别混匀,同时放入 37℃恒温水浴箱保温 15min 后,取出如前进行比色测定。

表 2-5-12　血清血糖浓度测定

试剂	标准管	测定管 1	测定管 2	空白管
血清样品(ml)	–	0.02	0.02	–
葡萄糖标准溶液(ml)	0.02	–	–	–
蒸馏水(ml)	–	–	–	0.02
酶-酚混合试剂(ml)	3.00	3.00	3.00	3.00

3. 计算

$$测定管葡萄糖含量(mmol/L) = \frac{测定管吸光度值}{标准管吸光度值} \times 葡萄糖标准溶液浓度$$

注意事项

1. 正确使用比色器皿　手拿比色皿的毛面；比色液应占比色皿的 2/3。
2. 血糖测定应在取血后 2h 内完成，放置太久，血糖易分解，故使含量降低。
3. 酶–酚混合试剂一般现用现配。
4. 空腹血糖正常参考值　4.4~6.7 mmol/L（80~120 mg/dl）。

实验报告

计算实验样品葡萄糖的含量。

思 考 题

1. GOD-PAP 法为什么不能直接用于尿样本的测定？
2. 肾上腺素升高血糖的机制是什么？能够升高血糖的激素有哪些？

实验十　氧化酶法测定血清总胆固醇

实验目的

1. 掌握氧化酶法测定血清总胆固醇的实验原理。
2. 掌握氧化酶法测定血清总胆固醇的方法和操作技术。

实验原理

血清中总胆固醇（TC）包括游离胆固醇（FC）和胆固醇酯（CE）两部分。胆固醇酯可被胆固醇酯酶水解为游离胆固醇和游离脂肪酸（FFA）。胆固醇在胆固醇氧化酶的氧化作用下生成 Δ^4–胆甾烯酮和 H_2O_2，H_2O_2 在 4–氨基安替比林（4-AAP）和酚存在时，经过氧化物酶催化，反应生成苯醌亚胺非那腙的红色醌类化合物，其颜色深浅与样品中 TC 含量成正比。

实验材料

1. 仪器　分光光度计、恒温水浴箱、微量加样器、刻度吸量管、小号试管。
2. 试剂　液体胆固醇酶试剂、胆固醇标准溶液。
3. 实验用品　人血清。

实验方法

1. 血清直接测定　取试管4支，标明测定管1、测定管2、标准管、空白管，按表2-5-13所列分别加入各试剂，同时置37℃恒温水浴箱保温5min，到时取出冷却。在546nm波长，以空白管调零，读取各管溶液的吸光度值。

表2-5-13　血清胆固醇测定试剂表

试剂	标准管	测定管1	测定管2	空白管
血清样品（ml）	—	0.03	0.03	—
胆固醇标准液（ml）	0.03	—	—	—
蒸馏水（ml）	—	—	—	0.03
液体胆固醇酶试剂（ml）	3.00	3.00	3.00	3.00

2. 计算

$$测定管胆固醇含量（mmol/L）= \frac{测定管吸光度值}{标准管吸光度值} \times 胆固醇溶液标准浓度$$

注意事项

1. 最后加液体胆固醇酶试剂，各管反应时间应一致。
2. 比色应在30min内完成。
3. 试管在操作前应尽量保持干燥。
4. 试剂中酶的质量会影响测定结果。
5. 若需测定游离胆固醇含量，可将酶试剂成分中去掉胆固醇酯酶即可。
6. 胆固醇参考值　血清胆固醇正常参考值 3~5.20mmol/L；危险阈值 5.20~6.20mmol/L；高胆固醇血症＞6.20mmol/L。

实验报告

计算实验样品的胆固醇含量。

思考题

1. 简述酶法测定血清总胆固醇的基本原理。
2. 实验中有哪几种酶参与反应？

实验十一　血清谷丙转氨酶活力测定

实验目的

1. 掌握测定谷丙转氨酶活力的原理。
2. 掌握分光光度法定量测定技术。

实验原理

转氨酶又称氨基转移酶，它催化转氨基反应。转氨酶在氨基酸的分解、合成及三大物质的相互联系、相互转化中起很重要的作用。转氨酶种类很多，在动物的心、脑、肾、肝细胞中含量很高，在植物和微生物中分布也很广泛，其中以谷丙转氨酶（GPT）和谷草转氨酶（GOT）活力最强。GPT 在肝细胞中含量最丰富，它催化 α- 酮戊二酸和 L- 丙氨酸反应生成 L- 谷氨酸和丙氨酸。正常人血清 GPT 含量很少，活性很低，但当肝细胞受损时（如肝炎等病变），酶从肝细胞释放到血液中，使血清中的 GPT 活性显著增高。测定 GPT 是临床上检查肝功能是否正常的重要指标之一。GPT 作用于 L- 丙氨酸和 α- 酮戊二酸后生成的一种产物——丙酮酸，可与 2，4- 二硝基苯肼反应生成 2，4- 二硝基苯腙。2，4- 二硝基苯腙在碱性条件下呈棕红色，其颜色的深浅与丙酮酸的含量成正比，可用分光光度法进行丙酮酸定量测定。因此在一定条件下，可进行 GPT 活力的测定并计算出血清中 GPT 的活力单位数。

实验材料

1. 仪器　试管及试管架、移液器或吸量管、恒温水浴锅、721 型分光光度计、坐标纸。
2. 试剂　磷酸缓冲液、GTP 基质液、2，4- 二硝基苯肼溶液、丙酮酸标准溶液、氢氧化钠溶液。
3. 实验用品　新鲜血清。

实验方法

1. 标准曲线制作
（1）取 6 支试管，并编号，按表 2-5-14 所列加入试剂。

表 2-5-14　血清谷丙转氨酶测定标准曲线试剂表

试剂	试管					
	0	1	2	3	4	5
丙酮酸标准溶液（ml）	0	0.05	0.10	0.15	0.20	0.25
GTP 基质液（ml）	0.50	0.45	0.40	0.35	0.30	0.25
磷酸缓冲液（ml）	0.10	0.10	0.10	0.10	0.10	0.10

（2）将加入各管的试剂混匀后，置37℃恒温水浴锅预温5 min，再分别加入2，4-二硝基苯肼溶液0.5 ml，混匀，保温20 min，各加入0.4 mol/L NaOH 5 ml，混匀，继续保温10 min，取出，冷却至室温。

（3）以0号管为对照，在520 nm波长下用分光光度计测定各管溶液的吸光度（A_{520}）。

（4）以丙酮酸的实际含量（μmol）为横坐标，各管溶液的吸光度（A_{520}）为纵坐标，在坐标纸上绘出标准曲线。

2. 血清GPT活力的测定

（1）取2支试管，标明测定管和空白管，各加入GPT基质液0.5 ml，置37℃恒温水浴锅保温5 min。

（2）向测定管中加入血清0.1 ml，混匀后立即计时，继续在37℃恒温水浴箱锅中保温30 min。

（3）计时30 min时，向测定管和空白管各加入2，4-二硝基苯肼液0.5 ml，混匀，向空白管补加0.1 ml蒸馏水。

（4）向测定管和空白管各加入0.4 mol/L NaOH 5 ml，混匀，保温10 min后，取出，冷却至室温。

（5）以空白管为对照，在520 nm波长下读取测定管中溶液的吸光度值（A_{520}）。

（6）在标准曲线上查出丙酮酸的μmol数，并换算出丙酮酸的μg数。

（7）血清GPT活力计算　本方法规定在37℃ pH为7.4时，血清中GPT与GPT基质液作用30 min每生成2.5 μg丙酮酸的酶量为1个酶活力单位（U）。据此计算每1 ml血清中GPT的活力单位数。

注意事项

1. 2，4-二硝基苯肼可与有酮基的化合物作用形成苯腙。
2. 吸取试剂量应准确，严格控制反应时间和温度。
3. 在测定酶活力时，应事先将底物、血清在37℃水浴中恒温。
4. 溶血标本不宜采用，因血细胞内转氨酶活力较高，影响测定结果。
5. 在测定时，如酶活力较大（大于100 U），应将样品稀释后再进行测定。

实验报告

计算试验样品的谷丙转氨酶活力。

思考题

1. 测定血清谷丙转氨酶活力的意义是什么？
2. 血清谷丙转氨酶活力测定的方法还有哪些？

（陈珂珂　赵　娟）

第六章 遗 传 学

实验一　人类非显带染色体核型分析

实验目的

1. 掌握正常人体细胞的染色体数目与形态。
2. 熟悉人类非显带染色体核型分析的方法。

实验原理

染色体组型（核型）是对生物体细胞所有可测定的染色体表型特征的总称。其中包括染色体总数、染色体组的数目、组内染色体基数等。

对染色体组型进行分析除了对染色体进行分组外，还能对染色体的各种特征做出定量和定性的描述，是研究染色体的基本手段之一。该方法常被用来鉴定染色体结构变异、染色体数目变异，研究物种的起源、遗传与进化，是细胞遗传学、现代分类学的重要手段。

人类的单倍体染色体组（$n=23$）平均每条染色体上有上千个基因。各染色体上的基因都有严格的排列顺序，各基因间的毗邻关系也是较为恒定的。人类的24种染色体形成了24个基因连锁群，所以，染色体上发生任何数目异常或者细微的结构变异，都必将导致某些基因的增加或减少，从而产生临床效应。染色体异常会表现为具有多种畸形的综合征，称为染色体综合征。染色体病的检查、诊断已经成为临床实验室检查的一项重要内容。

1960年第一届国际遗传学会议确定了正常人核型的基本特点（表2-6-1，图2-6-1），并成为识别人类各种染色体病的基础。按照该体制，对待测细胞的染色体进行分析，确定染色体核型正常或异常，即为核型分析。

表 2-6-1　人类非显带染色体的分组特点

分组	染色体号码	染色体大小	着丝粒位置	有无随体	说明
A	1 2 3	最大	中着丝粒 亚中着丝粒 中着丝粒	无	3号染色体比1号染色体略小
B	4～5	次大	亚中着丝粒	无	与C组染色体比较，B组的4号、5号染色体的短臂都较短
C	6～12	中等	亚中着丝粒	无	本组内6号、7号、8号、11号染色体的短臂较长，9号、10号、12号染色体的短臂较短
D	13～15	中等	近端着丝粒	有	本组内各号染色体之间难以区分
E	16 17 18	较小	中着丝粒 亚中着丝粒 亚中着丝粒	无	本组内18号染色体较17号染色体短臂更短些
F	19～20	次小	中着丝粒	无	本组内各号染色体之间难以区分
G	21～22	最小	近端着丝粒	有	21号、22号染色体的长臂的两条染色单体常呈分叉状，它们之间难以区分
性染色体	X Y	中等 最小	亚中着丝粒 近端着丝粒	无	X染色体属于C组染色体，大小介于6号和7号之间；Y染色体属于G组染色体，两条染色单体的长臂常并拢

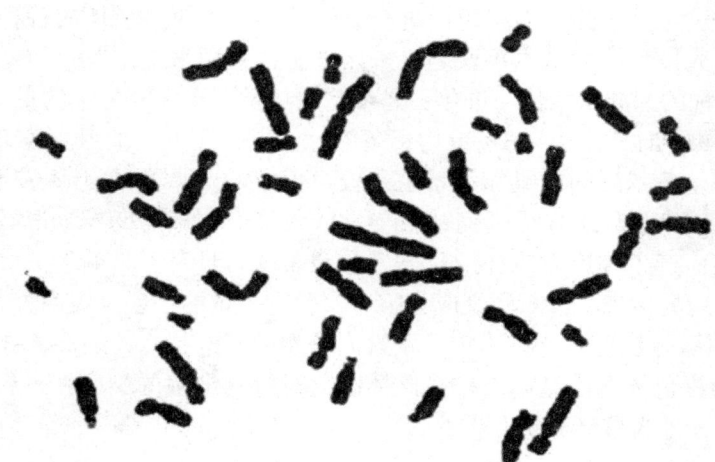

图 2-6-1　人类非显带染色体

实验材料

1. 器材　直尺、剪刀、胶水、铅笔。
2. 标本　人类非显带染色体照片。

实验方法

1. 染色体计数　确定染色体核型数目是否正常。
2. 染色体分组、编号　根据染色体的形态特征在染色体照片上进行分组、编号。
3. 染色体剪贴　用剪刀将每一条染色体小心剪下，将剪下的染色体贴在实验报告相应位置上，注意短臂向上，长臂向下，每组染色体的着丝粒在一条横线上。
4. 分析结果　写出染色体核型分析结果。

实验报告

制作人类非显带染色体核型分析图。

思考题

1. 人类非显带染色体核型各组有什么特点？
2. 查阅资料，思考人类染色体的分组技术可以应用在哪些方面？

实验二　人类 G 显带染色体核型分析

实验目的

1. 掌握人类 G 显带染色体的主要特征。
2. 熟悉人类 G 显带染色体核型分析的方法。

实验原理

染色体带是在染色体的长轴上显现的着色深浅不同的横纹。显带原理尚未完全弄清，从多种方法证实，染色体上之所以能显示带纹是因为染色体本身存在着能显带的结构。用相差显微镜观察未染色的染色体时，就能直接观察到染色体的带；用特殊方法处理后，再用染料染色，染色体带更加清楚。显带方法不同，带的特征也不一样，这说明带的出现又与染料特异性有关，一般认为易着色的阳性带是含有 A–T 多的染色体节段，相反，含 G–C 多的染色体节段不易着色。

先将染色体标本片用胰蛋白酶处理，再用吉姆萨染色，即可在染色体的长轴上显出明暗相间的横纹，这种显带法称为 G 显带法。G 显带应用最普遍。

实验材料

1. 器材　直尺、剪刀、胶水、铅笔。
2. 标本　人类男性白细胞有丝分裂中期染色体照片（图2-6-2）、人类白细胞有丝分裂中期标本片。

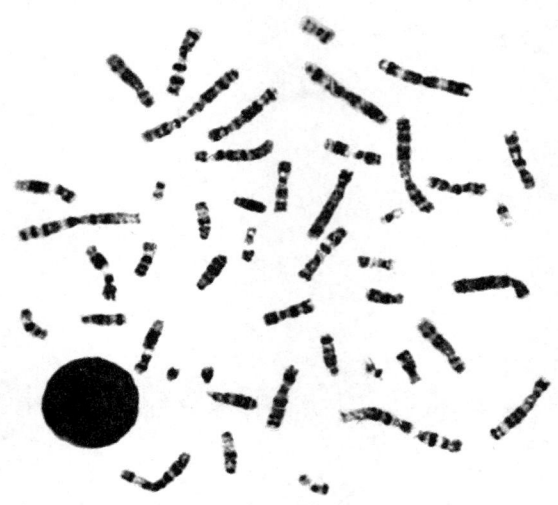

图2-6-2　人类男性白细胞有丝分裂中期染色体照片

实验方法

（一）人类G显带染色体照片核型分析

1. 在染色体放大照片上数染色体的数目，确定核型中的染色体数目。
2. 根据人类每条染色体G带特征，在照片上给每条染色体编号。
3. 将照片上染色体逐一剪下，按规定格式贴在核型纸相应位置上（注：短臂朝上）。
4. 写出分析结果即核型（正常女性：46，XX；正常男性：46，XY）。

（二）显微镜下人类G显带染色体标本片核型分析

1. 在10倍物镜下寻找分裂象丰富的区域。
2. 转高倍镜，寻找染色体分散好、长度适中、带型明显的分裂象于视野中央。
3. 转油镜认真观察分析。
4. 将油镜下选定的分裂象，根据染色体的相对位置、相对大小，画染色体核型草图于实验报告纸上。
5. 根据油镜下染色体带型特征，在示意图上给每条染色体编号。要求记住G带染色体的带纹特征，从而能分辨出每对染色体。
6. 写出核型分析结果。

（注：G显带染色体的带纹特征可参照人显带染色体标准型图，每号染色体的G带带纹资料进行识别。也可在G显带染色体照片上分析，见图2-6-2）。

实验报告

制作人类 G 带染色体核型分析图。

思考题

1. 2 号染色体有什么特点？
2. B 组染色体包括哪几号染色体？带型分别有什么特点？

附：人类 G 显带染色体的特点

1 号染色体　着丝粒和次缢痕染色深。

p：近侧段和近中段各有一条深带，其近中段深带稍宽，在处理较好的标本上，远侧段可显示 2 条淡染的深带。

q：次缢痕紧贴着丝粒，染色浓。中段和远侧段各有 2 条深带，中段 2 条深带稍靠近，第 2 条深带染色较浓。

2 号染色体

p：可见 4 条深带，中段的 2 条深带稍靠近。

q：可见 6 条深带。

3 号染色体

两臂近似对称，中段各有一条明显而宽的浅带，形似"蝴蝶"，是该染色体的特征。

p：一般在近侧段可见 2 条深带，远侧段可见 3 条深带，近端部的一条较窄，着色较淡，这是区别 3 号染色体短臂的特征。

q：一般在近侧段和远侧段各有一条较宽的深带。

B 组染色体：包括 4、5 号染色体，长度次于 A 组，着丝粒约在 1/4 处。

4 号染色体

p：可见 1 条深带。

q：可见均匀分布的 4 条深带，在处理较好的标本上，在第 2、3 条深带之间还可显出一条较窄的深带。

5 号染色体

p：可见 1 条深带。

q：中段可见 3 条深带，染色较浓，呈"黑腰"。远侧段可见 1~2 条深带，近末端的一条着色较浓。

C 组染色体：包括 6~12 号染色体和 X 染色体，中等长度，6、7、11 号和 X 染色体着丝粒约在 3/8 处，其他号染色体的着丝粒约在 1/4 处。

6 号染色体　着丝粒染色浓。

p：近侧段和远侧段均为深带，中段有一条较宽的浅带。在处理较好的标本上，远侧段的深带可分为 2 条。

q：可见 5 条深带，近侧的一条紧贴着丝粒。远侧末端的一条深带窄而且着色较淡。

7 号染色体

p：远侧近末端有一条深带，着色浓且稍宽，似"瓶盖"。

q：有 3 条深带，远侧近末端的一条深带着色较淡。

8 号染色体

p：在近侧段和远侧段各有 1 条深带，中段有 1 条较明显的浅带，这是与 10 号染色体相区别的主要特征。

q：近中段可见 2～3 条分界不明显的深带，远侧段有 1 条明显而染色浓的深带。

9 号染色体　着丝粒染色浓。

p：远侧段有 2 条深带，在有的标本上融合成 1 条深带。

q：可见 2 条明显的深带。次缢痕一般不着色，在有些标本上呈现出特有的"颈部区"。

10 号染色体　着丝粒染色浓。

p：近中段有 1 条深带。

q：可见明显的 3 条深带，近侧段的 1 条着色最浓。

11 号染色体　着丝粒染色浓。

p：近中段可见 1 条宽的深带。

q：近侧有 1 条深带紧贴着丝粒，中段可见 1 条较宽的深带，在这条深带与近侧深带之间是 1 条宽的浅带。

12 号染色体　着丝粒染色浓。

p：中段可见 1 条深带。

q：近侧有一条深带紧贴着丝粒。近中段有 1 条宽的深带，这条深带与近侧深带之间有 1 条浅带，但与 11 号染色体比较，这条浅带较窄，这是鉴别 11 号染色体与 12 号染色体的一个主要特征。

X 染色体　长度介于 7 号和 8 号染色体之间。

p：中段有 1 条明显的深带，犹如"竹节状"。

q：可见 4 条深带，近侧段的 1 条最明显。

D 组染色体：包括 13～15 号染色体，具有近端着丝粒和随体。

13 号染色体　着丝粒和短臂染色浓。

q：可见 4 条深带，第 1、第 4 条深带较窄，染色较淡；第 2、第 3 条深带较宽，染色较浓。

14 号染色体　着丝粒和短臂染色浓。

q：近中段可见 1 条宽的深带，远侧段有 1 条窄的深带。在处理较好的标本上，其近侧可显出 1 条深带。

15 号染色体　着丝粒和短臂染色浓。

q：近侧段可见 1～2 条淡染的深带，中段有 1 条明显的深带，染色较浓；远侧末端有 2 条窄的深带并封口。

E 组染色体：包括 16～18 号染色体。16 号染色体着丝粒位置变化较大，但一般近 1/2 处。17～18 号染色体着丝粒约在 1/4 处。

16 号染色体　着丝粒及次缢痕染色浓。

p：中段有 1 条深带。

q：有 2 条深带，远侧段的 1 条有时不明显。

17 号染色体　着丝粒染色浓。

p：中段有 1 条深带。

q：远侧段可见 1 条深带，这条深带与着丝粒之间为 1 条明显而宽的浅带。

18 号染色体

p：一般为浅带。

q：近侧和远侧各有 1 条明显的深带。

F 组染色体：包括 19 和 20 号染色体，着丝粒约在 1/2 处。

19 号染色体　着丝粒及其周围为深带，其余均为浅带。在有的标本上，长臂近中段可显出 1 条着色极淡的深带。

20 号染色体　着丝粒染色浓。

p：有 1 条明显的深带。

q：在远侧段有 1 条染色淡的深带。

G 组染色体：包括 21 号、22 号和 Y 染色体，是人类染色体最小的具近端着丝粒的染色体。21 号和 22 号染色体具有随体。

21 号染色体　着丝粒染色浓。比 22 号染色体短，其长臂靠近着丝粒处有 1 条明显而宽的深带。

22 号染色体　着丝粒染色浓，比 21 号染色体长，在长臂上可见 2 条深带，近侧的 1 条着色浓且紧贴着丝粒，呈点状；近中段的 1 条染色淡，在有的标本上不显现。

Y 染色体　长度变化较大，变异可大到 18 号，甚至超过 18 号，一般长臂远侧 1/2 处为深带，有时整个长臂被染成深带。

人类染色体 G 显带识别词

　　一秃二蛇三蝶飘　　　　四像鞭炮五黑腰　　　　六号像个小白脸

　　七盖八下九两条　　　　十号长臂近带好　　　　十一低来十二高

　　十三、十四、十五三个样　　着色深带四二一　　　　十六长臂缢痕大

　　十七长臂带脚镣　　　　十八人小肚子大　　　　十九中间一点腰

　　二十头重脚又轻　　　　二十一像个葫芦飘　　　　二十二头上一点黑

　　Y 的长臂带黑脚　　　　Xpq 一担挑

（罗桐秀　龚　琳　刘一舟）

第七章 分子生物学

实验一　碱裂解法提取质粒 DNA

实验目的

1. 掌握碱裂解法提取质粒 DNA 的基本原理。
2. 掌握碱裂解法提取质粒 DNA 的各试剂的作用。
3. 掌握碱裂解法提取质粒 DNA 的技术。

实验原理

质粒是一种存在于细菌染色体外的共价闭合环状 DNA 分子，具有稳定遗传和自主复制能力。目前，质粒已广泛用于基因工程操作中。

质粒 DNA 提取主要依据质粒 DNA 分子比染色体 DNA 分子小，且具有超螺旋结构，在 pH 12.0~12.6 的碱性条件和 SDS 存在时，细菌菌体裂解，线性染色体 DNA 的氢键断裂，双螺旋结构因变性而分开，质粒 DNA 虽然也变性但仍处于超螺旋的拓扑缠绕状态。将 pH 调至中性并有高盐溶液存在下，变性的质粒 DNA 又恢复原来的构型，保留在溶液中。大分子的染色体 DNA、RNA、蛋白质在去污剂 SDS 的作用下形成沉淀，通过离心被除去，最后通过酚 - 氯仿进一步抽提纯化质粒 DNA。

实验材料

1. 器材　恒温摇床、电子天平、微波炉、微量移液器、高速离心机、漩涡振荡器。
2. 试剂　LB 液体培养基、100 mg/ml 氨苄西林贮存液、溶液 Ⅰ、溶液 Ⅱ（现配现用）、溶液 Ⅲ、1×TE 缓冲液、酚∶氯仿∶异戊醇（25∶24∶1）、异丙醇、70% 乙醇、RNaseA。
3. 材料　大肠埃希菌 TOP 10（含 pMD18-T 质粒载体）。

实验方法

1. 将大肠埃希菌 TOP 10 菌落挑取一环接种在含有 2 ml 的 LB 液体培养基（含氨苄西林）中，37℃振荡培养过夜。
2. 保种后取菌液 1.5 ml 置于微量离心管，4℃ 12000 r/min 离心 1 min，弃上清液。

3. 加 100 μl 已预冷的溶液Ⅰ，剧烈振荡，重新悬浮细胞，冰上放置 10 min。
4. 加入新鲜配制的溶液Ⅱ 200 μl，温和翻转离心管 5 次（可观察到溶液逐步由混浊变为透明），冰上放置时间≤5 min。
5. 加入已预冷的溶液Ⅲ 150 μl，将离心管管盖盖紧后轻缓来回翻转 2~3 次，混匀后冰上放置 5~10 min。
6. 4℃，12 000 r/min 离心 15 min，使蛋白质充分沉淀，吸取上清液转入另一微量离心管。
7. 加入等体积酚：氯仿：异戊醇（25：24：1），剧烈振荡混匀，4℃，12 000 r/min 离心 15 min，吸取上清液转入另一微量离心管。
8. 加入等体积氯仿，振荡混匀，4℃，12 000 r/min 离心 15 min，将上清液转入另一微量离心管。
9. 加入 0.7 倍体积预冷的异丙醇，振荡混匀。
10. 置于 –20℃冰箱 1~2 h（若时间有限，也可放置 20~30 min）。
11. 12 000 r/min 离心 15 min，去除上清液，收集管底白色沉淀。
12. 用 70% 乙醇 500 μl 洗涤一次，4℃ 12 000 r/min 离心 5 min，弃上清液，空气干燥或真空抽干。
13. 将沉淀溶解于 50 μl TE 缓冲液或去离子水，完全溶解后，–20℃保存。
14. 取样 5 μl，在 0.8% 琼脂糖凝胶上电泳（详见本章实验二），观察 DNA 条带。

注意事项

1. 酚具有腐蚀性，使用时要小心，避免溅在皮肤、衣服上。
2. 乙醇漂洗力度要柔和，不可用力振摇。
3. 离心时，一定要先平衡离心管，注意使转速逐渐上升。

实验报告

描述提取出来的质粒 DNA，并对提取过程进行分析和总结。

思 考 题

1. 质粒提取中溶液Ⅰ、溶液Ⅱ、溶液Ⅲ的作用是什么？
2. 如何鉴定提取的质粒 DNA 的质量和含量？

实验二　DNA 的琼脂糖凝胶电泳检测

实验目的

1. 掌握琼脂糖凝胶电泳分离 DNA 的原理。
2. 掌握琼脂糖凝胶电泳的操作技术。

3. 了解琼脂糖凝胶电泳中影响 DNA 迁移率的因素。

实验原理

琼脂糖凝胶电泳是用于分离、纯化、鉴定核酸片段的常用技术，可以分离长度为 200 bp 至 50 kb 的 DNA 片段。

在 pH 8.5 时，DNA 分子带负电荷，DNA 在电场中向阳极移动（电荷效应）。以适当浓度的琼脂糖凝胶作为介质（表 2-7-1），在分子筛的作用下，使分子大小和构象不同的 DNA 分子迁移率出现较大的差异，从而达到分离 DNA 分子并检测其大小的目的。DNA 分子中嵌入荧光染料溴化乙锭后，在紫外灯下可观察到 DNA 片段所在的位置。

表 2-7-1　不同浓度的琼脂糖凝胶分离线性 DNA 分子的有效范围

凝胶中的琼脂糖含量 [%（W/V）]	分离 DNA 分子的有效范围（kb）
0.3	5～60
0.6	1～20
0.7	0.8～10
0.9	0.5～7
1.2	0.4～6
1.5	0.2～4
2	0.1～3

实验材料

1. 器材　核酸水平电泳装置、紫外透射仪、高速离心机、微量移液器、电子天平、酸度计、磁力搅拌器、各种玻璃器皿。
2. 试剂　琼脂糖、50×TAE 缓冲液、6× 加样缓冲液、10 mg/ml 溴化乙锭（EB）。
3. 材料　已提取出的质粒 DNA、DNA Marker。

实验方法

（一）制胶

1. 配制 0.8% 琼脂糖凝胶溶液　称取 0.6 g 琼脂糖，加入 80 ml 1×TAE 缓冲液，微波炉加热煮沸 3 次，至琼脂糖全部溶化（每次加热时间不宜过长，当溶液沸腾时停止加热，否则会引起溶液过热暴沸，造成琼脂糖凝胶浓度不准确），摇匀，即成 0.8% 琼脂糖凝胶溶液。
2. 制备胶板　取制胶槽将其清洗干净，晾干，在固定位置放好梳子，将冷却至 55～60℃ 的琼脂糖凝胶液加入适当体积的 10 mg/ml EB（EB 是致癌物质，易挥发，不能在高温时加入），混匀后快速倒入制胶槽中，自然冷却至完全凝固，凝胶厚度一般在 3～5 mm。

垂直轻拔梳子，将凝胶放入电泳槽中，样品孔朝向负极，加入 1×TAE 电泳缓冲液至没过胶板 1~2 mm。

（二）加样电泳

1. 取 1 μl 6× 加样缓冲液和 5 μl 样品质粒 DNA 反复吸打混匀，之后点入加样孔。（选取适当的点样孔点入 DNA Marker）。

2. 正确连接电泳槽和电源，设定稳压为 75 V，电流一般为 50 mA。电泳开始以正、负极铂金丝有气泡出现为准。

3. 当溴酚蓝移动到距凝胶前沿 1~2 cm 处，中止电泳。切断电源后，再取出凝胶。

（三）凝胶紫外观察

将电泳后的凝胶取出放于紫外透射仪中或凝胶成像系统中观察，照相，保存，记录结果。

注意事项

1. 制备胶板时所用缓冲液应与电泳槽中的相一致，制备胶板和加样过程中要防止气泡的产生。

2. 样品的加入量　一般情况下，0.5 cm 宽的梳子可加 0.5 μg DNA，加样量的多少依据加样孔的大小及 DNA 片段的数量和大小而定，量过多会造成加样孔超载，从而导致拖尾和弥散，对于较大的 DNA 此现象更明显。

3. 加样时，Tip 头不宜插入样品孔太深，也不要穿破胶孔壁，否则样品出现渗漏或 DNA 带型不整齐。

4. EB 具有强诱变性，可致癌。必须戴手套操作，严格注意防护。EB 溶液（如含 0.5~1 μg/ml EB 的电泳缓冲液）的净化处理方法如下：

（1）每 100 ml 溶液中加入 100 mg 粉状活性炭，于室温放置 1 h，不断摇动。

（2）用滤纸过滤溶液，丢弃滤液。

（3）用塑料袋封装滤纸和活性炭，作为有害物予以丢弃。

5. 影响 DNA 在琼脂糖凝胶中迁移率的因素

（1）DNA 分子的大小　DNA 分子的迁移率与 $\lg N$ 成反比（N 为 DNA 分子的碱基数量）。DNA 分子越大，迁移越慢。DNA 分子大小相等，所带电荷基本相同，DNA 空间结构越紧密，DNA 迁移就越快（超螺旋 DNA＞线性 DNA）。

（2）琼脂糖凝胶浓度　见表 2-7-1。

（3）DNA 构象　一般迁移率大小顺序为：超螺旋环状 DNA＞线性 DNA＞单链开环状 DNA。

（4）电压　低电压时，线性 DNA 分子的迁移速度与电压成正比，为使分辨效果更好，电泳时所加电压不应超过 5 V/cm。

（5）嵌入染料　可降低线性 DNA 的迁移率，不提倡将其加在电泳液中。

（6）电泳缓冲液的组成及其离子强度　无离子存在时，DNA 基本不泳动；离子强度过大，则产热厉害，会熔化凝胶并导致 DNA 变性，一般采用 1×TAE，1×TBE，1×TPE（均含 EDTA，pH 8.0）。

实验报告

将电泳后的凝胶取出放于紫外透射仪中或凝胶成像系统中观察,照相,保存,记录结果,并对 DNA 条带进行结果分析。

思考题

1. 加样缓冲液的作用是什么?
2. 琼脂糖凝胶中加入 EB 的作用是什么?

实验三　组织样品 RNA 的抽提及检测

实验目的

1. 掌握总 RNA 提取的原理。
2. 熟悉用 TRIzol 试剂从动物组织中提取总 RNA 的方法。
3. 学会如何通过 RNA 电泳条带来评价 RNA 的质量。

实验原理

RNA 是一类极易降解的分子,要获得完整的 RNA,必须在提取过程中最大限度地抑制内源性及外源性 RNA 酶对 RNA 的降解作用。TRIzol 试剂由苯酚和异硫代氰酸胍配制而成,在样品匀浆化和裂解过程中,TRIzol 试剂通过异硫代氰酸胍这种高强度的变性剂使 RNA 酶失活,破坏核蛋白复合体,使 RNA 顺利地解脱出来溶进缓冲液,从而保持 RNA 的完整性。由于 RNA 在碱性条件下不稳定,因而在整个提取过程中体系始终保持酸性至中性,而在酸性条件下 DNA 极少发生解离,DNA 同蛋白质一起变性后被离心下来,RNA 可以完整地保存在水相中,将水相转管后加入异丙醇来沉淀 RNA。用这种方法得到的总 RNA 中蛋白质和 DNA 污染很少,可以用来做 Northern blotting、RT-PCR、分离 mRNA、体外翻译和分子克隆等。

实验材料

1. 器材　烘箱、高速低温离心机、研钵、玻璃匀浆器、离心管、微量移液器、滤纸、高压灭菌锅、液氮、水浴锅、核酸水平电泳装置、紫外分光光度计、紫外透射仪、微波炉等。
2. 试剂　TRIzol 试剂、氯仿、异丙醇、焦碳酸二乙酯(DEPC-SDW)、75% 乙醇、DEPC-H_2O、10× MOPS 缓冲液、5× 甲醛变性胶加样缓冲液、1× 甲醛变性胶电泳缓冲液、琼脂糖、甲醛。
3. 材料　动、植物组织。

实验方法

1. 匀浆化及分相

（1）样品组织离体后，将其剪切成黄豆大小的块，迅速在液氮中冷冻，使液氮渗透到组织内部以防止其内 RNA 的降解。组织用铝箔包好或放入冻存管中，并做好记号备用。

（2）将组织块放入已预冷的研钵中进行研磨，边研磨边加液氮，整个过程都不要使液氮挥发干。一次研磨的组织块重量不要超过 0.3g。

（3）将组织研磨成粉末状后（一般需要 8~10min），再以每 50~100mg 组织加入 1ml TRIzol 试剂研磨，注意样品总体积不能超过所用 TRIzol 试剂体积的 10%。若 TRIzol 加入后冻结成固体状，可以继续研磨，随着研钵温度回升，固体状的 TRIzol 逐步回复到液体状态，此时若发现液体很黏，研杵能牵起丝状物，说明 TRIzol 的量太少，需在此步继续补加 TRIzol。若 TRIzol 的量过少，会导致抽提的 RNA 中有较多的基因组 DNA 污染。

（4）将此 TRIzol 试剂转移到玻璃匀浆器中，再进一步匀浆 3~5min。

（5）将 TRIzol 试剂转移到 1.5ml 离心管中，4℃，12000r/min 离心 15min，将上清液移至另一离心管。

（6）在上清液中加入氯仿（0.2ml/ml TRIzol），盖紧管盖后剧烈振荡 15s，冰上放置 5min。

（7）4℃，12000r/min 离心 15min，离心管中共分三相，上层为 RNA 水相，中层为 DNA 及碎破组织相，下层为酚-氯仿相，上清液移至另一离心管。

2. 沉淀 RNA

（8）上清液中加入 0.5 倍体积的异丙醇，室温放置 8min。（洗氯仿，沉淀 RNA）。

（9）4℃，12000r/min 离心 10~15min。

3. 洗涤

（10）弃上清液，加入 1ml 75% 乙醇（0.1%DEPC-H_2O 配制），振荡漂洗 RNA。

（11）4℃、7500r/min 离心 5min。

4. 重溶 RNA

（12）倒去乙醇，室温风干或者干燥 10min。

（13）加入 50μl DEPC-H_2O 溶解 RNA 沉淀，可在 55~60℃ 条件下温育 10min。取 2μl RNA 进行琼脂糖凝胶电泳，检测 RNA 质量；用紫外分光光度计测定 RNA 浓度和纯度。计算公式如下：

RNA（mg/ml）= 40×OD_{260}× 稀释倍数（n）/1000（RNA 纯品 OD_{260}/OD_{280} = 2.0）

5. RNA 甲醛变性凝胶电泳

（14）配制 1.2% 甲醛变性胶　称取 0.4g 琼脂糖，加入 3.34ml 10×MOPS 缓冲液，加入 30ml DEPC-H_2O，微波炉完全溶化，冷却至 50~60℃，加入 600μl 甲醛，倒入制胶槽中。插入梳子后室温放置约 30min 后使用。

（15）将配制好的 1.2% 甲醛变性胶浸没在 1× 甲醛变性胶电泳缓冲液中预电泳 15min。

（16）加样电泳　取 0.3μg 总 RNA，加入适量 5× 甲醛变性胶加样缓冲液，65℃ 加热 5min，冰上骤冷消除 RNA 的二级结构。点样后在 5~10V/cm 的电压降下电泳 30min。

（17）电泳结束后（溴苯酚蓝迁移到约 8cm 处），紫外透射仪下观察，照相保存。

注意事项

1. 在加入氯仿之前，样品能在 −60 ~ −70℃保存至少 1 个月。
2. RNA 沉淀在 75% 乙醇中于 2 ~ 8℃能保存至少 1 周，−20℃能保存至少 1 年。
3. RNA 酶存在于所有的生物中，是一种耐受性很强的酶，传统的高温灭菌方法不能使之失活。RNA 酶的污染既可能源自内部，在植物的某些组织如根中 RNA 酶含量特别高，也可能源自外部，如玻璃器皿、缓冲液和操作者的皮肤，其中人的皮肤表面有大量的 RNA 酶。所以应尽可能在无 RNA 酶的环境下进行有关 RNA 操作，具体措施如下：

（1）分离 RNA 以前，将所用玻璃制品及取样剪刀、镊子等置于烘箱，在 300℃下烘烤 4 h 或 180℃烘烤 8 h 以灭菌。

（2）应用 DEPC-H_2O 进行溶液配制，并高压灭菌 20 min。DEPC 是 RNA 酶的强抑制剂。

（3）将所用的枪头、离心管等塑料制品浸没在 0.1% DEPC-H_2O 中，于 37℃放置 2 h，之后用 DEPC-H_2O 冲洗，并于 100℃干烤 15 min，高压灭菌 15 min。

（4）人的汗液中含有 RNA 酶，故在所有步骤中均应戴手套并经常更换，通常使用的实验室设备诸如移液管、吸管等应浸泡于乙醇中，使用前晾干。

实验报告

在紫外透射仪或凝胶成像系统中对电泳结果进行拍照保存，同时对实验结果进行分析。

思考题

1. TRIzol 试剂在实验中的作用是什么？
2. 实验过程中，加入氯仿后，溶液共分为哪三相？
3. 怎样达到尽可能无 RNA 酶的环境？

实验四　聚合酶链反应扩增目的基因

实验目的

1. 掌握聚合酶链反应（PCR）的原理及操作技术。
2. 掌握引物设计的原则及 PCR 中各阶段温度设置方法。

实验原理

聚合酶链反应（polymerase chain reaction，PCR）是一项体外特异扩增特定 DNA 片段的核酸合成技术，这项技术是分子生物学研究领域的一次创举。

PCR 通常需要两个位于待扩增片段两侧的寡聚核苷酸引物，这些引物分别与待扩增片段的两条链互补并定向，使两引物之间的区域得以通过聚合酶的作用而扩增。反应过程为：第一步，必须使待扩增 DNA（称为模板）置于高温下解链成单链模板，即变性；第二步，两条寡聚核苷酸引物（15～20 bp）在低温条件下分别与模板两条链 3′端互补结合，即退火；第三步，DNA 聚合酶在适当温度下将脱氧核苷酸（dNTP：dATP、dCTP、dTTP、dGTP）沿引物 5′—3′方向延伸合成新股 DNA，这一过程叫延伸。变性—退火—延伸，如此循环往复，每一循环产生的新股 DNA 均能成为下一次循环的模板，故理论上 PCR 产物是以指数方式即 2^n 扩增的，经过 30～35 个循环，目的片段可以扩增到 100 万倍，在一般 PCR 仪上，完成这样的反应需要几个小时（图 2-7-1）。

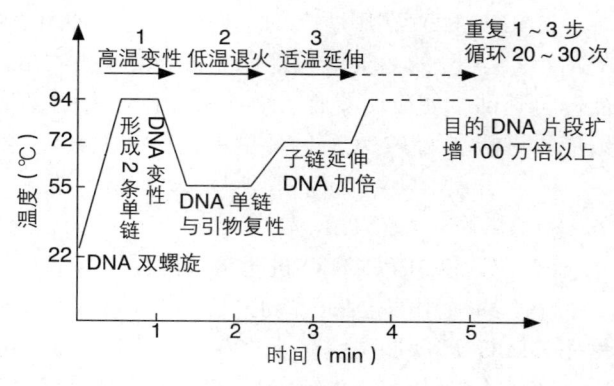

图 2-7-1　PCR 原理图

实验材料

1. 器材　制冰机、微量移液枪、枪头、PCR 管、PCR 仪、离心机、离心管、冰盒、核酸水平电泳系统等。
2. 试剂　2×PCR Master Mix 缓冲液（包括 dNTP、Taq DNA 聚合酶、$MgCl_2$、反应缓冲液）、50×TAE 电泳缓冲液、6×加样缓冲液、EB。
3. 材料　模板 DNA、引物 1 和引物 2（10 μmol/L）。

实验方法

1. 在冰上，在 0.2 ml PCR 管内，按照表 2-7-2 加入试剂混匀，建立 25 μl PCR 体系。
2. 将 PCR 管放入 PCR 仪中，按如下程序操作：
（1）94℃预变性 5 min（开始时模板 DNA 变性要适当延长）。
（2）94℃变性 30 s → 54℃退火 30 s → 72℃延伸 30 s，共 30 个循环。
（3）72℃延伸 7 min（最后一次延伸的时间也要适当延长）。
（4）4℃贮存。
3. 取 1～5 μl 反应产物进行琼脂糖凝胶电泳检测。

注意事项

1. PCR 优化　要得到预期的 PCR 扩增效果，从中选定最为适用、重复性最好的条件，要试用不同的反应组分和循环参数，其中 Mg^{2+} 浓度、dNTP 浓度、模板 DNA 含量和 Taq 酶含量等因素对实验结果都有很大影响。在预备实验中，应分别进行梯度实验和交互组合实验，最终确定优化的 PCR 体系。

表 2-7-2　PCR 体系

试剂	体积（μl）
ddH$_2$O	8.9
2×PCR Master Mix 缓冲液	12.5
引物 1	1.3
引物 2	1.3
模板 DNA	1
总体积	25

2. 引物的配制　订购的引物大多为干粉，附在管壁上，打开时极易散失，所以打开管子前应先离心，然后再慢慢打开管盖，溶解、调整浓度后，盖上管盖，上、下充分振荡 5~10 min，不用时在 -20℃以下保存。

3. 其他注意事项

（1）在 90~95℃下可使整个基因组的 DNA 变性为单链。一般 94~95℃下 30~60 s，时间过长可使 Taq DNA 聚合酶失活。

（2）退火温度一般在 45~55℃。退火温度低，PCR 特异性差；退火温度高，PCR 特异性高，但扩增产量低。

（3）延伸温度一般在 70~75℃。此温度下 Taq DNA 聚合酶活性最高。一般扩增产物长度小于 1 kb 时，延伸时间 30 s 即可。当扩增产物长度大于 1 kb 时，可适当延长延伸时间。

（4）引物长度通常为 20 bp 左右。2 个引物扩增的片段大小以 300~500 bp 为宜。

实验报告

对 PCR 产物进行琼脂糖凝胶电泳，并对电泳条带进行拍照保存，通过 DNA Marker 判断目的条带，并分析实验结果。

思 考 题

1. PCR 的反应原理是什么？
2. 如何确定 PCR 中的退火温度和延伸时间？
3. PCR 中的引物如何进行设计？

实验五　PCR 产物的纯化回收

实验目的

1. 掌握吸附膜法回收纯化目的 DNA 片段的基本原理。
2. 熟悉回收纯化目的 DNA 片段的具体操作技术。

实验原理

首先利用琼脂糖凝胶电泳，分离目的片段 DNA，然后紫外透射仪下切割含目的 DNA 片段的胶块，利用胶回收试剂盒回收纯化 DNA 片段。试剂盒的胶回收柱采用特殊硅基质材料，能在一定的高盐缓冲系统下高效、专一性地吸附 DNA 分子（在高盐、低 pH 情况下吸附 DNA；低盐、高 pH 情况下释放 DNA。离心柱上含有 resin 合成树脂，具有吸附 DNA 的功能），去除其他杂质，得到高质量的 DNA 回收产物，所得 DNA 可直接用于酶切、连接、测序等后续的分子生物学实验。

实验材料

1. **器材**　核酸水平电泳系统、紫外透射仪、离心机、刀片、恒温水浴锅、微量移液器、电子天平、离心管等。
2. **试剂**　UNIQ-10 柱式 DNA 胶回收纯化试剂盒、无水乙醇、异丙醇等。
3. **材料**　含 DNA 的琼脂糖凝胶。

实验方法

按照 UNIQ-10 柱式 DNA 胶回收纯化试剂盒说明书进行 PCR 产物的纯化回收。
1. 配制 1% 琼脂糖凝胶，点样后电泳分离。
2. 在紫外透射仪下切割目的 DNA 片段放入 1.5 ml 离心管中，称重。
3. 加入 3 倍体积的 Binding Buffer（见试剂盒），盖紧管盖后放入 40～60℃ 水浴溶胶 10 min，并不时振荡混合，充分溶化胶块。
4. 冷却后，将以上溶液转入 UNIQ-10 柱中，4℃，12 000 r/min 离心 30 s，弃废液。
5. 将 700 μl Washing Solution（见试剂盒）加入 UNIQ-10 柱中，4℃，12 000 r/min 离心 30 s，弃废液，重复一次。
6. 25℃，13 000 r/min 离心 2 min。
7. 将 UNIQ-10 柱置于新的离心管上，加入 30～50 μl 65℃ 水浴预热的 Elution Buffer（见试剂盒），静置 2 min。
8. 25℃，13 000 rpm 离心 2 min，洗脱 DNA。

9. 进行琼脂糖凝胶电泳，验证回收结果。

注意事项

1. 切胶时应尽量切除不含目的 DNA 的凝胶，注意不要使 DNA 长时间暴露于紫外灯下。
2. 凝胶一定要充分溶化，否则会严重影响 DNA 的回收率。
3. 纯化的 DNA 用于 DNA 序列分析时，最好用水洗脱 DNA。
4. DNA 长期保存时，建议最好在洗脱液中保存。

实验报告

将电泳图谱拍照保存，并对结果进行描述和分析。

思考题

1. DNA 纯化过程中，如何提高 DNA 的纯度？
2. 若纯化回收后的 DNA 电泳片段为两条，可能原因是什么？应如何解决？
3. 纯化回收 DNA 的目的是什么？

实验六　PCR 产物与 T 载体连接

实验目的

1. 掌握 PCR 产物与 T 载体连接的原理。
2. 熟悉 PCR 产物与 T 载体连接的基本操作技术。

实验原理

PCR 是常用的克隆目的基因的方法之一。将 PCR 产物连入载体也是其中的重要步骤。大部分耐热 DNA 聚合酶有一个特点：可以不依赖于模板 DNA 序列在 PCR 产物的 3′端加上一个"A"，这样 PCR 产物就形成了 3′末端有一个碱基突出的黏性末端。而在 T 载体的 3′末端上有一个"T"碱基的突出，这样 PCR 产物和 T 载体就能按照黏性末端的方式连接在一起。

pMD18-T 是一种高效克隆 PCR 产物的专用载体（图 2-7-2），由 pUC18 改建而成，在 pUC18 载体的多克隆位点处的 Xba 和 Sal I 识别位点之间插入了 EcoR V 识别位点，用 EcoR V 进行酶切后，再在两侧的 3′平末端各添加一个"T"碱基而成。

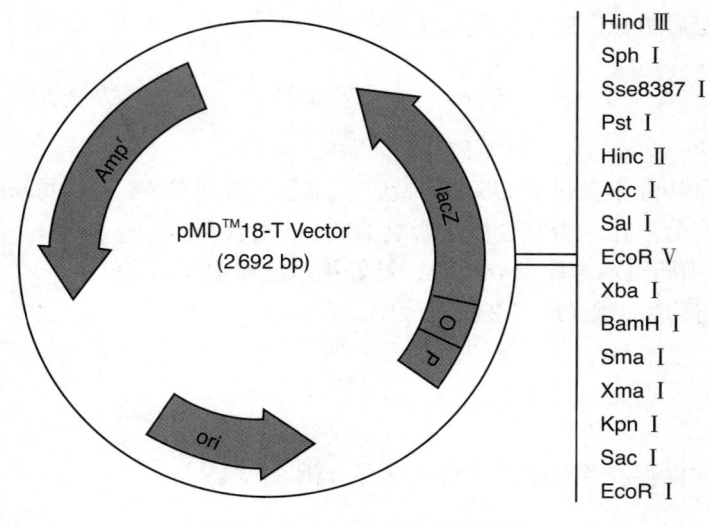

图 2-7-2　pMD18-T 载体简图

实验材料

1. 器材　PCR 仪、高速台式离心机、恒温水浴循环器、微量移液器、Eppendorf 管、紫外分光光度计。
2. 试剂　pMD18-T Vector 试剂盒。
3. 材料　PCR 产物。

实验方法

1. 用紫外分光光度计测定 PCR 产物（酶切产物）浓度，按以下公式计算所需 PCR 产物（酶切产物）的量：

插入片段量（ng）＝｛[载体量（ng）× 插入片段大小（kb）] / 载体大小（kb）｝×[（插入片段 / 载体）的摩尔比率]

2. 按照步骤 1 中所得结果，加入适量 T 载体（或目标载体）和 PCR 纯化产物，加灭菌水至 5 μl。
3. 再加等体积的连接溶液 I（见试剂盒），16℃恒温水浴循环器中连接 30 min（对 2 kb 以上的长片段 PCR 产物，连接反应时间延长至 2 h 以上或 4℃连接过夜）。
4. 连接产物转化感受态细胞，在含有氨苄西林的平板中结合蓝白斑筛选阳性克隆。

注意事项

1. 冰箱中取出冷冻的溶液 I（见试剂盒），在冰中溶解。
2. 连接反应应在 25℃以下进行，温度升高（>26℃）较难形成环状 DNA。
3. 插入 DNA 片段的纯度要求　插入片段应进行切胶回收的纯化处理后再进行载体连接，尽量避免引物等其他杂质的存在。

4. 插入 DNA 片段使用量的计算　进行克隆时，插入 DNA 片段/载体的摩尔比率一般为 1∶1 或 3∶1，可根据自己的实验情况选择合适的摩尔数比。

5. 某些高保真 DNA 聚合酶不具备加"A"突出端的功能，必须在反应后更换体系，使用具备加"A"功能的 Taq 酶 PCR 体系，反应 30 min，补加"A"突出末端，方能使用 T 载体克隆。

实验报告

根据蓝白斑筛选的结果，进行实验结果讨论与分析。

思 考 题

1. 本实验与外源 DNA 和质粒载体的连接，在应用到分子克隆时有何不同？
2. 如何提高 PCR 产物与 T 载体的连接效率？

实验七　外源 DNA 与质粒载体连接

实验目的

1. 学习 T4 DNA 连接酶的作用原理。
2. 掌握外源 DNA 与载体连接的基本操作。

实验原理

外源 DNA 与载体连接形成重组体或重组子，重组的关建酶是 DNA 连接酶。基因工程常用的连接酶是 T4 DNA 连接酶，利用 T4 DNA 连接酶进行目的 DNA 片段和载体的体外连接反应，也就是在双链 DNA 的 5′-磷酸和相邻的 3′-羟基之间形成新的磷酸二酯键，将两个 DNA 片段连接起来。

本实验利用 T4 DNA 连接酶，在含有 Mg^{2+}、ATP 的连接缓冲体系中，将酶切后且脱磷酸化的载体分子与酶切后的外源 DNA 分子进行连接，再用连接产物转化宿主细胞，然后对转化菌落进行筛选鉴定，挑选出所需的重组质粒。

实验材料

1. 器材　微量移液器、台式离心机、恒温水浴锅、离心管等。
2. 试剂　经酶切的质粒载体 DNA、经酶切的外源 DNA 片段、T4 DNA 连接酶、10×T4 DNA 连接酶缓冲液。

实验方法

1. 取灭菌的 0.5 ml 离心管，做好标记，按表 2-7-3 配制反应体系。

表 2-7-3 外源 DNA 插入质粒载体反应体系

试剂	载体＋插入子	无载体对照组	无插入 DNA 对照组
10×T4 DNA 连接酶缓冲液（μl）	1	1	1
经酶切的外源 DNA 片段（ng）	10～100	10～100	–
酶切且脱磷酸化的载体 DNA（ng）	10～100	–	10～100
T4 DNA 连接酶（U）	0.1～1	0.1～1	0.1～1
补加 ddH$_2$O 至总体积（μl）	10	10	10

2. 盖好盖子，轻轻混匀，用台式离心机瞬时离心，将液体全部甩出管底。
3. 室温下反应 3h，或 4℃下反应过夜。
4. 连接产物用于转化感受态细胞，通过质粒载体上的标记基因进行筛选。

注意事项

1. 平末端连接比黏性末端连接的效率要低得多，可通过提高 DNA 连接酶浓度或增加 DNA 浓度来提高末端的连接效率。
2. 相同末端的载体与 DNA 片段进行连接时，载体容易发生自身连接环化，因此应先用碱性磷酸酶处理载体，脱去 5′- 末端的磷酸基团，以提高重组子的产率。
3. 调整载体 DNA 和外源 DNA 之间的比例将有助于获得高产量的重组产物，一般插入 DNA 片段与载体 DNA 的摩尔比是 1∶3～3∶1。

实验报告

对转化后的细胞进行筛选，描述实验结果，并进行讨论与分析。

思 考 题

1. 进行连接反应时应注意哪些问题？
2. 如何提高载体和外源 DNA 的连接效率？
3. 怎样正确鉴别连接产物？

实验八 SDS-PAGE 电泳

实验目的

1. 掌握 SDS-PAGE 电泳的实验原理。
2. 掌握 SDS-PAGE 电泳分离测定蛋白质分子量的方法及操作技术。

实验原理

蛋白质在聚丙烯酰胺凝胶（PAGE）电泳时，其迁移率取决于所带净电荷以及分子的大小和形状等因素。十二烷基磺酸钠（SDS）是一种阴离子去污剂，作为变性剂和助溶性试剂，能使蛋白质分子内和分子间的氢键断裂，破坏蛋白质的二级、三级结构，而强还原剂如二硫苏糖醇、β-巯基乙醇则能使半胱氨酸残基之间的二硫键断裂。因此在样品和凝胶中加入 SDS 和还原剂后，蛋白质分子解链，并与 SDS 结合形成蛋白质 -SDS 聚合物，其所带负电荷消除了不同分子间的电荷差异，同时蛋白质 -SDS 聚合物的形状也基本相同，因此蛋白质分子的电泳迁移率主要取决于它的分子量，而与所带电荷和形状无关。

凝胶由分离胶和浓缩胶组成：上层为浓缩胶，凝胶孔径较大，没有分子筛效应，pH 为 6.8，由于快慢离子所形成的高电压梯度，使变性蛋白质分子在泳动中被压缩为很薄的一层，大大提高了分辨率；下层为分离胶，凝胶孔径较小，有分子筛效应，pH 为 8.8，变性蛋白质分子所带负电荷基本一致，泳动速度主要决定于分子量。

以不同分子量的标准蛋白质进行 SDS-PAGE 电泳，得到不同标准蛋白质的电泳迁移率，然后对未知蛋白质在相同条件下进行 SDS-PAGE 电泳，测定迁移率，从标准曲线得到相应的未知蛋白质的分子量。

实验材料

1. 器材　垂直电泳系统、脱色摇床、微量移液器、滤纸、染色盘等。
2. 试剂　30% 丙烯酰胺胶溶液、1.5 mol/L Tris-HCl（pH 8.8）、1 mol/L Tris-HCl（pH 6.8）、10% SDS、5× Tris-Gly 电泳缓冲液（pH 8.3）、10% 过硫酸铵（APS）、TEMED（N, N, N', N'-四甲基乙二胺）、2×SDS 电泳加样缓冲液、1 mol/L 二硫苏糖醇（DTT）、0.25% 考马斯亮蓝 R-250 染色液、考马斯亮蓝脱色液、溴酚蓝、饱和正丁醇。
3. 材料　标准蛋白质、样品蛋白质。

实验方法

1. 装好 PAGE 制胶板。
2. 配制分离胶和浓缩胶（表 2-7-4）。

表 2-7-4 分离胶和浓缩胶的配制

	分离胶（10%，10 ml）	浓缩胶（5%，10 ml）
ddH₂O（ml）	4.05	7.45
30% 丙烯酰胺胶溶液（ml）	3.34	1.7
缓冲液	1.5 mol/L Tris-HCl（pH=8.8）2.5 ml	1 mol/L Tris-HCl（pH=6.8）0.625 ml
10% SDS（μl）	100	100
10% APS（μl）	50	100
TEMED（μl）	10	10

3. 将分离胶混匀，立即灌注至制胶板高度的 70%，加入一层 ddH₂O 或饱和正丁醇溶液封胶。

4. 待分离胶凝固后，倒出水并用滤纸将剩余的水分吸干。将浓缩胶混匀后倒入制胶板中，立即插入样品梳，静置 40 min。待浓缩胶凝固后，装满 1×Tris-Gly 电泳缓冲液，拔出样品梳。

5. 样品和标准蛋白质加入 ddH₂O 溶解后，再加入 1×SDS 电泳加样缓冲液。

6. 加样电泳，每孔 15 μl，将电泳仪置恒压档，开始时恒压 8 V/cm（约 60 V），当染料前缘进入分离胶后将电压提高到恒压 15 V/cm（约 100 V），电泳，直至溴酚蓝到达分离胶底部，关闭电源。

7. 取出凝胶，小心撬开玻璃，流水冲洗凝胶。

8. 染色 将凝胶置于染色盘中，切去凝胶一角作为方位标记，用至少 5 倍体积的染色液浸泡凝胶，于平缓摇摆平台上染色 20 min 或者转膜进行 Western 免疫印迹。

9. 脱色 染色结束后，将染色液倒回试剂瓶，流水冲洗凝胶，加脱色液脱色至蛋白质条带清晰。

注意事项

1. 安装电泳槽时要注意均匀用力旋紧固定螺丝，防止夹坏玻璃板，避免缓冲液渗漏。

2. 凝胶配制过程要迅速，催化剂 TEMED 要在注胶前再加入，否则会导致凝结无法注胶。胶灌注过程最好一次性完成，避免产生气泡。

3. 梳子需一次平稳插入，梳子口处不得有气泡，梳子底部须保持水平。

4. 加样时，移液器不可过低，以防刺破胶体；也不可过高，否则样品下沉时易发生扩散，溢出加样孔。

5. 剥胶时要小心，应保持胶完好无损，染色要充分。

6. 聚丙烯酰胺具有神经毒性，操作时要戴手套。

7. 为达到较好的凝胶聚合效果，所有试剂要保证足够纯度，缓冲液 pH 值要准确。10% APS 最好新鲜配制，所有试剂使用前需平衡到室温（凝胶的最佳形成温度是 23~25℃），室温较低时或 TEMED 存放过久（若 TEMED 偏黄色是失效的标志），TEMED 的量可加倍。

实验报告

对电泳结果拍照保存，并对实验结果进行讨论与分析。

思 考 题

1. 在灌注分离胶之后，要用 ddH$_2$O 或饱和正丁醇封胶的作用是什么？
2. SDS 在电泳中的作用是什么？
3. 在 SDS-PAGE 电泳中 TEMED 和 APS 的作用各是什么？

（刘华友）

第八章 发酵工程

实验一 土壤中产酸醋酸菌的分离筛选

实验目的

1. 掌握从土壤样品中筛选高产菌株的方法。
2. 掌握细菌常规选种和育种的方法。

实验原理

大部分细菌的分离无需进行富集,而少数细菌则要求特殊的富集或选择技术才能很好地被分离培养。运用酶的可诱导性原理,在分离培养基中添加抗生素、底物及生长因子的前体物质来激活细菌某一特殊基因组,可以富集培养特定细菌。

实验材料

1. 器材 高压灭菌锅、培养箱、恒温摇床、酸式滴定管、无菌培养皿、试管、酒精灯、接种环、涂布棒、100 ml 无菌锥形瓶、无菌工作台、量筒、电子天平。
2. 试剂 牛肉膏、蛋白胨、NaCl、葡萄糖、酵母浸粉、碳酸钙、结晶紫冰醋酸溶液、无水乙醇、琼脂、0.1 mol/L NaOH、1% 氯化铁溶液、无菌水。

实验方法

1. 采样 选取地表下 5~10 cm 处的土壤,小铲取样,将土样盛入聚乙烯袋或玻璃瓶中。
2. 培养 称取 0.5 g 土样(湿重),加到含 10 ml 无菌水的试管中,30℃、150 r/min 振荡培养 25 min。然后取 0.1 ml,涂布于平板。26℃下,培养皿底朝上培养 5~10 天,将长出的单个菌落接入斜面。
3. 筛菌
 (1) 初筛(透明圈法) 将菌落接种到含有碳酸钙的牛肉膏蛋白胨固体培养基中培养,如菌种产酸,则培养基中出现混浊,可根据菌体产酸溶解后的透明圈体积初步筛选出产酸量高的菌种。
 (2) 复筛 将初筛菌种在斜面培养纯化后,接种到牛肉膏蛋白胨液体培养基中,37℃深层培养 24h。取培养液 5ml 加入试管，加 0.1mol/L NaOH 中和，然后加 1% 氯化铁溶液 2~3 滴，摇匀，观察溶液颜色是否变为黄红色。如溶液变为黄红色，将试管放在火焰上煮沸，观察有无红褐色沉淀产生。根据 NaOH 消耗量，确定醋酸的具体生成量。

实验报告

将实验结果填入表 2-8-1。

表 2-8-1　各菌株的产酸量

菌株	1	2	3	4	5
NaOH 的消耗量（ml）					
醋酸的生成量（ml）					
颜色变化					

思 考 题

1. 如果培养中有其他挥发酸共存，应采用什么方法来测定醋酸的生成量？
2. 菌种选育方法除了本实验用的透明圈法外还有哪些？

实验二　细菌生长曲线的测定

实验目的

1. 掌握光电比浊计数法的操作方法。
2. 了解光电比浊计数法的原理。
3. 了解细菌生长曲线的特点及测定原理。

实验原理

当光线通过菌悬液时，由于菌体的散射及吸收作用使光线的通过量降低。在一定范围内，微生物细胞浓度与透光度成反比，与光密度成正比，而光密度或透光度可以由光电池准确测出。测定细菌浊度时，光波通常选择 400~700 nm。光电比浊计数法的优点是简便、迅速，可以连续测定，适合于自动控制。

生长曲线反映了单细胞微生物在一定环境条件下于液体培养时所表现出的群体生长规律。依据其生长速率的不同，一般可把生长曲线分为延缓期、对数期、稳定期和衰亡期。这 4 个时期的长短因菌种的遗传性、接种量和培养条件的不同而不同。因此通过测定微生物的生长曲线，可了解各微生物的生长规律，对于科研和生产都具有重要的指导意义。

实验材料

1. 器材　高压灭菌锅、721 型分光光度计、比色杯、恒温摇床、无菌吸管、试管、接种环、涂布棒、100 ml 无菌锥形瓶、无菌培养皿等。
2. 试剂　牛肉膏、蛋白胨、NaCl。
3. 菌种　醋酸菌。

实验方法

1. 接种　取醋酸菌斜面菌种 1 支，以无菌操作挑取 1 环菌苔，接入盛有 6 ml 牛肉膏蛋白胨液体培养基的试管中，30 ℃ 120 r/min，振荡过夜培养。
2. 转接及取样　将上述培养液转移到盛有 54 ml 牛肉膏蛋白胨液体培养基的锥形瓶内，30 ℃、120 r/min 摇床振荡培养，每隔 2 h 用无菌吸管取样 3 ml，测定比浊。
3. OD_{600} 测定　用未接种的液体培养基作空白对照，选用 600 nm 波长进行光电比浊测定。（注：这里以水为对照，测定空白培养基的 OD 值，最后把这个差减去即可。）对不同时间培养液从 0 h 起依次进行测定，对浓度大的菌悬液用未接种的液体培养基适当稀释后测定，使其 OD 值在 0.10~0.65，经稀释后测得的 OD 值要乘以稀释倍数，才是培养液实际的 OD 值。

实验报告

1. 将测定的 OD_{600} 值填入表 2-8-2。

表 2-8-2　不同时间段 OD_{600} 的变化

时间（h）	对照	0	2	4	6	8	10	12
光密度（OD_{600}）								

2. 绘制醋酸菌的生长曲线　以培养时间为横坐标，以 OD_{600} 为纵坐标绘制醋酸菌的生长曲线，找出生长时间及生长量的关系，区分醋酸菌的延缓期、对数期、稳定期和衰亡期。

思考题

1. 光电比浊计数法的原理是什么？
2. 如何区分土壤醋酸菌的延缓期、对数期、稳定期、衰亡期？并说出不同培养时期的培养特征。

实验三　醋酸菌的紫外线诱变选育

实验目的

1. 了解物理因素诱变育种的方法。
2. 掌握紫外线诱变技术筛选高产菌株的方法。

实验原理

紫外线是一种最常用的有效的物理诱变因素，其诱变效应主要是由于它引起 DNA 的分子结构发生改变而形成突变型。紫外线诱变一般采用 15W 或 30W 紫外线灯，照射距离为 20~30cm，照射时间依菌种而异，一般 1~3min，死亡率控制在 50%~80% 为宜。本实验以紫外线处理产酸醋酸菌，通过透明圈法初筛，选择产酸量高的生产菌株。

实验材料

1. 器材　显微镜、紫外线灯（15W）、培养箱、恒温摇床、1ml 无菌吸管、无菌水装试管、100ml 无菌锥形瓶、无菌培养皿、滴管、涂布棒、玻璃珠。
2. 试剂　牛肉膏、蛋白胨、NaCl、葡萄糖、酵母浸粉、琼脂、无水乙醇、10% 三氯乙酸、无菌水。
3. 菌种　产酸醋酸菌。

实验方法

1. 菌悬液的制备　取培养 24h 的醋酸菌的斜面 1 支，用 10ml 无菌水将菌苔洗下，并装入盛有玻璃珠的小锥形瓶中，振荡 10min，以打碎菌块。
2. 菌悬液系列稀释　用无菌水将菌悬液依次稀释为 10^{-4}、10^{-5}、10^{-6}、10^{-7}。
3. 平板制作　将牛肉膏蛋白胨固体培养基灭菌后，冷却至 55℃左右时倒平板，凝固后待用。
4. 紫外线处理
（1）将紫外线灯开关打开，预热约 20min。
（2）平板 4 套，分别加入上述 10^{-4}、10^{-5}、10^{-6}、10^{-7} 菌悬液 0.1ml，涂布均匀。
（3）紫外线灯（15W）（距离 30cm）下分别照射 0s、30s、60s、90s。
5. 培养　将上述涂布均匀的平板，用黑布（或黑纸）包好，置 30℃培养 4 天。注意每个平皿背面要标明处理时间和稀释度。
6. 观察诱变效应　将培养 4 天后的平板取出进行细菌计数，根据对照平板上的菌落数，计算出每毫升菌液中的活菌数。同样计算出紫外线处理 30s、60s、90s 后的存活细胞数及致死率。

$$存活率（\%） = \frac{处理后每毫升活菌数}{对照每毫升活菌数} \times 100$$

$$致死率（\%） = \frac{对照每毫升活菌数 - 处理后每毫升活菌数}{对照每毫升活菌数} \times 100$$

7. 复筛　选择致死率为85%~90%的紫外线照射剂量的平板，观察单菌落周围的透明圈，分别挑取透明圈体积较大的菌落5~10个，转接至分离纯化培养基平板纯化培养。根据平板透明圈的大小，将产酸高的醋酸菌突变株分离出来。如透明圈不清晰，可向平板内菌落间加入少许10%三氯乙酸，过片刻后再观察。

注意事项

1. 紫外线对人体的细胞，尤其是人的眼睛和皮肤有伤害，长时间与紫外线接触会造成灼伤，故操作应尽量控制在防护罩内。
2. 空气在紫外线照射下，会产生臭氧，影响菌体的成活率。应控制臭氧在空气中的含量不超过0.1%~1%。

实验报告

将实验数据及计算结果记录在表2-8-3。

表2-8-3　紫外线照射不同时间菌株的存活率与致死率

紫外线照射时间(s) \ 稀释倍数 存活率(%)/致死率(%)	10^{-4} 存活率(%)	致死率(%)	10^{-5} 存活率(%)	致死率(%)	10^{-6} 存活率(%)	致死率(%)	10^{-7} 存活率(%)	致死率(%)
0								
30								
60								
90								

思考题

1. 利用紫外线诱变育种，应注意哪些因素？
2. 紫外线诱变的原理是什么？
3. 紫外灯照射后需要避光吗？为什么？

实验四　亚硫酸盐氧化法测定体积溶氧系数

实验目的

1. 了解 Na_2SO_3 法测定体积溶氧系数（$K_L \cdot a$）的原理，并用该法测定摇瓶的 $K_L \cdot a$。
2. 了解摇瓶的转速（振幅、频率）对 $K_L \cdot a$ 的影响。

实验原理

由双膜理论导出的体积溶氧传递方程：

$$N_V = K_L \cdot a (C^* - C_L) \quad (1)$$

是研究通气液体中传氧速率的基本方程之一。该方程指出：就氧的物理传递过程而言，溶氧系数 $K_L \cdot a$ 的数值，一般起着决定性作用的因素。所以，求出 $K_L \cdot a$ 作为某种反应器或某一反应条件下传氧性能的标度，对于衡量反应器的性能，控制发酵过程有着重要的意义。

在有 Cu^{2+} 存在下，O_2 与 SO_3^{2-} 快速反应生成 SO_4^{2-}。

$$2Na_2SO_3 + O_2 \xrightarrow{Cu^{2+}} 2Na_2SO_4 \quad (2)$$

并且在 20~45℃ 下，相当宽的 SO_3^{2-} 浓度范围（0.017~0.45 mol/L）内，O_2 与 SO_3^{2-} 的反应速度和 SO_3^{2-} 浓度无关。利用这一反应特性，可以由单位时间内被氧化的 SO_3^{2-} 量求出传递速率。

当反应（2）达稳态时，用过量的 I_2 与剩余的 Na_2SO_3 作用。

$$Na_2SO_3 + I_2 + H_2O == Na_2SO_4 + 2HI \quad (3)$$

然后再用标定的 $Na_2S_2O_3$ 标准液滴定剩余的碘：

$$2Na_2S_2O_3 + I_2 == Na_2S_4O_6 + 2NaI \quad (4)$$

由反应（2）、（3）、（4）可知，每消耗 4 mol Na_2SO_3 相当于 1 mol O_2 被吸收，故可由 Na_2SO_3 的量来求出单位时间内的氧吸收量。

$$N_V = \Delta V \cdot N / (m \cdot \Delta t \times 4 \times 1000) \ [\text{mol}/(\text{ml} \cdot \text{min})]$$

在实验条件下，$P = 1$ atm，$C^* = 0.21$ mmol/L，$C_L = 0$ mmol/L，据方程（1）有：

$$K_L \cdot a = N_V / C^* \ (\text{L/min})$$

式中，N_V 为体积溶氧传递速率，mol/(ml·min)；$K_L \cdot a$ 为体积溶氧系数，L/min；C^* 为气相主体中含氧量，mmol/L；C_L 为液相主体中含氧量，mmol/L；Δt 为取样间隔时间，min；ΔV

为 Δt 内消耗的 Na_2SO_3 体积,ml;m 为取样量,ml;N 为 $Na_2S_2O_3$ 标准液的摩尔数,N。

实验材料

1. 器材　摇床、锥形瓶、移液管、碱式滴定管等。
2. 试剂　1%可溶性淀粉指示剂、0.2 mol/L 碘液、0.8 mol/L Na_2SO_3 溶液、0.025 mol/L $Na_2S_2O_3$ 标准液、10^{-7} mol/L Cu^{2+} 溶液等。

实验方法

1. 将 100 ml 0.8 mol/L Na_2SO_3 溶液装入 500 ml 锥形瓶中,滴入数滴 Cu^{2+} 溶液,取样 2 ml 移入。
2. 摇瓶 150 min 后,再取样 2 ml 移入另外一只装有 8 ml 0.2 mol/L 碘液的 250 ml 锥形瓶中。
3. 用 0.025 mol/L $Na_2S_2O_3$ 标准液滴定,在样品溶液颜色由深蓝色变成浅蓝色时,加入 1%可溶性淀粉指示剂,继续滴定至蓝色退去即为终点。

实验报告

操作条件:20~30℃　取样时间:t=150 min=2.5 h。将实验数据填入表 2-8-4。

表 2-8-4　体积溶氧系数测定实验数据表

记录项目	反应前	反应后
$Na_2S_2O_3$ 终读数(ml)		
$Na_2S_2O_3$ 初读数(ml)		
$V_{Na_2S_2O_3}$(ml)		
ΔV(ml)		
N_V[mol O_2/(L·h)]		
$K_L·a$(L/h)		

思 考 题

1. 影响实验结果的操作因素有哪些?
2. 哪些因素会影响 $K_L·a$?
3. 在发酵过程中哪些因素可以提高溶氧浓度?

实验五　红葡萄酒的酿造

实验目的

1. 了解红葡萄酒发酵的基本原理和工艺流程。
2. 掌握红葡萄酒的酿造方法。

实验原理

葡萄汁经过自然发酵后形成葡萄酒。其原理是在葡萄酵母菌作用下将果汁中的葡萄糖发酵生成乙醇并且产生二氧化碳。酵母分为天然酵母和人工培养酵母两种。天然酵母即野生酵母，常附着在果皮上。果汁在酵母菌作用下将其中的葡萄糖发酵生成乙醇并且产生二氧化碳。当前发酵结束后，对果酒进行过滤，控制温度，进行后发酵，可进一步提高酒的品质和口味。

为了保证酵母菌发酵纯正，防止或抑制其他杂菌的活动，必须对果汁进行二氧化硫处理。二氧化硫可以抑制大部分杂菌的活动，但不影响正常酵母的活动，它具有对果酒汁进行杀菌、澄清、抗氧化、溶解和增酸的作用。

实验材料

1. 器材　瓷盘、250 ml 锥形瓶、1 ml 吸管、角勺、玻璃棒、台秤、糖度计、纱布、pH 试纸（pH 3.5）、天平、100 ml 烧杯、100 ml 量筒、水浴锅。
2. 试剂　鲜葡萄、亚硫酸（6%，500 ml）、蔗糖。
3. 菌种　果酒活性干酵母。

实验方法

1. 选材　红葡萄（选择充分成熟、色泽鲜艳、无病和无霉烂的红葡萄果实）。
2. 破碎　将红葡萄去梗，清水洗涤，晾干。挤破果实，每瓶装 200 g 葡萄，测糖度和 pH 值。
3. 调糖　先测定果浆的含糖量，按生成 10% 乙醇需要 18% 糖的比例进行调糖，添加能产生约 10% 乙醇的蔗糖（18%~25%），搅拌溶解。
4. SO_2 杀菌处理　SO_2 常在破碎时或果汁入罐发酵前一次加入，这样杀菌效果较好。常用 6% 亚硫酸 H_2SO_3 来产生 SO_2，一般用量是每升果汁加入 2.5 ml 6%亚硫酸。
5. 活性干酵母活化　按 1 g 干酵母/L 果汁的用量，称取活性干酵母，在 40℃温水中加入 10%活性干酵母，静置温水活化，每 8 min 轻轻搅拌一次，活化 20 min 后，加入处理红葡萄果汁。
6. 主发酵　把调好的果浆装入容器内，覆盖两层纱布（防止爆瓶，防虫）。25℃发酵，每天搅拌发酵料，当残糖度降至 5% 左右时主发酵结束（发酵 7 天）。两层纱布过滤去皮渣。
7. 后酿　置于 15℃的环境中贮存，使果酒成熟，成熟期约需 4 天。

8. 调配甜酒　调配 120 g/L 糖甜酒，根据原酒的含糖量和要勾兑的含糖量称取相应的蔗糖，搅拌均匀。

样品处理记录见表 2-8-5。

表 2-8-5　样品处理情况

	处理 1	处理 2	处理 3	处理 4
酵母	+	−	−	−
SO_2	+	+	−	−
蔗糖	+	+	+	−

实验报告

观察、记录发酵过程中的起酵时间和糖度、pH、颜色、气味及发酵程度的变化情况（表 2-8-6），并对结果进行分析。

表 2-8-6　不同样品处理方法对糖度、pH、颜色、气味及发酵程度的影响

观察时间	颜色	气味	pH	糖度	发酵程度（现象）
2 天					
4 天					
7 天					

思考题

1. 比较哪种样品处理方式最好，为什么？
2. 为什么要用 SO_2 对葡萄进行处理？它的原理是什么？

实验六　5L 机械搅拌通风发酵罐结构的认识

实验目的

1. 熟悉机械搅拌通风发酵罐各部分装置的使用功能和安装。
2. 了解机械搅拌式发酵罐的内部结构名称和配套设备。

实验原理

机械搅拌通风发酵罐在制药、生物制品的生产、开发中起着非常重要的作用。在众多类型的发酵设备中,兼具通气又带机械搅拌的标准式发酵罐用途最为普遍,广泛使用于抗生素、氨基酸、有机酸、酶制剂等生产中,在生物制品生产中广泛使用。据不完全统计,标准式发酵罐占发酵罐总数的70%~80%,故又称通用型发酵罐。它的缺点是罐内的机械搅拌剪切力容易损伤娇嫩的细胞,造成某些细胞培养过程减产。

机械搅拌式发酵罐主体包括罐身、搅拌器、轴封、消泡器、中间轴承、空气分布器、挡板、冷却装置、入孔等;配套装置包括各工艺参数监测系统、空气除菌系统、蒸汽热力系统等。发酵罐主体各装置依据设计规范达到各自设置的作用。

实验材料

器材:5L 保兴机械搅拌通风发酵罐(图 2-8-1、图 2-8-2)。

实验方法

1. 罐体的材料、高径比、封头形式　由圆柱体及椭圆形或碟形封头焊接而成一个受压容器,材质有碳钢或不锈钢罐、玻璃,通常灭菌的压力为 0.25 MPa。发酵罐高径比一般为 $H/D=2.5~4$。小型发酵罐罐顶和罐身用法兰连接,上设手孔用于清洗和配料。

2. 搅拌器组数、叶轮类型　通用型生物反应器内设置机械搅拌器,一般在一根轴上装几个搅拌桨。常用的搅拌器有平叶式、弯叶式、箭叶式三种类型,叶片数量一般为6个。其主要功能是使罐内物料充分混合,使液体中的固形物料保持悬浮状态,从而使菌体与营养物质充分接触,并有利于打碎气泡,增加气液接触面积,提高气液间的传质速率,强化传氧和消泡。

3. 挡板的组数及安装　为了防止搅拌器运转时液体产生漩涡,在壁面上安装挡板,使沿壁旋转流动的液体折向中心,以消除搅拌器运转时液体生成的漩涡。发酵罐中竖立的列管、排管,也可以起挡板作用,故一般具有冷却列管或排管的发酵罐内不另设挡板。挡板的长度自液面起到罐底为止。挡板与罐壁之间的距离为 $1/5~1/9 W$,避免形成死角,防止物料与菌体堆积。挡

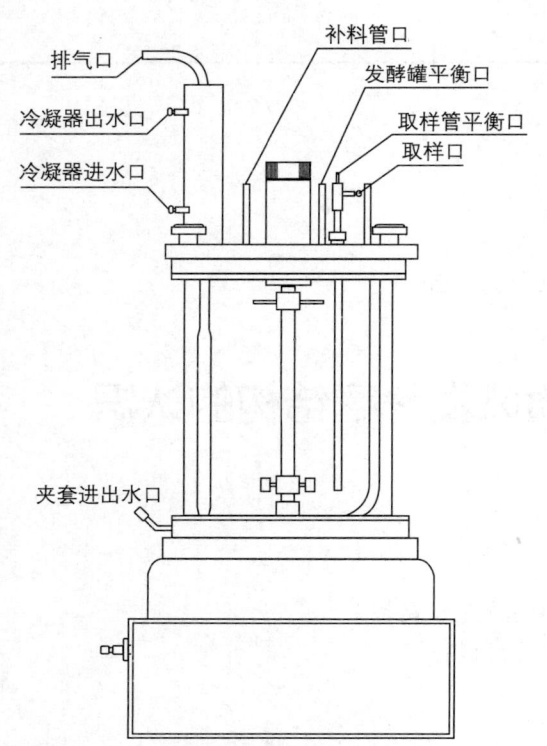

图 2-8-1　5L 机械搅拌通风发酵罐主要管口图(侧面)

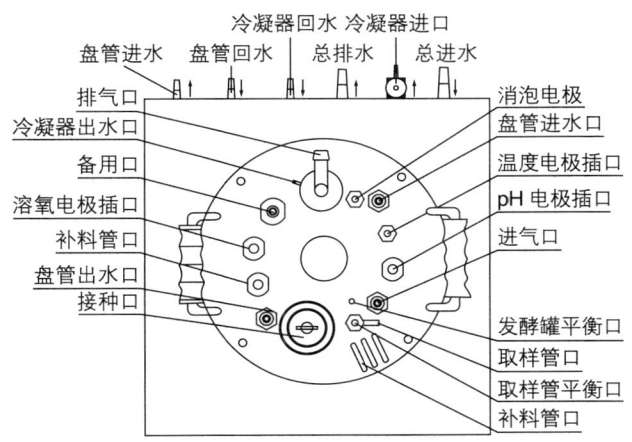

图 2-8-2　5L 机械搅拌通风发酵罐主要管口图（底面）

板宽度取 $0.1\sim0.12D$，装设 4~6 块即可满足全挡板条件（W 为挡板直径，D 为发酵罐直径）。所谓全挡板条件是指在一定转速下再增加罐内附件而轴功率仍保持不变、漩涡基本消失的挡板条件。

4. 通气部分　为了将无菌空气导入发酵罐内的装置，一般从罐的底部通入无菌空气，罐内顶部有空气出口，通常入口空气压力为 $0.1\sim0.2\,\text{MPa}$。发酵罐内的空气分布器是将无菌空气引入到发酵液中的装置。由于气泡的粉碎主要是依靠搅拌器的剪切破碎作用，同时为了防止培养液中固体物料堵塞空气分布管而增加染菌机会，空气分布器采用单孔管，开口向下，尽量避免固形物料在管口堆积或在罐底沉降堆积。也有的采用小孔的环状空气分布管。单管进气口在管正中心，距底边 $40\,\text{mm}$，气流速度 $20\,\text{m/s}$；盘管直径为搅拌器直径的 0.8 倍，喷孔直径取 $2\sim5\,\text{mm}$，分布管内的气流速度为 $20\,\text{m/s}$。

5. 轴封的类型和结构　轴封是安装在旋转轴与设备之间的部件，使罐顶或罐底与轴之间的缝隙加以密封，阻止工作介质（液体、气体）沿转动轴泄漏出设备之外，防止泄漏和污染杂菌。常用的轴封有填料函轴封、端面轴封。

6. 消泡装置类型　培养液中一般含有大量的蛋白质等发泡物质，在强烈的通气搅拌下会产生大量泡沫，这将导致发酵液溢出和增加染菌机会。可通过消泡装置抑制泡沫的产生。消泡装置有耙式消泡器、半封闭式涡轮消泡器、离心式消泡器和碟片式消泡器等。

7. 冷却装置　5L 以下的发酵罐一般采用夹套冷却，大型发酵罐采用列管冷却。

8. 进料、进气、排料、出料、取样装置。

9. 压力、温度、pH、溶氧控制接口。

10. 考察本设备所配备的空气除菌系统组成，并作出空气除菌流程示意图。

实验报告

作出 5L 机械搅拌通风发酵罐的结构示意图，标注以上各部分的名称。

思 考 题

1. 小型和大型生物反应器设计上有什么不同点？
2. 本设备所选用的搅拌叶轮、机械消泡装置、冷却装置分别为何种类型？除此之外，分别还有哪些类型？

实验七　5L 机械搅拌通风发酵罐的操作

实验目的

1. 掌握 5L 机械搅拌通风发酵罐的操作及工艺参数控制。
2. 加深对分批培养的基本原理及过程的理解。

实验原理

微生物技术产品从实验室到工业生产的开发过程中,需要进行小试、中试、生产逐级放大培养。实验室小规模发酵的工艺环节包括:空罐灭菌、实罐灭菌、空气除菌、接种、移种、消泡、进料、取样、出料等。

实验材料

器材:5L 机械搅拌通风发酵罐。

实验方法

1. 高温灭菌
（1）将配好的培养基倒入发酵罐（及种子罐或料罐），盖上灭菌锅盖。
（2）将发酵罐盖上面的外面排气管和进气管用多层纱布包扎。
（3）将发酵罐置于灭菌锅中 121℃ 灭菌 20 min。
2. 校对 pH 电极和溶氧电极。
3. 操作条件的设定　在无菌条件下连接好补料瓶,设定好通风量[一般为 $0.5 \sim 2L/(min \cdot L)$]、温度和 pH 值,连接好冷却水管道。
4. 接种与培养　将浸有乙醇的脱脂棉围绕在接种口周围,点火后打开接种口,将种子培养液注入。接种量一般为 1%~10%,盖好接种口后,调节搅拌转数至所需值,培养开始。
5. 取样　为了解培养过程中的变化,需定时取样进行样品分析。由于罐内为正压,打开取样管时,样品自然流出。取样时应将上一次取样时残留在取样管中的培养液去除后再取样。
6. 培养结束　关闭程序,将 pH 电极和溶氧电极取出,放罐,关闭冷却水龙头。罐内冲洗干净。

实验报告

总结发酵罐操作的注意事项。

> **思 考 题**

1. 发酵罐的放大有哪些方法?
2. 画出发酵罐空气净化的工艺流程。

(贺气志　唐　亮)

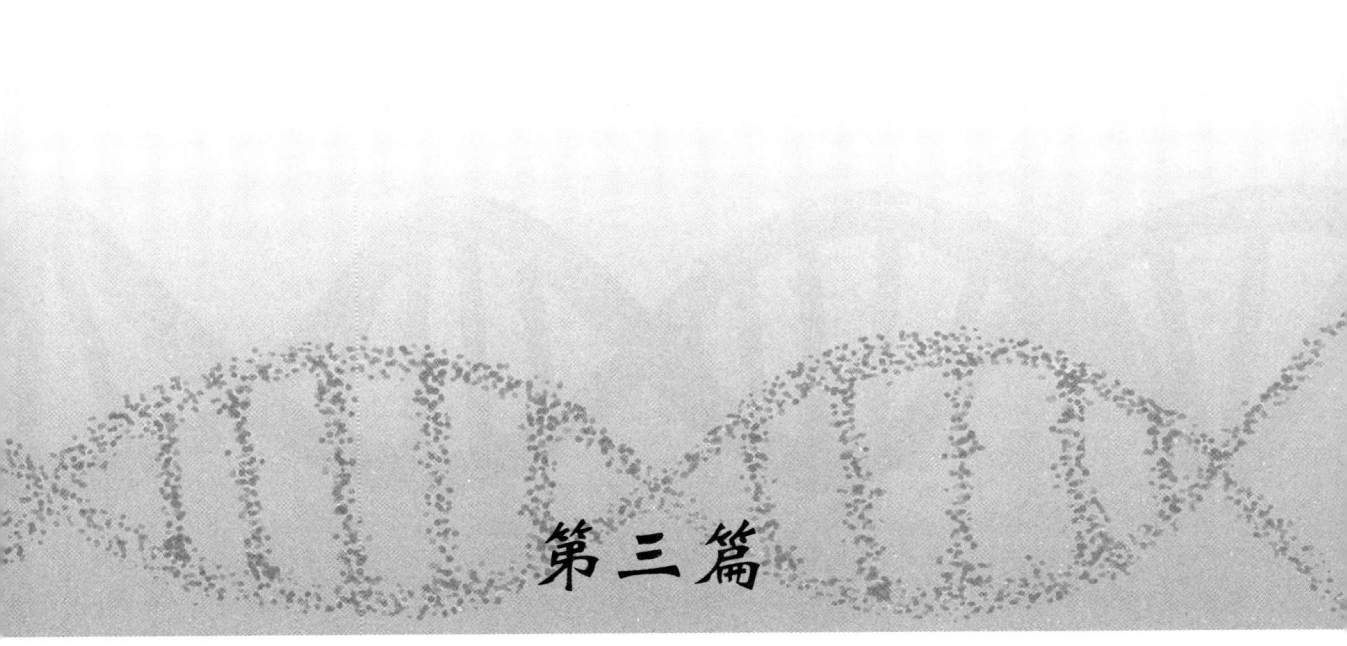

第三篇

综合性实验

第一章 植 物 学

实验一 被子植物分类观察

实验目的

1. 掌握被子植物的主要特征及其分类地位。
2. 掌握花图式的绘制及花程式的编写。
3. 了解植物检索表的制订原则及其使用方法。

实验材料

1. 器材 解剖镜、显微镜、载玻片、盖玻片、刀片、镊子、解剖针、吸水纸、擦镜纸、培养皿、滴管。
2. 实验植物 白玉兰、青菜、蜀葵、桃花、梨花、向日葵、百合、小麦、蚕豆。

实验方法

（一）被子植物的分类特征

根据克朗奎斯特分类系统，双子叶植物纲分为64目，318科；单子叶植物纲分为19目，65科。被子植物主要依据形态学的特征，尤其是花的形态学特征分类。花程式、花图式是各种花的形态学特征的描述。

1. 花程式 取蚕豆花观察，可见花两性，两侧对称；萼片合生，5裂；花瓣5，离生；雄蕊10枚，成二体，其中9枚合生；子房上位，一心皮构成，一室，内生多数胚珠。蚕豆的花程式可写为：$\uparrow K(5) C5 A(9)+1 \underline{G} 1:1:\infty$。

分别取白玉兰、青菜、蜀葵、桃花、梨花、向日葵、百合、小麦等植物的花解剖，并写出它们的花程式。

2. 花图式 分别取白玉兰、青菜、蜀葵、桃花、梨花、向日葵、百合、小麦等植物的花解剖，并写出它们的花图式。

（二）植物检索表

1. 常用植物检索表 目前广泛使用的植物检索表主要有两种：
（1）定距检索表 即将每一对相区别的特征分开编排在一定的距离处，标以相同的序号，每下一序号后缩一格排列。以椴树科分属检索表举例：

1. 花瓣内侧基部无腺体；不具雌雄蕊柄。
  2. 木本；花序梗一部分贴生苞片上；子房每室2胚珠；核果。················椴树属 *Tilia*
  2. 草本或小灌木；花序梗不贴生在苞片上；蒴果。
    3. 雄蕊不能育，离生；蒴果具棱或突起。································黄麻属 *Corchorus*
    3. 外轮雄蕊不育，能育雄蕊连成5束；蒴果无棱。························田麻属 *Corchoropsis*
1. 花瓣基部有腺体；具雌雄蕊柄。
  4. 落叶灌木或乔木；核果无刺；花5出；子房5室。························扁担杆属 *Grewia*
  4. 草本或半灌木；蒴果具刺，不开裂或裂为3~6瓣····························刺蒴麻属 *Triumfetta*

  2. 平行检索表　以椴树科分属检索表举例：

1. 花瓣内侧基部无腺体；不具雌雄蕊柄。···2
1. 花瓣基部有腺体；具雌雄蕊柄。···4
2. 木本；花序梗一部分贴生苞片上；子房每室2胚珠；核果。································椴树属 *Tilia*
2. 草本或小灌木；花序梗不贴生在苞片上；蒴果。
3. 雄蕊不能育，离生；蒴果具棱或突起。······································黄麻属 *Corchorus*
3. 外轮雄蕊不育，能育雄蕊连成5束；蒴果无棱。································田麻属 *Corchoropsis*
4. 落叶灌木或乔木；核果无刺；花5出；子房5室。································扁担杆属 *Grewia*
4. 草本或半灌木；蒴果具刺，不开裂或裂为3~6瓣································刺蒴麻属 *Triumfetta*

  平行检索表的优点是排列整齐而美观，而且节约篇幅，但不如定距检索表那么一目了然。目前采用最多的还是定距检索表。不论是哪种检索表，它们的结构都是以两个相对的特征进行编写的，且两项的号码是相同的，排的位置是相对称的。不同之处在于编排的方式上。

  检索表有门、纲、目、科、属、种等，其中科、属、种的检索表最为重要，最为常用。

（三）植物检索表的使用

  1. 根据植物的分布地理位置，选择合适的植物检索表。

  2. 最好采摘具有花、果的标本，因为许多检索表的性状是依据花、果的形状而编制的。特别在初学时，还应采摘花、果较大的植物标本进行检索，便于观察和解剖。如采摘时不逢花果期，也可以依据其他性状进行检索，但检索难度较大。所采摘的枝条，枝叶要完整，如为小型草本，则尽可能采全株。

  3. 检索鉴定时，首先仔细观察植物体的外形，着重解剖和观察花、果的结构。需要时，可在放大镜和解剖镜下进行解剖观察，并写出花程式。要根据植物的特征，按顺序逐项往下查。要全面核对两对相对性状，对比哪一性状更符合要鉴定的植物的特征，并要顺着符合的性状往下查，直至查出为止。在能直接判断出所检索植物属于哪一科、属时，可直接由此往下检索，而不必从头开始检索。

  4. 在核对了两项相对性状后仍不能作出选择时，或手头的标本缺少检索表中要求的特征时，可分别从两方面检索，比较两个检索结果的描述做出判断。

（四）植物检索表的编制

  1. **植物检索表的编制原理**　根据二歧分类的原理，以对比的方式对植物类群的特征进行比较，相同的归在一项，不同的归在另一项，在相同的项下又以不同点分开，依次下去，直到把植物类群区分出来为止。检索表所列的特征，主要是各部形态特征，特别是花的结构。

2. 编制植物检索表主要观察项目

（1）生活型　辨别乔木、灌木、藤木、草木等。

（2）茎　观察茎的生长习性（直立、匍匐、攀缘、缠绕等），茎的高度，分枝特点，变态茎的有无及其类型。

（3）叶　观察单叶或复叶，叶序类型，托叶有无，乳汁及有色浆液的有无，叶的长度，叶序形状、大小和质地，叶片各部分的形态。

（4）花　花序类型，花的性别（两性花或单性花、同株或异株），花的对称性（辐射对称或两侧对称），花的各部分是轮生或螺旋生，萼片形态（数目、形状、大小、离生或合生），花瓣形态（数目、颜色、离生、合生、花冠类型），雄蕊形态（数目、类型、与花瓣对生或互生），雌蕊形态（心皮数目、心皮离生或合生、花柱柱头特点、子房室数、胎座类型、胚珠数目、子房位置）。

3. 编制植物检索表注意事项

（1）要选择正常而完整的植株进行观察。只有根据正常的形态特征，才能识别出一个植物。最好是根、茎、叶、花俱全的（最好还有果实）。因为检索表是根据植物全部形态特征来编制的，如果缺少了某个特征，往往会使检索工作半途而废。

（2）观察时，要从植物整体到各个器官；对各个器官，要从下到上，即从根、茎到叶，再到花、果实和种子；对每个器官，要从外向里，例如花，要按照萼片、花瓣、雄蕊、雌蕊的顺序进行观察。

（3）要按照形态学术语的要求进行观察。

实验报告

1. 分别取白玉兰、青菜、蜀葵、桃花、梨花、向日葵、百合、小麦等植物的花解剖，并分别写出花程式，绘出花图式。

2. 在校园采集5种开花植物的枝条或全株植物，对照检索表检索出它们的科、属、种名，并写出检索过程。

思 考 题

采集几种你所熟悉的同一科植物，根据植物检索表的编制原理，分别编制出定距检索表和平行检索表。你认为哪一种检索表使用更方便，为什么？

实验二　植物标本的制作

实验目的

1. 掌握植物蜡叶标本的采集、制作等一整套实用技术。

2. 了解其他植物样本的标本制作方法。

实验材料

1. 器材　标本夹、绳子、小铲、吸水纸、采集袋或采集箱、枝剪、高枝剪、手锯、钢卷尺、放大镜、小纸袋、号签、记录签、台纸（8开）、数码相机、恒温干燥箱、针、线、胶水、固体胶、剪刀等。

2. 试剂　1%升汞乙醇溶液。

3. 实验植物　各种植物。

实验方法

（一）植物标本采集的方法

1. 标本采集的注意事项

（1）必须采集完整的标本　被子植物尽量采到花、果和种子，草本植物要求尽量将根、茎、叶、花、果实和种子采全。对一些有地下茎的种类，必须采集这些植物的地下部分，否则将难以鉴定。具体如下：① 雌雄异株的植物：应分别采集雌株和雄株。② 乔木、灌木或特别高大的草本植物：只能采取其植物体的一部分，但必须注意采集该植物具有代表性的部分。③ 水生草本植物：可用硬纸板从水中将其托出，并将其一起压进标本夹中。④ 寄生植物：应注意连同寄主一起采集，并要分别注明。⑤ 采集标本的份数：一般要采集2~3份，给予同一个编号。⑥ 采集标本时应注意爱护资源，特别是稀有植物。⑦ 要时刻注意保护环境。

（2）必须认真做好野外记录　主要内容包括植物的产地、生长环境、性状、花的颜色和采集日期等。这对于标本的鉴定和研究有很大的帮助。一张标本价值的大小，常以野外记录详细与否为标准。此外，在野外工作中，对有关人员的调查访问工作，也是很重要的。如对当地植物的土名、利用情况和有毒植物的情况调查、访问等的记录与整理。

2. 植物标本的整理　采回的植物标本首先应进行整理，较大的材料要根据台纸的大小，把过多过长的枝叶剪掉；过长的草本植物可折成"V"字或"N"字形，对更大的植物可截取根、茎中部（带叶）、茎上部（带叶、花和果）三段压制，但三部分均应系上相同的采集号码牌；大型叶（单子叶），应由叶脉一侧约剪去一半（留叶尖和叶基），大型羽状复叶可将叶轮一侧小叶剪去，但先端的小叶不能剪；每种标本都要有少数叶片背面朝上，以便对叶片作两面观察；叶子不能重叠，多者可剪掉，但要留叶柄，以观察叶子着生情况；肉质多汁的叶、根、块茎、鳞茎等先用沸水烫死，再切成薄片压入标本夹中，否则不易压制；花应展开，以便看到内部结构；大的果实要切成薄片再压制。

3. 标本的压制　整理好的标本逐份夹入标本夹中。具体方法如下：打开标本夹，有绳的一扇平放着做底，上面放5张吸水草纸，然后放入第一份标本，再盖上2~3层吸水纸，以后每放一个标本就盖2~3层吸水纸，这样反复到最后一份，再盖几张吸水纸，然后将另一扇夹板放在上面，尽量压紧标本，绑牢夹板。

4. 标本的换纸　换纸关系到标本质量的好坏，换纸越勤，标本干得越快，原色就保存得越好。标本压入标本夹后的头两三天，应每天换纸2~3次，以后可每一两天换一次纸。每次换下来的潮湿纸，要及时晒干或烘干，以供继续使用。第一次换纸时，要用镊子整理每一朵花、每一片叶，凡是有折叠的部分都要展开。换纸过程中脱落的叶、花、果以及蕨类植物的孢子、鳞毛等都应仔细装入纸袋，编上统一号码，单独存放。

5. 标本的消毒　干制后的标本常有害虫和虫卵，必须进行消毒，方法有两种：

（1）将标本放在置有剧毒药物的密封铁箱内进行熏杀消毒，时间约3天。

（2）用升汞乙醇溶液消毒，具体做法是：在方瓷盘内倒入少量1%升汞溶液（用95%乙醇配制），在另一方盘内放入要消毒的蜡叶标本，用刷子蘸取升汞乙醇溶液涂在标本上（两面都要涂），然后将标本再夹入标本夹内，晾干后便可上台纸了。也可用1%升汞溶液浸泡标本10 min进行杀虫消毒。为了防止人接触药品而中毒，还可将标本放在恒温干燥箱中，在95℃左右温度下烘1~2天，进行高温杀虫消毒，但要将标本压紧，以免起皱折。

6. 标本的上台纸　承托蜡叶标本的白板纸，称为台纸，通常为8开，大约长38 cm，宽27 cm。每张台纸上只能固定相同采集号的一种标本。先将蜡叶标本按自然状态摆在台纸上，注意在台纸右下角和左上角留出一些空间，以备贴标本名签和野外记录的复写单，然后固定标本，固定方法有3种：① 订线：适于枝条粗硬的标本，用针引线，从粗的茎或粗的叶柄基部两侧穿过作套勒紧，再将线两端在台纸背面打结，然后用小块纸片粘贴线结压平；② 纸条固定：用小刀在茎或粗大的叶柄两侧的台纸上左右各切一纵口，再把细白纸条从该纵口穿入，同时用手在台纸背面捏住纸条两端轻轻拉紧，然后用胶水粘在台纸的背面；③ 纸条贴压：适于枝条纤细的标本。把细纸条压在茎或粗大的叶柄上，两端涂抹胶水，分别粘在台纸上。固定完毕，还要贴上标本名签和记录的复写单。

如有脱落下来的花、果、种子、叶、孢子、鳞片等应将收集的纸袋贴在同一标本台纸的右上角，袋上要注明同一标本的采集号。为了防止标本磨损，最后还需在台纸上面贴上盖纸（一般为半透明的油光纸），这样一份蜡叶标本就制成了。

注意事项

1. 因时间、地点不同，可以采集到的植物种类和标本会有很大不同，所以，本实验的实验时间要求比较长，应至少持续一段时间。

2. 本实验建议4个学生一组，每个小组可以采集一个类群的植物种类或不受限制，广泛采集。

3. 本实验对于每一位学生来说可以只做其中的某一部分，不必全做。

实验报告

每小组制作一定数量的蜡叶标本。

思考题

简述蜡叶标本制作的过程及应注意的事项。

（赵　娟）

第二章 动物学

实验一 牛蛙骨骼标本的制作

实验目的

1. 掌握牛蛙骨骼标本制作的方法。
2. 了解动物标本制作的一般方法。

实验材料

1. 器材　标本缸、解剖盘、电炉（或酒精灯）、大烧杯、棉线、脱脂棉、牙刷、铁丝等。
2. 试剂　乙醚、NaOH 溶液、福尔马林溶液、开水、清水、二甲苯、过氧化氢溶液、白乳胶。
3. 材料　牛蛙。

实验方法

不同的脊椎动物，其骨骼标本的制作常有不同的要求和特点。蛙骨骼结构简单，且取材较为方便，又有代表性，是学习骨骼标本制作以及观察学习两栖动物骨骼结构的良好材料。蛙体型不大，骨骼细小，在制作标本时，易利用韧带将骨与骨之间的关节联系起来。这种附韧带骨骼标本制作简单，实用性强。

现以牛蛙为代表，介绍骨骼标本的一般制作方法。

1. 处死　选择体型大而完整的牛蛙放入标本缸中，用乙醚深度麻醉致死。
2. 剔除肌肉　剪开牛蛙腹部皮肤，并分别向前、后四肢各方向拉下皮肤，注意不要拉断指、趾骨。

取出全部内脏。在第 2~3 脊椎横突上将左、右肩胛骨连同前肢与脊椎分离，使整个牛蛙骨骼分成两大部分。接着，将其放在开水中烫 0.5~1min。然后，置于放有清水的解剖盘中，小心剔除附在骨骼上的肌肉。

注意：在剔除前肢肌肉时，用镊子夹住前肢并放入开水中煮烫的时间要短，避免骨连接处分离，尤其是指、趾骨部位，只需在开水中蘸一下即可，否则韧带收缩，指、趾骨变弯曲，会给整形带来困难。

3. 脱脂　将骨骼在 0.5%~0.9% 氢氧化钠溶液中浸泡 1~3 天，去除一些难以除去的肌肉，脱去骨骼中的油脂，取出，在清水中漂洗干净。在浸泡过程中应经常检查，以防骨骼脱散。

4. 漂白　用0.5%~1%过氧化氢溶液漂白30 min或用1%~3%漂白粉水溶液浸泡1~3天。浸泡时间应灵活掌握，主要看骨骼是否已经变白。骨骼变白后应马上捞出，否则骨面会被腐蚀而变得粗糙，失去骨骼的光泽。捞出的骨骼用清水冲洗干净并晾干。

5. 整形和装架　取一块泡沫塑料板，将骨骼放在上面。整形时，把躯体和四肢的姿态整理好并按骨骼相应的位置用大头针固定，以免在干燥过程中变形。离散的骨骼可用乳胶将其粘接起来。两块肩胛骨应附着在第2、第3椎骨横突的两侧，头部略抬起呈倾斜状，前肢的腕骨和后肢的趾骨可用乳胶粘在泡沫板上。骨骼标本制成后，最好装入标本盒中保存。

实验报告

制作一只完整的青蛙（蟾蜍）的骨骼标本。

思 考 题

1. 为什么在脱脂和漂白时溶液浓度不能过高、时间不能过长？
2. 你制作的骨骼标本还存在哪些值得改进的地方？如何改进？

实验二　昆虫标本的采集、制作及保存方法

实验目的

1. 了解生物界最大的类群——昆虫的形态结构、生境以及与人类的关系。
2. 了解昆虫标本的采集、制作方法，昆虫标本鉴定的常用方式及资料以及昆虫标本的保存方法。

实验材料

1. 器材　昆虫针、捕虫网、吸虫管、毒瓶、三角袋、平底指形管、放大镜、眼科剪、指形管（玻璃制）、小试管、磨口广口瓶、小毛笔、铅笔、针、线、胶布、牛皮筋、硫酸纸、石膏粉等。
2. 试剂　甲醛、40%甲醛（福尔马林）、冰醋酸、醋酸钾、醋酸铜、氰化钾或氰化钠、醋酸乙烷、硝酸钾、白糖、75%乳酸、干燥剂、甘油、95%乙醇、玻璃胶。
3. 材料　各种昆虫（学生自采）。

实验方法

（一）昆虫的采集方法

1. 网捕法　是最常用的一种采集方法。在捕捉空中善飞的昆虫时，快速迎头一兜，立即将网口转折过来，将网底下部连虫一并甩到网圈上来，揭开毒瓶盖，将毒瓶送入网底，使采

到的昆虫进入毒瓶中。如果捕获的是大型蝶蛾类，可在网外用手捏压其胸部，使其不能活动，然后放入毒瓶。特大的种类可用注射器在胸部注入少许乙醇，使其迅速死亡。

2. 震落法 很多昆虫有假死性的特点，突然猛震其寄主植物，使其落入网中或白布单等工具内。在黄昏或中午炎热时，可用震落法采到金龟子、锹形虫、象甲等种类。对于蚜虫、蓟马等小型昆虫，可以直接击落到网中或硬纸片上，也可用小毛笔收集到盛有乙醇的容器中。

3. 诱捕法 利用昆虫有趋光性、趋化性、趋异性等特点，可以采到许多种类的昆虫。灯光诱捕是常用的诱捕法，如蛾类、金龟子、蝼蛄等昆虫均有较强的趋光性。还可以根据昆虫特有的食物喜好进行诱捕。

4. 观察搜索法 要采到需要的标本，必须了解昆虫的生活习性及活动场所，比如在农田或苗圃地的土壤中可采到金龟子、地老虎幼虫、蝼蛄、金针虫和其他昆虫的幼虫或蛹。

（二）干制昆虫标本的制作方法

1. 针插 体型较大、体表较坚硬的昆虫采集后，在标本还没干燥以前，用昆虫针插在标本上并进行整姿或展翅等工作，等干燥后即可进行标本制作。一般是将昆虫针直刺虫体胸部背面的中央。

2. 展翅 最好是在虫体刚毒死后进行，这时胸部肌肉松软，不但展翅容易，而且经展翅后的标本也不易走样。如虫体已干燥僵硬，必须充分还软后，才能展翅。用昆虫针刺穿的虫体，可将其插进展翅板的槽沟里，使腹部在两板之间，翅正好铺在两块板上，然后调节活动木板，使中间空隙与虫体大小相适应，将活动木板固定。两手同时用小号昆虫针在翅的基部挑住较粗的翅脉，调整翅的张开度。

（三）浸渍昆虫标本的制作方法

标本采来后先用开水烫死，饱食的幼虫应饥饿1~2天，待消化排净粪便再做处理。绿色昆虫因易变色，不宜烫杀，待其体壁伸展后浸泡。

体表较为柔软的昆虫，可将虫体浸泡在液体中。先将虫体组织固定，再浸泡在95%乙醇中保存。乙醇很容易挥发，保存的玻璃瓶要密封。标本脱水或虫体的体液流出可使乙醇浓度降低，要及时更换乙醇。

（四）玻片标本的制作方法

体型极小的昆虫必须用显微镜或放大镜观察形态特征，可将其制成玻片标本。将采集的标本浸泡在10%氢氧化钾溶液中，待虫体的骨骼软化1天后取出，用蒸馏水清洗，再以不同浓度的乙醇进行脱水，最后用阿拉伯胶封片，干燥后即可完成。

（五）标本的保存

1. 标本保存的设备 可以采用购买的专门的标本盒保存，存放于标本厨（柜）中，并加入适当的干燥剂和防虫剂，如生石灰、樟脑块、乙醇等。

2. 标本保存的注意事项

（1）防霉、防潮 在标本盒内放置吸湿剂或摆放抽湿机。

（2）防鼠、防虫 防鼠比较容易，防虫则要注意标本盒严密，尽量少打开，盒内随时保持驱虫剂和杀虫剂浓烈的气味。

（3）防尘、防阳光　标本盒要密闭，尽量少打开。存放标本盒的房间门窗要少打开，安装窗帘，避免因日照而产生的退色。另外，为了保护标本免受伤害，最好随时检查，每年1~2次用药液熏蒸。

3.常用标本保存液的配制方法　保存液具有杀死、固定和防腐的作用，为了更好地使昆虫保持原来的形状和色泽，保存液常需要混合几种化学药剂。常用的标本保存液有下列几种配方：

（1）乙醇浸泡保存液　以70%~75%浓度为宜，为防止标本发脆变硬，可先用低浓度乙醇浸泡24h，再移入75%乙醇保存液中。也可以加入0.5%~1%甘油，保持虫体柔软。

（2）福尔马林浸泡保存液　配制方法是：福尔马林（含甲醛40%）1份，水17~19份。此液浸泡标本不易腐烂，大量保存比较经济，但缺点是气味难闻，不宜浸泡附肢长的标本（如蚜虫），容易使附肢脱落。

（3）醋酸-福尔马林-乙醇混合保存液　配制方法是：

乙醇（90%）	15 ml
福尔马林（含甲醛40%）	5 ml
冰醋酸	1 ml
蒸馏水	30 ml

此液对昆虫内部组织有较好的固定作用。缺点是日久标本易变黑，并有微量沉淀。

（4）醋酸-福尔马林-白糖混合保存液　配制方法是：

冰醋酸	5 ml
福尔马林	5 ml
白糖	5 g
蒸馏水	100 ml

此液对于绿色、黄色、红色的昆虫标本有一定保护作用，浸泡前不必用开水烫。缺点是虫体易瘪，不适于浸泡蚜虫。

以上保存液保色效果均不十分理想，下面两种为中国科学院上海昆虫研究所的保存液配制法。

（5）红色及其他幼虫保存法　先将幼虫用开水烫死后，取出，晾干，再放入固定液中约1周，最后投入保存液中保存。

固定液配方：		保存液配方：	
福尔马林	200 ml	甘油	20 ml
醋酸钾	10 g	醋酸钾	10 g
硝酸钾	20 g	福尔马林	1 ml
水	1000 ml	水	100 ml
		（使用前稀释1倍）	

（6）绿色幼虫保存法　固定液配方：

醋酸铜	10 g
硝酸钾	10 g
水	1000 ml

（7）黄色幼虫保存法　对已饥饿几天的黄色幼虫，将注射液（苦味酸饱和水溶液、冰醋酸、福尔马林各25 ml）用注射器注入虫体内，约10h后注射液已渗透虫体各部，再投入保存液。

保存液配方为：

    冰醋酸　　　　　　　5 g
    白糖　　　　　　　　5 g
    福尔马林　　　　　　25 ml

（8）蚜虫保存液　保存蚜虫的乙醇浓度至少应为90%。乳酸乙醇保存液配方：

    90%～95%乙醇　　　1份
    75%乳酸　　　　　　1份

有翅蚜标本常会漂浮起来，可先将其投入90%～95%乙醇中，于1周后加投等量乳酸保存起来。

实验报告

制作4～6种校园常见昆虫的标本。

思 考 题

1. 在野外采集到昆虫活体标本时正确的处理方法是什么？
2. 蝶类成虫标本制作的方法和主要步骤是什么？

（张敬敬）

第三章 微生物学

实验一 微生物数量的测定

实验目的

1. 掌握使用血细胞计数板进行微生物计数的方法。
2. 掌握使用平板进行菌落计数的方法。
3. 了解血细胞计数板的计数原理。
4. 了解平板菌落计数法的基本原理。

实验原理

测定微生物数量的方法有很多,本实验主要介绍两种方法:显微镜直接计数法、平板菌落计数法。显微镜直接计数法是将少量待测样品的悬浮液置于血细胞计数板,于显微镜下直接计数的一种简便、快速的直观方法。其缺点是所测量的结果是活菌体和死菌体的总和。平板菌落计数法是将菌悬液或孢子悬液经一系列稀释后,取一定体积的稀释液涂布接种在固体培养基平板上,经培养后,根据平板上出现的菌落数进行计数的方法。其优点是能够测出样品中活菌的数量。

血细胞计数板是一块特制的厚载玻片,其上有 4 条平行槽构成 3 个平台,中间的平台较宽,其中间又被一短槽隔成两半,每一边的平台上各刻有一个方格网,每个方格网含 9 个大格,其中间大格网(又称为计数室)被用作微生物的计数。常见血细胞计数板的计数室有两种规格:一种是 16×25 型,称为麦氏血细胞计数板,大方格被分成 16 个中方格,每个中方格又被分为 25 个小方格;另一种是 25×16 型,称为希里格式血细胞计数板,大方格被分为 25 个中方格,每个中方格又被分为 16 个小方格。但是不管哪种规格的血细胞计数板,其计数室均由 400 个小方格组成。

计数室的边长为 1 mm,则每个大方格的面积为 1 mm^2,中间平台比两边平台低 0.1 mm,所以盖上盖玻片后计数室容积为 0.1 mm^3。

应用血细胞计数板计数时,先测定若干个中方格中的微生物细胞数量,再换算成每毫升菌液(或每克样品)中微生物细胞数量。

以计数室有 25 个中方格的计数板为例进行计算。设 5 个中方格中的总菌数为 A,菌液的稀释度为 B,则计数室的总菌数(即 0.1 mm^3 中的总菌数)为 $(A/5)\times 25\times B$。

因为 1 ml = 1 000 mm^3,计数室容积为 0.1 mm^3,故

$$菌液浓度=(A/5)\times25\times10\times1000\times B=50\,000\times A\times B\,(个/ml)$$

同样，16×25型计数板，一般计数4个中方格内的细菌数，设为A'，则：

$$菌液浓度=(A'/4)\times16\times10\times1000\times B=40\,000\times A'\times B\,(个/ml)$$

实验材料

1. 器材　显微镜、血细胞计数板、酒精灯、无菌吸管、滤纸片、载玻片、盖玻片、无菌微量移液管、接种环、擦镜纸、无菌试管、涂布器、无菌培养皿、记号笔、分装4.5ml无菌水的试管6支。

2. 培养基和试剂　牛肉膏蛋白胨培养基、无菌水、香柏油、乙酸乙酯。

3. 菌种　酿酒酵母菌液、大肠埃希菌液。

实验方法

（一）血细胞计数板直接镜检计数法

1. 稀释　取酿酒酵母菌液，加无菌水稀释到适宜浓度后待用（浓度为$10^6\sim10^7$cfu/ml，稀释方法见平板菌落计数部分）。

2. 加样　将血细胞计数板清洁、干燥后，放于显微镜载物台上，将盖玻片盖在计数室上。用吸管吸取少量酿酒酵母菌稀释液，从计数板一侧中间平台与盖玻片接触的边缘处加样。注意：不可有气泡产生。稍待片刻，让细菌细胞全部沉降到计数室底部，然后放置到载物台上。

3. 定位计数室　先在低倍镜下寻找计数板大方格网的位置，转换高倍镜后，适当调暗光亮度至菌体和计数室线条清晰为止，再将计数室一角的小格移至视野中。顺着大方格线移动计数板，使计数室位于视野中间。

4. 计数　计数时，如使用16×25型计数板，则按对角线方位选取在左上、右上、左下、右下4个中方格（100个小方格），对4个中方格内的细胞逐一进行计数；如使用25×16型计数板，则选取左上、右上、左下、右下和中央的5个中方格（80个小格）进行计数。计数时按照"计上不计下，计左不计右"的原则进行。如遇酵母出芽，芽体大小达到母细胞的一半时，即作2个菌体计数。将计得的细胞数填入结果记录表中，对每个样品重复计数3次，取其平均值，通过公式计算每毫升菌液中所含的细菌细胞数。

（二）平板菌落计数法

1. 编号　取无菌培养皿9套，分别用记号笔标明10^{-4}、10^{-5}、10^{-6}，每个稀释度3个重复；另取6支盛有4.5ml无菌水的试管，排列于试管架上，依次标明10^{-1}、10^{-2}、10^{-3}、10^{-4}、10^{-5}、10^{-6}。

2. 稀释　用无菌微量移液管精确吸取0.5ml大肠埃希菌培养液加入10^{-1}标号的试管中。另取1支无菌吸管将10^{-1}标号试管中的菌悬液吹吸均匀（反复吹吸3次），再准确量取0.5ml菌悬液加入10^{-2}标号的试管中，混合均匀，依次类推，进行10倍系列稀释，将菌悬液稀释到10^{-6}。

3. 加样　用3支无菌吸管分别精确吸取10^{-4}、10^{-5}、10^{-6}的稀释液各0.2ml，对号放入相应编号的无菌培养皿中。

4. 倒平板及培养　于上述加样的培养皿中倒入溶化后并冷却至50℃左右的牛肉膏蛋白胨培养基12~15ml，使平皿在实验台上做前后和左右摇动（注意：勿用力过猛，以免培养基溅到皿盖与皿壁上），使样品和培养基混匀，待其凝固后，倒置于37℃恒温箱中培养。

5. 统计菌落数　培养24h后取出，左手拿培养皿，右手拿笔，数出每个平板上的菌落数。选择单个平板菌落数在30~300的稀释液，计数样品的菌浓度。如果3个稀释液的菌落数都不在此范围内，则选择最接近此范围的稀释液进行计算。同一稀释液的3个重复菌落数不能相差太悬殊。

实验报告

1. 血细胞计数板直接镜检计数结果填入表3-3-1，并计算样品菌浓度。

表 3-3-1　血细胞计数板直接镜检计数结果

计数次数	各中方格中细胞数					各中方格中细胞总数	稀释倍数	菌浓度（个/ml）
	左上	右上	右下	左下	中央			
第一次								
第二次								
第三次								
平均值								

2. 平板菌落计数结果填入表3-3-2中，并计算样品菌浓度。

样品菌浓度＝同一稀释液平均菌落数 × 稀释倍数 ×5（cfu/ml）

表 3-3-2　平板菌落计数结果

稀释度	10^{-4}				10^{-5}				10^{-6}			
	1	2	3	平均	1	2	3	平均	1	2	3	平均
菌落计数结果												
样品菌浓度（cfu/ml）												

思考题

1. 血细胞计数板进行计数出现的误差主要来自哪些方面？如何减少误差？
2. 在用血细胞计数板计数时，如果只看到细胞而看不到方格线或只看到方格线而看不到细胞怎么办？
3. 为什么溶化后的培养基要冷却至50℃左右才能倒平板？
4. 如何使平板计数更准确？试比较平板菌落计数和显微镜直接计数法的优缺点。
5. 设计一个方案，计数市售酸奶的单位含菌数。

实验二　细菌的生理生化反应

实验目的

1. 掌握细菌分类鉴定中常见的生理生化实验方法。
2. 熟悉生理生化反应在细菌鉴定中的重要作用。
3. 了解细菌分类鉴定中常见的生理生化反应原理。

实验原理

细菌的分类鉴定是微生物学的一项重要内容。通过测定细菌细胞内某些酶类的有无、对某些底物的分解利用情况、代谢产物的类型等来研究细菌代谢的多样性，同时还可以利用各种细菌生理生化反应的特点，作为细菌分类鉴定的依据。

1. V-P试验　也称乙酰甲基甲醇试验。某些细菌在糖代谢过程中，分解葡萄糖产生丙酮酸，丙酮酸通过缩合和脱羧生成乙酰甲基甲醇，乙酰甲基甲醇在碱性条件下，被空气中的氧气氧化成二乙酰，二乙酰再与蛋白胨中的精氨酸的胍基起作用生成红色化合物，此即为V-P试验阳性。

2. 甲基红试验　也称MR试验。某些细菌在糖代谢过程中，分解葡萄糖产生丙酮酸，丙酮酸可进一步分解，产生甲酸、乙酸、乳酸等，使培养基的pH下降至4.2以下，当加入甲基红试剂后，呈红色，此为甲基红试验阳性。

3. 吲哚试验　某些细菌能产生色氨酸酶，而此酶能分解蛋白胨中的色氨酸，产生吲哚。吲哚与对二甲基氨基苯甲醛发生反应，形成玫瑰吲哚，为红色化合物，即为吲哚试验阳性。

4. 糖发酵试验　细菌分解糖的能力有很大差异，有些细菌能以某种糖类为碳源，产生各种有机酸及各种气体，则判断这些细菌能发酵这种糖。酸的产生可以利用指示剂来指示，在培养基中加入溴甲酚紫，当细菌发酵产酸时，可使培养基由紫色变为黄色。气体的产生可由糖发酵管中倒立的杜氏小管中的气泡有无来证明。

实验材料

1. 器材　超净工作台、恒温培养箱、高压蒸汽灭菌锅、恒温水浴锅、试管、酒精灯、接种环、滴管、记号笔、杜氏小管。

2. 培养基和试剂　葡萄糖蛋白胨液体培养基、蛋白胨液体培养基、糖发酵培养基（葡萄糖、乳糖、蔗糖）、V-P试剂、甲基红试剂、吲哚试剂、乙醚、1.6%溴甲酚紫指示剂。

3. 菌种　大肠埃希菌、枯草芽孢杆菌、产气肠杆菌、普通变形杆菌。

实验方法

（一）V-P 试验

1. 接种　分别接种 4 种细菌于装有葡萄糖蛋白胨液体培养基的试管中，同时做一个空白对照，空白对照不接种，置 37℃恒温培养箱中培养 24～48h。

2. 观察记录　从培养试管中吸取 2ml 培养液分别加入另外 5 支相应编号的空试管中，然后加入与培养液等量的 V-P 试剂，充分振荡 2min，放置 37℃恒温水浴锅中温育 30min，观察。呈红色者为 V-P 试验阳性（用"＋"号表示），不呈红色者为阴性（用"－"号表示）。

注意：原试管中留下的培养液供做甲基红试验使用。

（二）甲基红试验

于 V-P 试验留下的培养液中，分别加入 2～3 滴甲基红指示剂，立即观察培养液颜色变化。若培养液变成红色，即为阳性反应，用"＋"表示；若培养液为橘黄或黄色，则为阴性反应，用"－"表示；橘红色可视为弱阳性。

（三）吲哚试验

1. 接种　分别接种 4 种细菌于装有蛋白胨液体培养基的试管中，同时做一个空白对照，空白对照不接种，置 37℃恒温培养箱中培养 24～48h。

2. 观察记录　在培养基中加入乙醚 1～2ml，充分振荡，使吲哚萃取至乙醚中，静置片刻后乙醚层浮于培养液的上面，此时沿管壁缓慢加入 5～10 滴吲哚试剂（注意：加入吲哚试剂后切勿摇动试管，以防破坏乙醚层而影响结果观察）。如有吲哚存在，乙醚层呈现玫瑰红色，此为吲哚试验阳性反应，否则为阴性反应。阳性用"＋"表示，阴性用"－"表示。

（四）糖发酵试验

1. 接种培养　分别接种少量菌苔于糖发酵培养基中，每种糖发酵培养基保留 1 支不接种菌的空白对照管，置 37℃恒温培养箱中培养，分别培养 24h、48h、72h，观察结果。

2. 观察记录　与空白对照管相比，若接种培养液保持原有颜色，其反应结果为阴性，表明该菌不能利用该种糖，记录用"－"表示。如培养液呈黄色，其反应结果为阳性，表明该菌能分解该种糖产酸，记录用"＋"表示。培养液内的杜氏小管内有气泡为阳性反应，表明该菌分解糖能产酸并产气，记录用"⊙"表示。如杜氏小管内没有气泡，为阴性反应，记录用"○"表示（注意：由于高压蒸汽灭菌时，装满培养基的杜氏小管内可能会形成小的气泡，需在实验接种前先确定发酵培养基内的杜氏小管内是否有气泡，从中选取无气泡的试管进行实验）。

实验报告

将细菌生理生化反应试验测定结果填入表 3-3-3。

表 3-3-3 细菌生理生化反应试验测定结果

试验项目	V-P 试验	甲基红试验	吲哚试验	糖发酵试验		
				葡萄糖	乳糖	蔗糖
大肠埃希菌						
产气肠杆菌						
普通变形菌						
枯草芽孢杆菌						
空白对照						

思考题

1. 在糖发酵试验中，大肠埃希菌发酵葡萄糖与产气肠杆菌发酵葡萄糖有什么不同？为什么？
2. 在吲哚试验中加入乙醚有什么作用？
3. 甲基红试验与 V-P 试验的中间代谢产物和最终代谢产物有何不同？
4. 细菌糖发酵试验的意义何在？
5. 在甲基红试验与 V-P 试验中为什么要设有空白对照？

实验三　微生物的分离、纯化培养及无菌操作技术

实验目的

1. 学会和掌握倒平板的方法及几种常用的分离、纯化微生物的操作技术。
2. 学会和掌握从土壤中分离微生物的基本方法和步骤。
3. 了解微生物分离、纯化和无菌操作的基本原理。

实验原理

从混杂微生物群体中获得只含有某一种或某一株微生物的过程称为微生物的分离与纯化。一般采用的方法有平板划线法、稀释涂布平板法和单细胞挑取法。本实验以稀释涂布平板法为主，分离土壤中的细菌、放线菌和真菌。其基本原理是：将含有混杂微生物群体的土壤悬液进行稀释后涂布到适合于待分离的目标微生物生长的培养基中，在不同培养条件下培养，从而使各类微生物在相应的培养基中形成具有各自形态特征的菌落，从而区分开来。微生物在固体培养基上生长形成的单个菌落，通常是由一个细胞繁殖而成的集合体。因此再将培养基上的单个菌落挑取出来在平板上进行分离、培养，即获得纯种。

在通过分离、纯化技术从天然微生物群体中分离特定微生物时，必须随时注意保持微生

物纯培养物的"纯洁",防止其他微生物的污染。在分离、转接及培养微生物纯培养物时防止其他微生物污染的技术称为无菌技术,是微生物学实验及研究中的一项最基本的操作技术,也是保证微生物学研究正常进行的关键。

实验材料

1. 器材　无菌培养皿若干套、无菌玻璃棒、无菌吸管(或移液器)、土壤样品及天平、称量纸、药匙、试管架、接种环、涂布器等。
2. 试剂及培养基　49.5ml 无菌水(带玻璃珠)1 瓶,4.5ml 无菌水 6 管,10% 酚液,1% 链霉素溶液,已灭菌的牛肉膏蛋白胨培养基、高氏 1 号培养基、马丁固体培养基。
3. 菌种　大肠埃希菌斜面菌种。

实验方法

(一)稀释涂布平板法

1. 倒平板　将灭菌的三种培养基(若已凝固则需要加热熔化)在 50~60℃时,高氏 1 号培养基加入数滴 10% 酚液,马丁培养基中加入链霉素(终浓度 30μg/ml),混匀后分别倒平板,每组每种培养基倒 3 套,并做好标记。
2. 制备土壤悬液(无菌操作)　将提前取好的土样称取 0.5g,迅速倒入带玻璃珠的 49.5ml 无菌水锥形瓶中(玻璃珠用量以充满瓶底为最好),振荡 5~10min,使土样充分打散,尽量分散细胞,得到稀释度为 10^{-2} 的土壤悬液。
3. 稀释　用无菌吸管吸取 10^{-2} 的土壤悬液 0.5ml,放入 4.5ml 无菌水中,另取 1 支无菌吸管吹洗 3 次使其充分混匀,即为 10^{-3} 稀释液,如此重复,可依次配成 10^{-3} ~ 10^{-8} 的稀释液。
4. 涂布平板　吸取 10^{-7}、10^{-6} 两管稀释液各 0.2ml,分别接入两个牛肉膏蛋白胨固体平板中,涂布均匀,用以分离得到细菌;吸取 10^{-5}、10^{-4} 两管稀释液各 0.2ml,分别接入两个高氏 1 号培养基平板中,用无菌涂布器涂布均匀,用以分离得到放线菌;吸取 10^{-2}、10^{-3} 两管稀释液各 0.2ml,分别接入两个马丁培养基平板中,涂布均匀,用以分离得到真菌。以上每个浓度都平行接种 3 套相应的培养基平板,以保证实验的科学性。
5. 培养　将接种好的细菌、放线菌、真菌平板倒置,即皿盖朝下放置,细菌于 37℃恒温箱中恒温培养 1~2 天,放线菌和真菌于 28℃恒温箱中恒温培养 3~5 天。
6. 挑取单个菌落、斜面接种　观察菌落生长情况,在培养出的单个菌落分别挑取少许细胞接种到上述 3 种培养基的斜面上,分别置于 28℃和 37℃恒温培养箱培养,待菌苔长出后,检查其特征是否一致,必要时还可以将细胞涂片染色后用显微镜观察以进一步确认。若发现杂菌,需再一次进行分离、纯化,直至得到纯培养物。整个分离过程见图 3-3-1。

(二)平板划线分离法

1. 倒平板　操作同稀释涂布平板法,并将倒好的平板按照培养基类型做好标记。
2. 划线分离　严格按照无菌操作,使用接种环从 10^{-2} 菌悬液挑取一环,在相应培养基平板中划线分离。划线方法很多,但目的都是通过划线将样品稀释从而获得单个菌落,常用方法有两种,即分区划线法和连续划线法(图 3-3-2)。

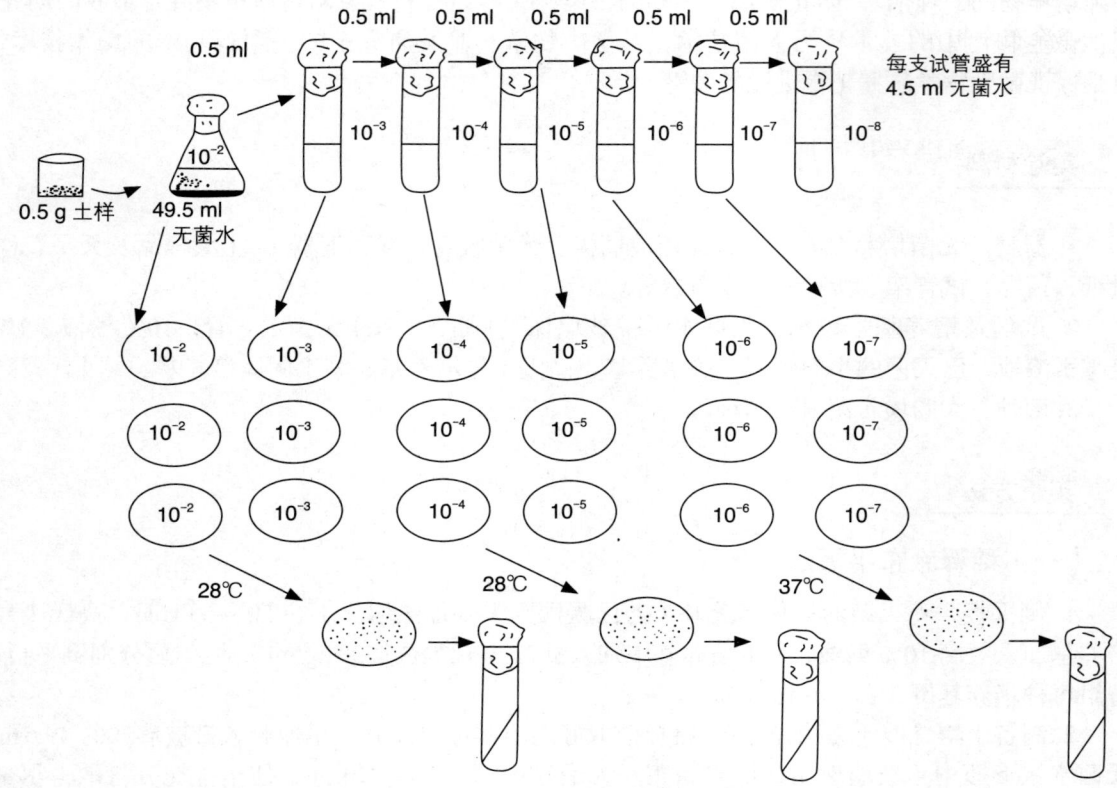

图 3-3-1 稀释涂布平板法分离土壤微生物的操作过程

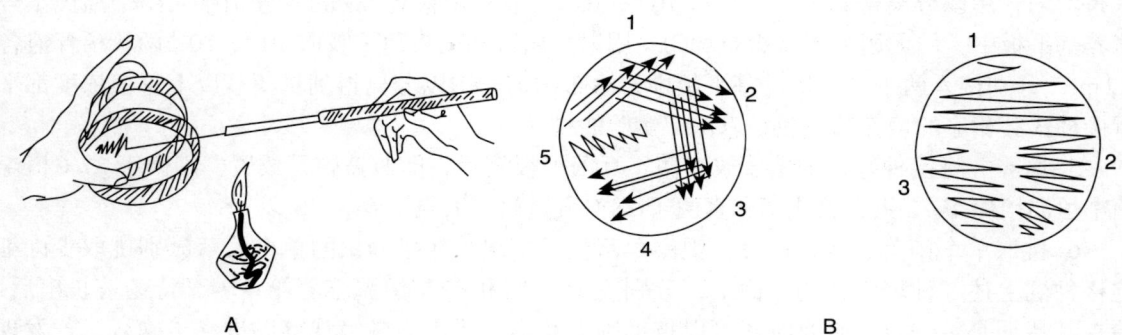

图 3-3-2 平板划线分离法
A.平板划线操作图；B.平板划线分离图（左为连续划线法；右为分区划线法）

3. 培养　划线完毕后，将培养皿倒置，分别于28℃和37℃恒温培养箱培养，培养时间参照稀释涂布平板法。

4. 挑取单个菌落　操作同稀释涂布平板法，直到分离到纯培养物为止。

（三）斜面培养基接种法

1. 将灭菌的固体斜面培养基做好标记（写上菌名、接种日期、接种人等），然后用无菌操作方法，把待接菌种接入以上培养基斜面上。

2. 接种方法　将菌种和斜面培养基的2支试管握在左手中，试管底部放在掌内并将中指夹在2支试管之间，使2支试管位于水平位置，培养基斜面向上，管口对齐；右手将2支试管的棉塞轻轻松动待接种时拔出；右手持接种环，在火焰上灼烧灭菌；在火焰旁用右手小指和无名指拔掉2支试管的棉塞，并迅速灼烧试管；将灼烧灭菌过的接种环在未接种菌的试管培养基上冷却，然后再进入有菌的试管轻轻刮取少许菌苔，迅速伸入待接种的斜面试管，在其上由下向上以"之"字形划线；划完线后，抽出接种环，将2支试管管口在火焰旁灼烧灭菌，再将棉塞在火焰上迅速过火，塞上棉塞。用过的接种环需在火焰上灼烧灭菌后再放回原处。

3. 本实验采用大肠埃希菌菌种，接种后30℃恒温培养箱培养，24~48h后取出，保存。若采用放线菌、真菌，则要培养至孢子成熟方可取出保存。

注意事项

1. 倒平板之前加入酚液和链霉素时要注意把握温度，温度不能太高也不能太低。温度太高，操作易烫手，也会破坏酚液和链霉素成分；温度太低，会导致提前凝固。

2. 一般土壤中，细菌最多，放线菌及真菌次之，而酵母菌主要见于果园及菜园土壤中，故从土壤中分离细菌时，要取较高的稀释度，否则菌落连成一片而影响计数。

3. 在土壤悬液制备操作时，管尖不能接触液面，每一个稀释度要换用1支移液管，每次吸入土壤悬液后，要将移液管插入液面，吹吸3次，每次吸取的液面要高于前一次，以减少稀释中的误差。

4. 放线菌的培养时间较长，故制平板的培养基用量可适当增多。

5. 划线操作时应注意划线要轻，不可将培养基划破。

6. 斜面接种后培养细菌时，要注意将其竖直放置，以免培养过程中凝结的水分从斜面上溢流。

实验报告

1. 观察稀释涂布平板培养结果，你是否分离得到了单菌落？如果不是，请分析原因。

2. 记录土壤悬液稀释分离结果，并根据平板上菌落分布情况计算出每克土壤中的细菌、放线菌和真菌的数量。

计算方法：选择长出菌落数30~300的培养皿进行计数，按以下公式计算：

总菌数/g＝同一稀释度几次重复的菌落平均数 × 稀释倍数

3. 观察和记录平板划线、斜面接种的结果，并描述微生物生长的情况。

思 考 题

1. 比较和讨论稀释涂布平板分离法和平板划线分离法的优、缺点。
2. 高氏 1 号培养基和马丁培养基中分别加入酚液和链霉素的作用是什么？
3. 如果要分离得到极端嗜高温的细菌，应该在何处取样为宜？为什么？
4. 试设计实验，从土壤中分离出固氮菌，并对其浓度进行测定。
5. 查阅资料，设计实验，从豆科植物根瘤中分离和纯化根瘤菌。

实验四　微生物菌落形态观察与判断

实验目的

1. 进一步熟悉和掌握微生物无菌操作技术。
2. 观察已知菌的菌落形态、大小、色泽、透明度、致密度和边缘等特征。
3. 根据菌落的形态特征判断未知菌的类别。
4. 了解细菌、酵母菌、放线菌和真菌四大类微生物在固体培养基上的菌落特征。

实验原理

在适宜培养条件下，单个微生物或孢子在固体培养基表面生长繁殖，逐渐形成肉眼可见的、有一定形态特征的微生物群体，即菌落。在固体培养基平板上主要观察菌落表面结构、形态及边缘等情况；斜面培养基上，可以呈丝线状、刺毛状、念珠状、疏展状、树枝状或假根状。微生物培养特征还包括菌苔颜色、表面光滑程度、基质是否产生水溶性色素等。不同种类的微生物细胞的形态和结构的差异，导致形成的菌落在这些方面的特征各不相同。因此，微生物菌落是微生物分类鉴定的重要特征之一。本实验观察固体培养基平板上的菌落特征。

实验材料

1. 器材　接种针、接种环、无菌培养皿多套、酒精灯、电热恒温箱等。
2. 培养基　已灭菌的牛肉膏蛋白胨培养基、马铃薯蔗糖培养基、高氏 1 号培养基，无菌水。
3. 菌种　大肠埃希菌（*E. coli*）、枯草芽孢杆菌（*Bacillus subtilis*）、金黄色葡萄球菌（*Staphylococcus aureus*）、酿酒酵母（*Saccharomyces cerevisiae*）、热带假丝酵母（*Candida tropicalis*）、灰色链霉菌（*Streptomyces griseus*）、细黄链霉菌（*Streptomyces microflavus*）、黑曲霉（*Aspergillus niger*）、产黄青霉（*Penicillium chrysogenum*）等。

实验方法

（一）制备已知菌的单菌落

1. 制备平板　将已熔化的无菌培养基冷却至50℃左右，分别制备上述3种培养基平板各若干皿（根据实验人数来定），并标明待接种的菌种名称、株号、日期和接种人。

2. 制备菌悬液（或孢子悬液）　在培养好的斜面菌种管内加入5ml无菌水，制成菌悬液后备用。

3. 制备单菌落　对细菌、酵母菌和放线菌，可通过平板划线法获得单菌落。对真菌则采用三点接种法获得单菌落，即先在平板底部以等边三角形标记3个点，然后用接种环在标记处接种，经培养后，每皿形成3个菌落，菌落彼此相近的边缘常留有一条空白带，此处菌丝生长稀疏，较透明，便于镜下观察。

4. 培养　细菌于37℃恒温箱培养24~48h，酵母菌于28℃恒温箱培养2~3天，真菌和放线菌置28℃恒温箱培养3~5天，待长成菌落后，仔细观察四大类微生物菌落的形态特征（表3-3-4），并将观察结果记录于表3-3-5中。

表3-3-4　四大类微生物菌落特征的比较

菌落特征	种类	单细胞微生物		菌丝状微生物	
		细菌	酵母菌	放线菌	真菌
主要特征	含水状态	很湿或较湿	较湿	干燥或干湿	干燥
	外观状态	小而突起或大而平坦	大而突起	小而紧密	大而疏松或大而紧密
参考特征	菌落透明感	透明或稍透明	稍透明	不透明	粗而分化
	菌落与培养基结合程度	不结合	不结合	牢固结合	较牢固结合
	菌落颜色	多样	单调，一般呈乳脂或蜡烛色，少数呈红色或黑色	多样	多样
	菌落正、反面颜色	相同	相同	不同	不同
	菌落边缘	一般看不到	可见球状、卵圆状或假丝状细胞	有时可见细丝状细胞	可见粗丝状细胞
	生长速度	很快	较快	慢	较快
	气味	一般有臭味	多带酒香味	常有泥腥味	往往有毒味

（二）制备未知菌落

1. 倒平板　操作参照本章实验三。

2. 接种　可用弹土法接种，其要点为：采集校园土壤，待风干磨碎后，可将细土撒在无菌的硬板纸表面，先弹去纸面浮土，然后打开皿盖，使含土的纸面对着平板培养基的表面，用手指在硬板纸背面轻轻一弹即可接种上各种微生物。

3. 培养　将牛肉膏蛋白胨培养基平板倒置于37℃培养箱中恒温培养2~3天，将马铃薯蔗糖培养基倒置于28℃培养箱中恒温培养3~5天，即可获得未知菌的单菌落。

4. 编号　从培养好的未知菌落平板中，挑选8个菌落特征不同的单菌落，逐个编号，根据菌落识别要点区分未知菌落类群，并将判断结果填入表3-3-6中。

（三）直接观察菌落

直接用本章实验三中的"稀释涂布平板法"获得的单菌落进行观察识别，并将结果填入表3-3-6中。

注意事项

1. 观察菌落特点时，要选择分离得很开的单个较大菌落。
2. 对已知菌落和未知菌落编号时，应将编号写在皿底，而不要将编号写在皿盖上，以免因移动开盖而混淆菌号。

实验报告

1. 将已知菌菌落的形态特征记录于表3-3-5中。
2. 将未知菌菌落（至少8个菌落）的辨别结果记录于表3-3-6中。

表3-3-5　已知菌菌落的形态特征

微生物类别	菌名	辨别要点				菌落描述						
		湿		干		表面	边缘	隆起形状	颜色			透明度
		厚薄	大小	松密	大小				正面	反面	水溶性色素	
细菌	大肠埃希菌											
	金黄色葡萄球菌											
	枯草芽孢杆菌											
酵母菌	酿酒酵母											
	热带假丝酵母											
放线菌	细黄链霉菌											
	灰色链霉菌											
真菌	产黄青霉											
	黑曲霉											

表 3-3-6　未知菌菌落的形态特征

菌落号	辨别要点				菌落描述							判断结果	
	湿		干		表面	边缘	隆起形状	颜色			透明度	1	2
	厚薄	大小	松密	大小				正面	反面	水溶性色素			
1													
2													
3													
4													
5													
6													
7													
8													

思考题

1. 通过分析实验结果，比较细菌、放线菌、酵母菌和真菌菌落形态特征的差异。
2. 设计一个实验，利用各类微生物的菌落基本形态特征的差异，检测微生物实验室空气环境中的微生物类别。
3. 设计实验检测食品工业用水微生物的主要类群及数量。

实验五　乙醇发酵及糯米甜酒的酿制

实验目的

1. 学会和掌握酵母菌糖酵解产生乙醇和酒曲发酵糯米配制糯米甜酒的方法。
2. 了解酵母菌糖酵解产生乙醇的原理。

实验原理

在工业乙醇和各类乙醇生产中，乙醇的发酵作用主要由酵母菌完成，因此酵母菌的乙醇发酵是它们的工艺基础。在厌氧条件下，酵母菌通过 EMP 途径分解己糖（如葡萄糖）产生丙酮酸，丙酮酸脱羧形成乙醛，乙醛还原为乙醇，这一过程称为乙醇发酵。以糯米（或大米）经酒曲（主要含酵母菌）发酵制成的甜酒是我国的传统发酵食品。糯米先经蒸煮糊化，利用酒曲中的根霉和米曲霉等微生物将原料中的淀粉糖化，将蛋白质水解成氨基酸，酵母菌利用糖化产物生长繁殖，并通过酵解途径转化成乙醇，从而赋予甜酒特有的香气、风味和丰富的营养。

实验材料

1. 器材　生化培养箱、显微镜、铝锅、电炉、锥形瓶、试管、量筒、灭菌吸管、牛皮纸、棉绳、蒸馏装置、水浴锅、振荡器、酒精度表。
2. 试剂　乙醇发酵培养基、糯米、甜酒曲、无菌水、蒸馏水。
3. 菌种　酿酒酵母（*Saccharomyces cerevisiae*）菌种。

实验方法

（一）酵母菌的乙醇发酵

1. 培养基配制和灭菌　将配制好的不加琼脂的液体发酵培养基分装入250 ml锥形瓶中和150 ml锥形瓶中，分装量分别为100 ml和50 ml。加琼脂的发酵培养基分装入试管，制作斜面用。培养基及其他需要灭菌的用品于0.1 MPa，121℃，灭菌25 min。
2. 菌种活化　酵母菌种接种于斜面培养基上，于30℃培养24 h，待用。
3. 接种和培养　用接种环在斜面培养基上取一环活化好的酿酒酵母，接入150 ml锥形瓶中，于30℃培养24 h，即得酵母菌液体种子。
4. 将上述液体种子以5%的终浓度接种于装有100 ml培养基的250 ml锥形瓶中，共接种2组，其中一组于30℃恒温箱静置培养，另一组置30℃恒温箱振荡培养。每组至少做2个重复样品。
5. 酵母菌数量的计数及生长曲线制作　每隔12 h取样，经10倍稀释后进行细胞计数（方法参见本章实验一微生物数量的测定）。以发酵时间为横坐标，酵母菌数量的对数为纵坐标，利用计数结果作出酵母菌发酵过程中的生长曲线。
6. 乙醇检测

（1）打开上述酵母菌发酵的250 ml锥形瓶瓶塞，闻是否有乙醇气味。

（2）从上述酵母菌发酵的250 ml锥形瓶内取发酵液5～20 ml加至试管中，加入10% H_2SO_4溶液2 ml，再向试管中滴加1% $K_2Cr_2O_7$溶液10～20滴，若管内液体颜色由橙黄色变成黄绿色，说明有乙醇产生。此变化的反应如下：

$$2K_2Cr_2O_7 + 8H_2SO_4 + 3CH_3CH_2OH \longrightarrow CH_3COOH + 2K_2SO_4 + 2Cr_2(SO_4)_3 + 11H_2O$$
（绿色）

（3）分别在两组锥形瓶中取50 ml已发酵培养3天的发酵液加至蒸馏装置的圆底烧瓶中，在水浴锅中85～95℃下蒸馏。当开始流出液体时，准确收集30 ml液体于量筒中，用酒精度表测量酒精度。

7. 品尝　取少量一定浓度（30～35度）的酒品尝，体会口感。

（二）糯米甜酒的配制

1. 甜酒培养基制作　称取一定量糯米（糙糯米效果比优质米更好），用水淘洗干净后，加水量为米与水比1∶1，加热煮熟成饭。或者糯米洗净后，用水浸透，沥干水后，加热蒸熟成饭，即为甜酒培养基。

2. 接种　糯米冷却至35℃以下，加入适量的甜酒曲（用量按产品说明书）并喷洒少量冷开水拌匀，然后装入已灭菌的锥形瓶中。装饭量为容器的1/3~2/3，中央挖洞，饭面上再撒少量酒曲，锥形瓶塞上棉塞，置30℃下培养发酵。

3. 培养发酵　发酵2天便可闻到酒香味，开始渗出清液，3~4天渗出液越来越多，此时，把洞填平，让其继续发酵。

4. 产品处理和品尝　培养发酵至第7天取出，把酒糟滤去，汁液即为糯米甜酒原液，加入一定量的水，加热煮沸便是糯米甜酒，即可品尝，体会口感。

注意事项

1. 酿制糯米甜酒时糯米饭一定要煮熟煮透，不能太硬或夹生。
2. 糯米饭一定要凉透至35℃以下才能拌酒曲，否则会影响正常发酵。
3. 整个过程中与培养基接触的器具都要严格消毒灭菌，在发酵过程中不要经常随意打开瓶塞，以免污染杂菌。

实验报告

1. 根据酵母菌计数结果，制作出酵母菌的生长曲线。
2. 观察显微镜下的酵母菌的形态并绘制出来。
3. 记录酵母乙醇发酵过程，比较两种培养方法的产物等结果有什么不同，并解释其原因。
4. 记录糯米配制糯米甜酒的发酵过程，以及糯米甜酒的外观、色、香、味和口感。

思考题

1. 乙醇发酵主要有几种类型？酵母菌乙醇发酵时，需要注意的发酵条件主要是什么？
2. 为什么糯米饭温度要降至35℃以下拌酒曲，发酵才能正常进行？糯米饭一开始发酵时要挖一个洞，后来又填平，这起什么作用？

实验六　乳酸发酵与乳酸菌饮料

实验目的

1. 学会和掌握乳酸发酵与制作乳酸菌饮料的方法。
2. 了解乳酸发酵的条件、产物和作用的微生物。
3. 了解乳酸菌的生长特性。
4. 了解常用食品的微生物种类。

实验原理

许多种类的微生物（主要是细菌）在厌氧条件下将己糖分解产生乳酸的作用称为乳酸发酵。能利用可发酵糖产生乳酸的细菌统称为乳酸菌。常见的乳酸菌有链球菌属、乳酸杆菌属、双歧杆菌属和明串珠菌属等。乳酸菌饮料是一种常见的乳酸饮料，它是以牛乳为主要原料，接入一定量乳酸菌，加入一定量的糖类，经过发酵后而制成的饮料。该类饮料名称繁多，营养丰富，是一种值得开发的饮料。

实验材料

1. 器材　恒温水浴锅、高压蒸汽灭菌锅、超净工作台、酸度计、培养箱、酸乳瓶、无菌涂布器、接种环、滤纸、试管、培养皿、500 ml 锥形瓶。
2. 培养基和试剂　BCG 牛乳培养基、乳酸菌培养基、脱脂乳试管、脱脂乳粉或全脂乳粉、鲜牛奶、蔗糖、碳酸钙、10% H_2SO_4、2% $KMnO_4$、硝酸银溶液。
3. 菌种　嗜热乳酸链球菌、保加利亚乳酸杆菌（乳酸菌种也可以从市场销售的各种新鲜乳酸或酸乳饮料中分离）。

实验方法

（一）乳酸菌的分离、纯化

1. 分离　取市售新鲜酸乳稀释至 10^{-5}，取其中的 10^{-4}、10^{-5} 两个稀释度的稀释液各 0.1~0.2 ml，分别接入 BCG 牛乳培养基琼脂平板上，用无菌涂布器依次涂布；或者直接用接种环蘸取原液平板划线分离，置 40℃ 培养箱培养 48h，如出现圆形稍扁平的黄色菌落及其周围培养基变为黄色者初定为乳酸菌。
2. 鉴定　选取乳酸菌典型菌落转至脱脂乳酸试管中，置 40℃ 培养箱培养 8~24h，若牛乳出现凝固，呈酸性，无气泡，涂片镜检细胞呈杆状或链球状（两种形状的菌种均分别选入），革兰染色呈阳性，则可将其连续传代 4~6 次，最终选择出在 3~6h 能凝固的牛乳管，做菌种待用。

（二）乳酸发酵及检测

1. 发酵　在无菌操作下将分离的一株乳酸菌接种于装有 300 ml 乳酸菌培养液的 500 ml 锥形瓶中，置 40~42℃ 培养箱静置培养。
2. 检测　为了便于测定乳酸发酵情况，实验分为 2 组。一组在接种培养后，每 6~8h 取样分析，测定 pH。另一组在接种培养 24h 后加入碳酸钙 3g，每 6~8h 取样分析，测定乳酸含量，记录测定结果。

乳酸检测方法：

（1）定性测定　取酸乳上清液约 10 ml 于试管中，加入 10% H_2SO_4 1 ml，再加 2% $KMnO_4$ 1 ml，此时乳酸转化为乙醛，将事先在含氨的硝酸银溶液中浸泡的滤纸条搭在试管口上，微火加热试管至沸，若滤纸变黑，则说明有乳酸存在，这是因为加热使乙醛挥发的结果。

（2）定量测定

① 测定方法：取稀释10倍的酸乳上清液0.2 ml，加至3 ml pH 9.0的缓冲液中，再加入0.2 ml NAD溶液，混匀后测定其OD_{340nm}值为A_1，然后加入0.02 ml L(+)-LDH，0.02 ml D(-)-LDH，25℃保温1 h后测定OD_{340nm}值为A_2。同时用蒸馏水代替酸乳上清液作对照，测定步骤及条件完全相同，测出的相应值为B_1和B_2。

② 计算公式

$$乳酸（g/100ml）=（V×M×\Delta\varepsilon×D）/（1000×\varepsilon×l×V_s）$$

式中，V为比色液最终体积，3.44 ml；M为乳酸的摩尔质量，90 g/mol；$\Delta\varepsilon=(A_2-A_1)-(B_2-B_1)$；$D$为稀释倍数，10；$\varepsilon$为NADH在340 nm的摩尔吸光系数，$6.3×10^3$ L/(mol·cm)；l为比色皿的厚度，0.1 cm；V_s为取样体积，0.2 ml。

（三）乳酸菌饮料的制作

1. 将脱脂乳和水以1:(7~10)(W/V)的比例，同时加入5%~6%蔗糖，充分混合，于80~85℃灭菌10~15 min，然后冷却至35~40℃，作为制作饮料的培养基质。

2. 将纯种嗜热乳酸链球菌、保加利亚乳酸杆菌及两种菌的等量混合菌液作为发酵剂，均以2%~5%的接种量分别接入以上培养基质中即为饮料发酵液，也可以市售鲜酸乳为发酵剂。接种后摇匀，分装到已灭菌的酸乳瓶中，每一种菌的饮料发酵液重复分装3~5瓶，随后将瓶盖拧紧密封。

3. 将接种后的酸乳瓶置40~42℃恒温培养箱中培养3~4 h。培养过程中应注意观察，在出现凝乳后停止培养。然后转入4~5℃的低温下冷藏24 h以上。经此后熟阶段，达到酸乳酸度适中（pH 4~4.5），凝块均匀致密，无乳清析出，无气泡，获得较好的口感和特有风味。

4. 以品尝为标准评定酸乳质量 采用乳酸球菌和乳酸杆菌等量混合发酵的酸乳与单菌株发酵的酸乳相比较，前者的香味和口感更佳。品尝时若出现异味，表明酸乳污染了杂菌。

实验报告

1. 记录乳酸发酵过程、检测结果及结果分析。
2. 将发酵的酸乳品评结果记录于表3-3-7中。

表3-3-7 乳酸菌单菌及混合菌发酵的酸乳品评结果

乳酸菌类	品评项目					结论
	凝乳情况	口感	香味	异味	pH	
球菌						
杆菌						
球菌：杆菌混合（1:1）						

思 考 题

1. 双歧杆菌与明串珠菌的乳酸发酵途径有什么不同？
2. 发酵酸乳为什么能引起凝乳？
3. 为什么采用乳酸菌混合发酵的酸乳比单菌发酵的酸乳感官品质更佳？

（罗 琼 黄秋霞）

第四章 细胞生物学

实验一 动物细胞培养

细胞培养是用无菌操作的方法将动物体内的组织或器官取出,模拟动物体内的生理条件,在体外进行培养,使其不断地生长、繁殖,借以观察细胞的生长、繁殖、分化以及衰老过程等生命现象。

细胞培养有以下优点:一是便于研究各种物理、化学等外界因素对细胞生长发育和分化等的影响;二是便于人们对细胞内结构(如细胞骨架等)、细胞生长及发育等过程的观察。因此,细胞培养是探索和显示细胞生命活动规律的一种简便易行的实验技术。同时,不可忽略的另一个因素,那就是它脱离了生物机体后的一些变化。

细胞培养技术目前已广泛地被应用于生物学的各个领域,如分子生物学、细胞生物学、遗传学、免疫学、肿瘤学及病毒学等。因此有必要使学生在细胞培养方面得到一些初步的感性知识,了解动物细胞培养的基本操作过程,观察体外培养细胞的生长特征,并对原代细胞与传代细胞有一个基本概念。

一、原代细胞培养

实验目的

1. 熟悉原代细胞培养的基本方法及操作过程,初步掌握无菌操作方法。
2. 了解细胞消化、细胞计数、营养液的配制。

实验原理

原代细胞培养是指直接从动物体内获取的细胞、组织或器官,经体外培养后,直到第一次传代为止。其方法是:用无菌操作的方法,从动物体内取出所需的组织或器官,经消化、分散成为单个游离的细胞,在人工培养下,使其不断地生长及繁殖。

细胞培养是一种操作繁琐而又要求十分严谨的实验技术。要使细胞能在体外长期生长,必须满足两个基本要求:一是供给细胞存活所必需的条件,如适量的水、无机盐、氨基酸、维生素、葡萄糖及其相关生长因子、氧气、适宜的温度,注意外环境酸碱度与渗透压的调节;二是严格控制无菌条件。

实验材料

1. 器材　解剖剪、解剖镊、眼科剪（尖头、弯头）、眼科镊（尖头、弯头）、大培养皿、纱布块（或不锈钢网）、玻璃漏斗、量筒、试管、离心管、锥形瓶、吸管、橡皮头、培养瓶等。上述器材均须彻底清洗、烤干、包装好，灭菌后备用。此外，还有超净工作台、二氧化碳培养箱、倒置显微镜、酒精灯、酒精棉球、碘酒棉球、试管架、标记笔、解剖板、包装灭菌的工作服、口罩、帽子。

2. 试剂　0.25%胰蛋白酶–0.02% EDTA 混合消化液、含有 10% 小牛血清的 1640 培养液、0.01% PBS、75% 乙醇。

3. 材料　出生后 2~3 天的乳鼠。

实验方法

1. 取材　用颈椎脱位法处死乳鼠，然后将其整个动物浸入盛有 75% 乙醇的烧杯中消毒数秒后，携入超净工作台中取出，放在大培养皿中，分别用碘酒棉球和酒精棉球各进行一次背部消毒，再用消毒的剪刀剪取乳鼠的皮肤，置于另一个无菌培养皿中。

2. 切割　用灭菌的 PBS 液将取出的皮肤清洗 3 次，然后用眼科剪将组织反复剪碎，直到剪成小于 1mm^3 左右的小块，再用 PBS 清洗，洗至组织发白为止。然后移入无菌离心管中静置数分钟，使组织块自然沉淀到离心管的管底，弃去上清液。

3. 消化、接种培养　吸取 0.25% 胰蛋白酶–0.02% EDTA 混合消化液 1ml，加入离心管中，塞上胶塞，在 37℃水浴箱中消化 8~10min，每隔几分钟轻轻摇动一下离心管，使组织与消化液充分接触。消化结束后静置 3min，吸取上清液。向离心管中加入 5~10ml 含 10% 小牛血清的 1640 培养液，用吸管吹打混匀，移入 2 个培养瓶中，盖好瓶塞，做好标记，置二氧化碳培养箱中于 37℃进行培养。注意：在吸取消化液、培养液、接种培养的全部实验过程中，都必须在酒精灯上进行操作。细胞接种后一般几个小时内就能贴壁，并开始生长，如接种的细胞密度适宜，5 天到 1 周就可形成单层。

4. 观察　置于 37℃培养的细胞，需逐日进行观察。主要观察以下情况：

（1）培养物是否被污染，如培养液变成黄色且混浊，表示该瓶被污染。

（2）细胞生长状况与培养液颜色的变化，如培养液变为紫红色，表明细胞生长不好，可能是瓶塞未盖紧或营养液 pH 过高。

（3）培养液若变为橘红色，一般显示细胞生长良好。

经过 1~2 天的培养，若细胞生长情况较差或培养液变红，则可换一次培养液。培养换液时也要注意无菌操作，在酒精灯旁，倒去原培养瓶中的培养液，再加入等体积新配制的培养液，pH 7.0。若经 2~3 天后，细胞培养液变黄，表示细胞已生长。如果希望细胞长得更好，此时也可换液，换液所用的溶液称为维持液，它与培养液的组成完全相同，仅所用血清量有所增加（15%）。以后，每隔 3~4 天（视细胞液 pH 值而定）更换一次维持液。待细胞已基本长成致密单层时，此时即可进行传代培养。

二、传代细胞培养与观察

实验目的

1. 熟悉传代细胞的传代方法及其操作过程。
2. 了解体外培养细胞的形态及生长状况。

实验原理

传代培养是指细胞从一个培养瓶以1∶2或1∶2以上的比例转移，接种到另一个培养瓶的培养。其方法是：第一步，也是制备细胞悬液，当细胞生长成致密单层时，很容易就被蛋白水解酶和螯合剂（EDTA）所破坏。因为EDTA对钙、镁离子具有亲和力，而这两种离子又是细胞保持紧密结合所必需的因素，所以一般采用胰蛋白酶和EDTA的混合物作为消化液。

体外培养的各种细胞株或细胞系的传代方法基本相同，而各种细胞所需要的营养液却各不相同。

实验材料

1. 器材　灭菌吸管、橡皮头、灭菌培养瓶、酒精灯、酒精棉球、试管架、标记笔、包装灭菌的工作服、口罩、帽子、超净工作台、二氧化碳培养箱、倒置显微镜。
2. 试剂　0.25%胰蛋白酶–0.02% EDTA混合消化液、含有10%小牛血清的1640培养液。

实验方法

1. 将长成单层的细胞从二氧化碳培养箱中取出，在超净工作台中倒掉瓶内的培养液，加入少许消化液（液面覆盖细胞即可），之后立即弃掉消化液。
2. 静置3~5min，加入3~5ml新鲜培养液（在酒精灯上进行操作），吹打，制成细胞悬液。
3. 吸取细胞悬液2ml左右，加入另一无菌培养瓶中（在酒精灯上进行操作），并向每个瓶中分别加入3ml左右培养液，盖好瓶塞，做好标记，送回二氧化碳培养箱中，于37℃继续培养。一般情况下，传代后细胞在2h左右就能附着在培养瓶瓶壁上，2~4天就可在瓶内形成单层，并需要再次传代。
4. 观察
（1）观察体外培养细胞的几个问题　细胞培养24h后，即可进行观察，观察的重点如下：
① 首先要观察培养细胞是否污染，主要注意培养液颜色的变化及混浊度。
② 观察培养液颜色变化及细胞是否生长。
③ 如细胞已生长，则要观察细胞的形态特征并判断其所处的生长阶段。观察时，可参照以下（2）的描述进行。
④ 观察完毕，可用锥虫蓝染液对细胞进行染色，以确定死、活细胞的比例。
（2）细胞的生长阶段及其形态特征　传代培养的细胞需逐日进行观察，注意细胞有无污染，

培养液颜色的变化及细胞生长的情况。一般单层培养的细胞，从培养开始，经过生长、繁殖、衰老及死亡的全过程，是一个连续的生长过程，但为了观察及描述方便，人为地将其分为5个时期，各期间无明显绝对界限。现分别描述如下：

① 游离期：当细胞经消化分散成单个细胞后，由于细胞原生质的收缩和表面张力以及细胞膜的弹性，此时细胞多为圆形，折光率高，此期可延续数小时。

② 吸附期（贴壁）：由于细胞的附壁特性，细胞悬液静置培养一段时间（7~8h）后，便附着在瓶壁上（不同的细胞贴壁所需时间不同）。在显微镜下观察时可见瓶壁上有各种形态的细胞，如圆形、扁形、短菱形。此期细胞的特点：大多立体感强，细胞内颗粒少，透明。

③ 繁殖期：培养12~72h（不同的细胞所需时间也不同），细胞进入繁殖期，加速了细胞生长和分裂。此期包括由几个细胞形成的细胞岛（常散在地分布于瓶壁上），到细胞铺满整个瓶壁（即所谓形成细胞单层）的过程。此期细胞的特点：透明，颗粒较少，细胞间分界清楚，并隐约见到细胞核。根据细胞所占瓶壁有效面积的百分率，又可将其生长状况分为四级，以"+"的多少表示如下：

+：细胞占瓶壁有效面积（也就是细胞能生长的瓶壁面积）25%以内有新生细胞，一般要观察3~5个视野内的细胞生长状况，然后加以综合分析判断。

++：细胞占瓶壁有效面积25%~75%有新生细胞。

+++：细胞占瓶壁有效面积75%~95%有新生细胞。细胞排列致密，但仍有空隙。

++++：细胞占瓶壁有效面积95%以上，细胞已长满或接近长满单层。细胞致密，透明度好。

++~++++级为细胞的对数生长期。

④ 维持期：当细胞形成良好单层后，细胞的生长与分裂都减缓，并逐渐停止生长，这种现象称为细胞生长的接触抑制。此时细胞边界逐渐模糊，细胞内颗粒逐渐增多，且透明度降低，立体感较差。由于代谢产物的不断累积，维持液逐渐变酸。此时营养液已变为橙黄色或黄色。

⑤ 衰退期：由于溶液中营养的减少和日龄的增长，以及代谢产物的累积等因素，此时细胞间可出现空隙，细胞中颗粒进一步增多，透明度更低，立体感很差。若将细胞经固定染色处理，可见细胞中有大而多的脂肪滴及液泡。最后，细胞皱缩，逐渐死亡，从瓶壁上脱落下来。

实验报告

选择一种正常人体细胞和一种肿瘤细胞，查阅资料，详细描述进行细胞原代培养的操作步骤和注意事项，并比较正常细胞培养和肿瘤细胞培养有何不同。

思考题

1. 简述细胞传代培养的操作程序及注意事项。
2. 细胞培养获得成功的关键要素是什么？
3. 简述体外培养细胞的形态特征及其生长阶段。

（刘 佳 罗 琼）

第五章 生物化学

实验一　细菌基因组 DNA 提取与鉴定

实验目的

1. 掌握 DNA 提取的原理和方法。
2. 掌握琼脂糖凝胶电泳检测 DNA 的原理和方法。

实验原理

在碱性条件下 SDS 可通过失活蛋白破坏细菌的细胞膜,并使蛋白与 DNA 分离;蛋白酶 K 可将蛋白质降解成小肽或氨基酸,使 DNA 分子完整地分离出来,再用酚和氯仿/异戊醇抽提分离蛋白质,得到的 DNA 溶液经乙醇沉淀使 DNA 从溶液中析出,得到纯度高、结构完整的 DNA 分子。

由于 DNA 结构的重复性,核苷酸数相同的 DNA 几乎具有等量的净电荷,所以核酸携带电荷的差异几乎不造成对核酸迁移率的差异,而 DNA 分子在某一特定电场下的电泳迁移率取决于 DNA 分子的大小、构象和构型。采用适当浓度的琼脂糖凝胶或聚丙烯酰胺凝胶介质作为电泳支持物,发挥分子筛的功能,使大小、构象不同的核酸分子泳动率出现较大差异,以达到分离的目的。

实验用品

1. 仪器　离心机、移液器、离心管、水浴锅、琼脂糖凝胶电泳系统、凝胶成像系统。
2. 试剂　TE 溶液、10% SDS、20 mg/ml 蛋白酶 K、酚、氯仿、异戊醇、氯化钠、无水乙醇、琼脂糖、6× 加样缓冲液、DNA Marker、TAE、EB。
3. 实验用品　各类细菌菌液、细菌基因组 DNA。

实验方法

1. 将 2 ml 培养至对数期的菌液 5 000 r/min 冷冻离心 10 min,弃上清液。
2. 加 190 μl TE 溶液悬浮沉淀,并加 10 μl 10% SDS,1 μl 20 mg/ml 蛋白酶 K,混匀,于 37℃水浴锅保温 1 h。

3. 加 30 μl 5 mol/L NaCl，混匀。

4. 加 30 μl NaCl 溶液，混匀，65℃水浴锅保温 20 min。

5. 加入 300 μl 酚：氯仿：异戊醇（25∶24∶1）抽提，5000 r/min 离心 10 min，将上清液移至干净离心管。

6. 加入 300 μl 氯仿：异戊醇（24∶1）抽提，取上清液移至干净管中。

7. 加 300 μl 异丙醇，颠倒混合，室温下静置 10 min，沉淀 DNA。

8. 5000 r/min 离心 10 min，沉淀 DNA，加入 500 μl 70% 乙醇，5000 r/min 离心 10 min，弃乙醇，吸干。

9. 溶解于 20 μl TE 溶液。

10. 凝胶的制备

（1）配制 0.7% 胶　称取 0.21 g 琼脂糖，置锥形瓶中，加入 1×TAE 30 ml，盖上铝箔纸，放在微波炉中化胶，注意用中、低火（1~2 min），避免沸腾和溢出。

（2）轻轻旋转锥形瓶，使胶混匀，冷却，使胶的温度降至 50~60℃。

（3）正确安装制胶模及梳子。

（4）将琼脂糖溶液倒入胶模中，并防止梳子的齿下或齿间及凝胶中产生气泡。

（5）室温静置约 30 min，使胶能完全凝固。轻轻拔出梳子，将胶放入调好水平、装有适量缓冲液的电泳槽内，待用。

11. 电泳

（1）在透明胶带纸上分滴 6× 上样缓冲液 1 μl / 滴，然后与 5 μl DNA 液混匀，加入到样品孔上（用微量移液器的 tip 头插入 1 mm 深处，轻轻推进样品，可以看见样品下沉）。同时加入标准 DNA Marker。

（2）盖上电泳槽并通电 1~5 V/cm，使 DNA 向阳极移动。当指示剂泳动至胶的另一端时，停止电泳。

（3）切断电流，取出凝胶，将胶浸入 0.5 μg/ml EB 溶液中 10 min，取出后用水漂洗 2 min，在凝胶成像系统下成像拍照。

注意事项

1. DNA 提取过程是一个半无菌操作，应小心吸取各试剂，避免交叉污染。

2. 基因组的提取过程中，DNA 会发生机械断裂而产生大小不同的片段，应注意温和操作，以保证得到较长的 DNA。

3. 用电吹风吹干 DNA 时要小心，注意不要把 DNA 吹出离心管。

4. EB 有毒，勿将溶液滴洒在台面或地面上，切勿用裸露皮肤接触 EB 及含有 EB 的溶液和试剂。

实验报告

绘制提取的细菌基因组 DNA 电泳图或附上电泳照片。

思考题

1. 为什么用 70% 乙醇清洗 DNA？
2. DNA 分子大小与迁移率的关系如何？
3. 琼脂糖凝胶的浓度对 DNA 电泳有什么影响？

实验二　血清 IgG 的分离与鉴定

实验目的

1. 掌握血清 IgG 的粗提原理和方法。
2. 掌握 SDS-PAGE 电泳检测蛋白质的原理和方法。

实验原理

从血清纯化抗体的方法很多，本实验将采用辛酸沉淀非免疫球蛋白和硫酸铵沉淀免疫球蛋白两个步骤，从血清中纯化多克隆 IgG 抗体。辛酸为短链脂肪酸，在酸性条件下可沉淀腹水或血清中的非 Ig 蛋白；当加入 33%～45% 饱和硫酸铵时，IgG 可被沉淀。

SDS-PAGE 电泳是对蛋白质进行量化、比较及特性鉴定的一种经济、快速、而且可重复的方法。该法是依据混合蛋白质的分子量不同来对蛋白质进行分离的。

SDS 是一种去垢剂，可与蛋白质的疏水部分相结合，破坏其折叠结构。而强还原剂如巯基乙醇、二硫苏糖醇能使半胱氨酸残基间的二硫键断裂。在样品和凝胶中加入还原剂和 SDS 后，分子被解聚成多肽链，解聚后的氨基酸侧链和 SDS 结合成蛋白质-SDS 胶束，电荷因素可被忽略，蛋白亚基的迁移率取决于亚基分子量。

实验材料

1. 器材　离心机、烧杯、玻璃棒、量筒、磁力搅拌器、电泳仪、电泳槽、水平摇床、电炉、微量移液器、离心管、凝胶成像系统。
2. 试剂　正辛酸、硫酸铵、醋酸缓冲液、5× 样品缓冲液、凝胶贮液、Tris-HCl 缓冲液、TEMED、过硫酸铵、考马斯亮蓝。
3. 实验用品　动物血清、蛋白提取液。

实验方法

1. 准确量取动物血清 5 ml 于 500 ml 烧杯中，加入 60 mmol/L pH 5.0 醋酸缓冲液 10 ml，用 Tris-HCl 缓冲液调 pH 4.5。

2. 以每毫升稀释液加入 50μl 正辛酸的比例，在磁力搅拌条件下缓慢加入正辛酸，室温搅拌 30 min，4℃，5 000 r/min 离心 30 min，弃去沉淀。

3. 上清液 4℃ 预冷，以 1 ml 上清液加 0.227 g 硫酸铵的比例，缓慢加入硫酸铵粉末，边加边搅拌，室温下继续搅拌 30 min，5 000 r/min 离心 30 min。

4. 将沉淀溶于 20 ml 生理盐水中，透析过夜，离心去沉淀，上清液即为粗提 IgG。

5. 电泳检测

（1）装板　将密封用硅胶框放在平玻璃上，然后将凹形玻璃与平玻璃重叠，将两块玻璃立起来使底端接触桌面，用手将两块玻璃夹住放入电泳槽内，然后插入斜插板到适中程度，即可灌胶。

（2）凝胶的聚合　按表 3-5-1 中溶液的顺序及比例，配制 10% 分离胶和 5% 浓缩胶。

表 3-5-1　SDS-PAGE 成分配比表

成分	配制不同体积 SDS-PAGE 分离胶所需各成分的体积（ml）					
10% 胶	5	10	15	20	30	50
蒸馏水	1.3	2.7	4.0	5.3	8.0	13.3
30%Acr-Bis（29∶1）	1.7	3.3	5.0	6.7	10.0	16.7
1mol/L Tris-HCl（pH 8.8）	1.9	3.8	5.7	7.6	11.4	19.0
10%SDS	0.05	0.1	0.15	0.2	0.3	0.5
10% 过硫酸铵	0.05	0.1	0.15	0.2	0.3	0.5
成分	配制不同体积 SDS-PAGE 浓缩胶所需各成分的体积（ml）					
5% 胶	2	3	4	6	8	10
蒸馏水	1.4	2.1	2.7	4.1	5.5	6.8
30%Acr-Bis（29∶1）	0.33	0.5	0.67	1.0	1.3	1.7
1 mol/L Tris-HCl（pH 8.8）	0.25	0.38	0.5	0.75	1.0	1.25
10%SDS	0.02	0.03	0.04	0.06	0.08	0.1
10% 过硫酸铵	0.02	0.03	0.04	0.06	0.08	0.1
TEMED	0.002	0.003	0.004	0.006	0.008	0.01

按表 3-5-1 加入各试剂，混匀，配制成分离胶后，将凝胶液沿凝胶腔的长玻璃板的内面缓缓用滴管加入，要注意不要产生气泡，将胶液加到距短玻璃板上沿 2 cm 处为止，约 5 ml。然后用细滴管或注射器小心注入 0.5～1 ml 水。室温放置聚合 30～40 min。放置 4～5 min 后，2 000 r/min 离心 5 min。待分离胶聚合后，用滤纸条轻轻吸去分离胶表面的水分，按表 3-5-1 制备浓缩胶。用长滴管将浓缩胶小心加到分离胶的上面，插入样品模子（梳子），待浓缩胶聚合后，小心拔出样品模子。

（3）蛋白质样品的处理　若标准蛋白质或欲分离的蛋白质样品是固体，称取 1 mg 样品溶解于 1 ml 0.5 mol/L pH 6.8 Tris-HCl 缓冲液或蒸馏水中；若样品是液体，要测定蛋白质浓度，按 1.0～1.5 mg/ml 溶液比例，取蛋白质样品液与样品处理液等体积混匀。本实验所用样品为 15～20 μg 的标准蛋白样品溶液，放置在 0.5 ml 离心管中，加入 15～20 μl 样品处理液。在

100℃水浴中处理 2 min，冷却至室温后备用。吸取未知分子量的蛋白质样品 20 μl，按照标准蛋白样品的处理方法进行处理。

（4）SDS-PAGE 垂直板型电泳的加样方法　用手夹住两块玻璃板，上提斜插板使其松开，然后取下玻璃胶室，去掉密封用硅胶框。注意在上述过程中手要始终给玻璃胶室一个夹紧力，再将玻璃胶室凹面朝里置入电泳槽，插入斜板，将缓冲液加至内槽玻璃凹面以上，外槽缓冲液加到距平板玻璃上沿 3 mm 处即可，注意避免在电泳槽内出现气泡。

加样时可用加样器斜靠在提手边缘的凹槽内，以准确定位加样位置，或用微量注射器依次在各样品槽内加样，各加 10~15 μl（含蛋白质 10~15 μg），稀溶液可加 20~30 μl（要根据胶的厚度灵活掌握）。

（5）电泳加样完毕，盖好上盖，连接电泳仪，打开电泳仪开关后，样品进胶前电流控制在 15~20 mA，15~20 min；样品中的溴酚蓝指示剂到达分离胶之后，电流升到 30~45 mA，电泳过程保持电流稳定。当溴酚蓝指示剂迁移到距前沿 1~2 cm 处即停止电泳，1~2 h。如室温高，可打开电泳槽循环水，降低电泳温度。

（6）染色、脱色　电泳结束后，关电源，取出玻璃板，在长、短两块玻璃板下角空隙内，用刀轻轻撬动，即将胶面与一块玻璃板分开，然后轻轻将胶片托起，指示剂区带中心插入铜丝作为标志，放入大培养皿中染色，使用 0.25% 考马斯亮蓝染液，染色 2~4 h，必要时可过夜。

弃去染色液，用蒸馏水漂洗胶面几次，然后加入脱色液，进行扩散脱色，经常换脱色液，直至蛋白质带清晰为止。

注意事项

1. 丙烯酰胺和甲叉双丙烯酰胺是神经性毒剂，过硫酸铵为有毒成分，并对皮肤有刺激作用，注意避免直接接触（漏胶时不要用手接触）。大量操作时应在通风橱中进行。
2. 丙烯酰胺和甲叉双丙烯酰胺溶液应装在棕色瓶中，置冰箱内（4℃）保存，可贮存 1~2 个月。通过测定 pH 值（4.9~5.2）可检查其是否失效。失效液不能聚合。
3. TEMED 要密封保存，过硫酸铵溶液最好当天配制，以防止氧化失效。
4. 配胶取样要准确，最后加过硫酸铵，加完后轻轻混合（关键）。
5. 配好胶后应尽快灌胶（不要形成气泡），应于 5 min 内完成装柱，清洗仪器。
6. 切记装柱后立即用蒸馏水封闭；灌胶和电泳时要注意排除气泡。
7. 加样时注意不能损伤已聚合的凝胶表面。
8. 电泳时凝胶管不能漏水，并且要使其与电泳槽垂直。将凝胶和滤纸放入垃圾桶中，勿直接倒入水池。
9. 电泳时间不能过久，待第一条色带到达玻璃管下端约 2 cm 时停止电泳，否则色带会变宽。

实验报告

绘制提取的蛋白质电泳图或附上电泳照片。

思 考 题

1. 常用的分离、纯化免疫球蛋白的方法有哪几种?
2. 五类免疫球蛋白分离纯化的方法相同吗?
3. 过硫酸铵和考马斯亮蓝在实验中有什么作用?

(陈珂珂 赵 娟)

第六章 遗 传 学

实验一　动、植物细胞减数分裂玻片标本制作及观察

实验目的

1. 掌握动、植物细胞减数分裂染色体标本的制作方法。
2. 了解动、植物小孢子母细胞减数分裂的过程及减数分裂中染色体的动态变化。

实验原理

减数分裂是动、植物进行有性生殖时，性母细胞成熟、形成配子的过程中出现的特殊分裂方式。在减数分裂过程中染色体复制一次，细胞连续分裂两次，最终形成染色体数目仅为性母细胞一半的配子。

在减数分裂过程中，由于染色体在分裂的不同时期的凝缩程度、排列分配方式等染色体行为不同，因此在不同时期可在显微镜下观察到不同的染色体形态即分裂象，并可作为对应时期的识别特征。

（一）间期 I

此时染色体还未凝缩到光学显微镜下可见的程度，在显微镜下，看不到细胞核中的丝状结构。

（二）减数分裂 I

1. 前期分裂 I

（1）细线期　染色质凝缩成可见的细线。此时观察玉米细胞核可见染色较深的染色粒，这是玉米染色体比较特殊的结构（图 3-6-1）。而蝗虫染色体中有染色较深的色块，这是 X 染色体形成的（图 3-6-2）。

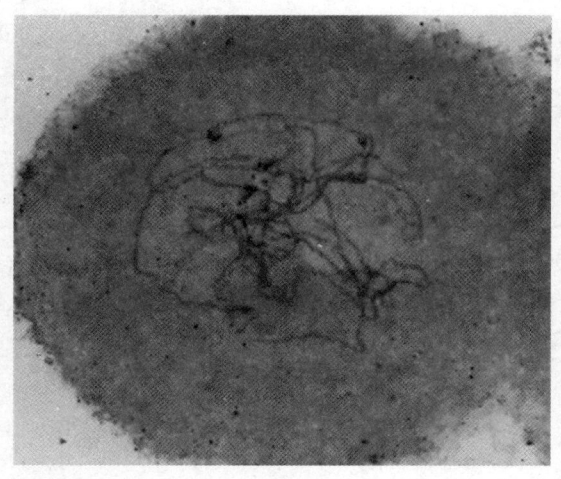

图 3-6-1 玉米花粉母细胞减数分裂 I 细线期

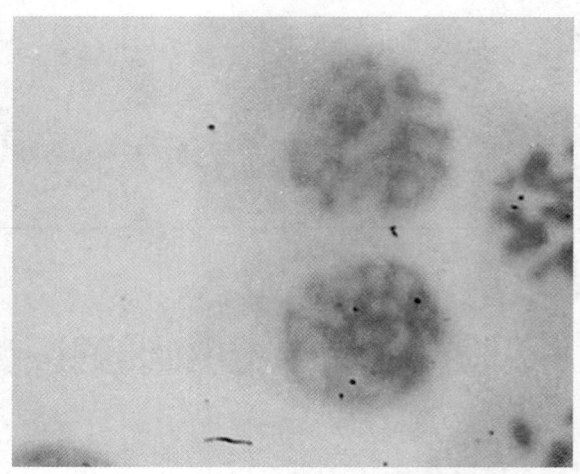

图 3-6-2 蝗虫精母细胞减数分裂 I 细线期

（2）偶线期 同源染色体配对，形成联会复合体。此时联会的染色体要比细线期粗一些，但染色体中每一个成员并不能分清楚（图 3-6-3、图 3-6-4）。

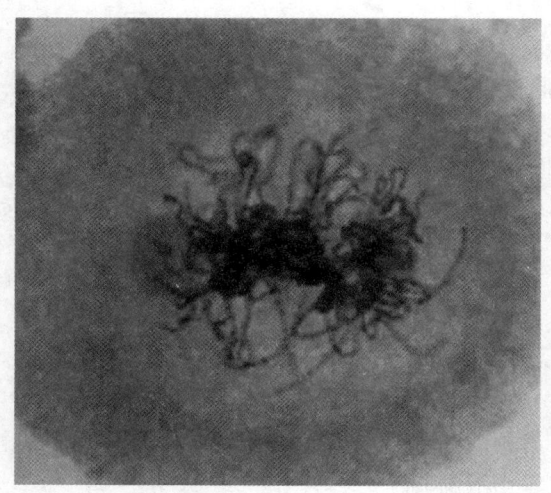

图 3-6-3 玉米花粉母细胞减数分裂 I 偶线期

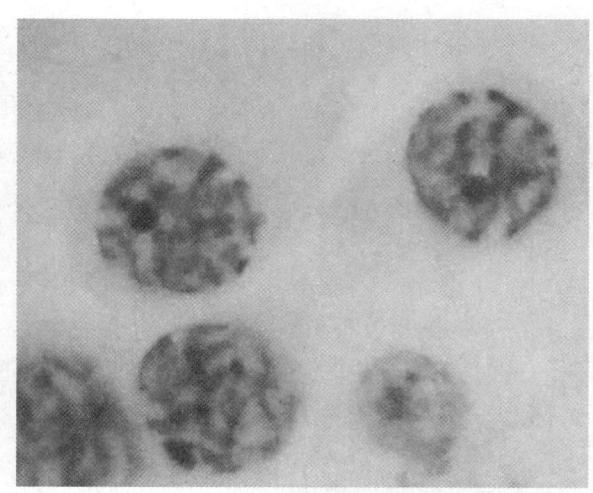

图 3-6-4 蝗虫精母细胞减数分裂 I 偶线期

（3）粗线期 这个时期联会基本完成，与偶线期相比，此时的染色体粗且短，所以每条染色体（实际上包含 4 条染色单体）能够数清（图 3-6-5、图 3-6-6）。

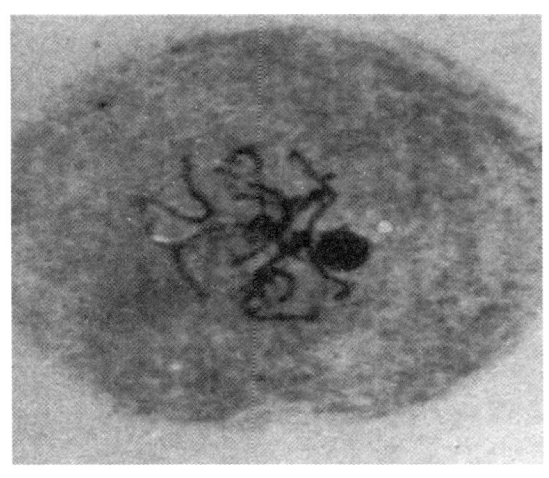

图 3-6-5　玉米花粉母细胞减数分裂 I 粗线期

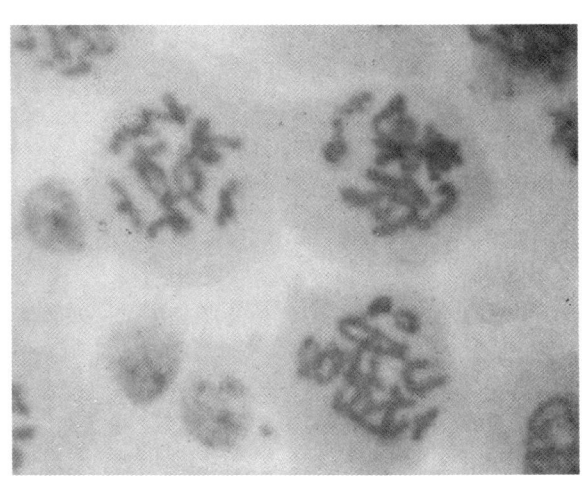

图 3-6-6　蝗虫精母细胞减数分裂 I 粗线期

（4）双线期　联会复合体分开，同源染色体相互排斥，染色体出现大大小小的交叉（图 3-6-7、图 3-6-8）。

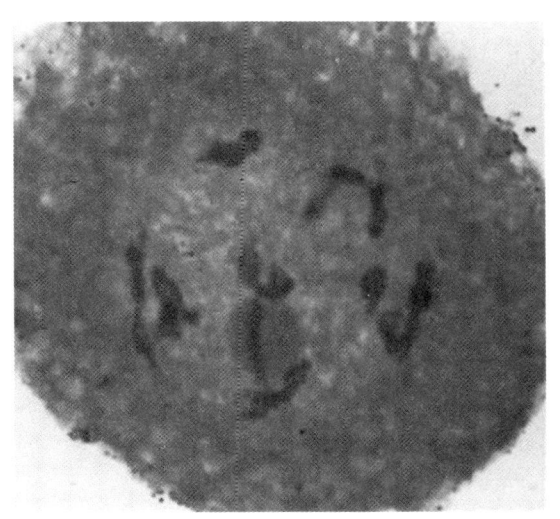

图 3-6-7　玉米花粉母细胞减数分裂 I 双线期

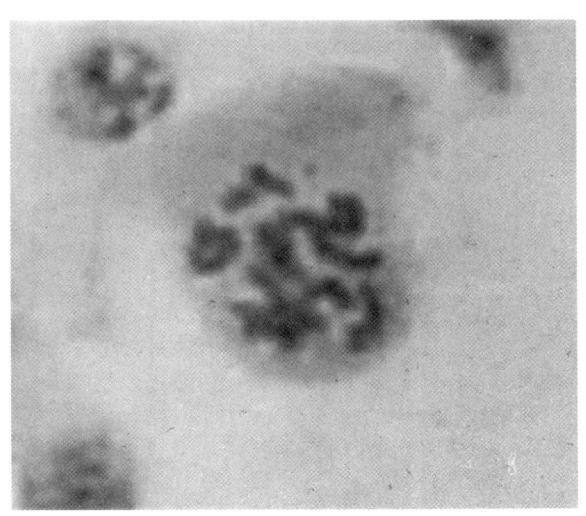

图 3-6-8　蝗虫精母细胞减数分裂 I 双线期

（5）终变期　染色体继续变粗、变短（图 3-6-9、图 3-6-10）。

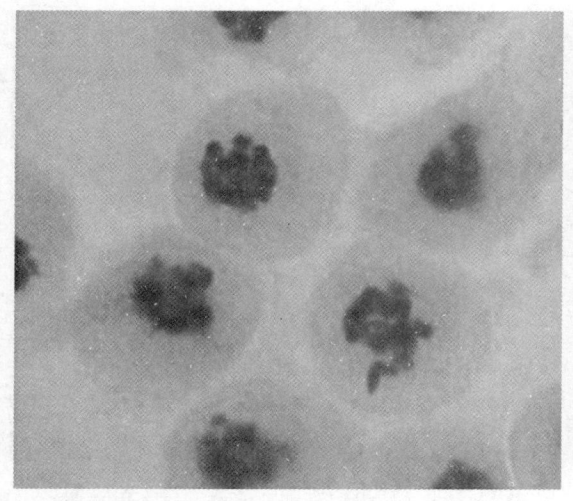

图 3-6-9　玉米花粉母细胞减数分裂 I 终变期

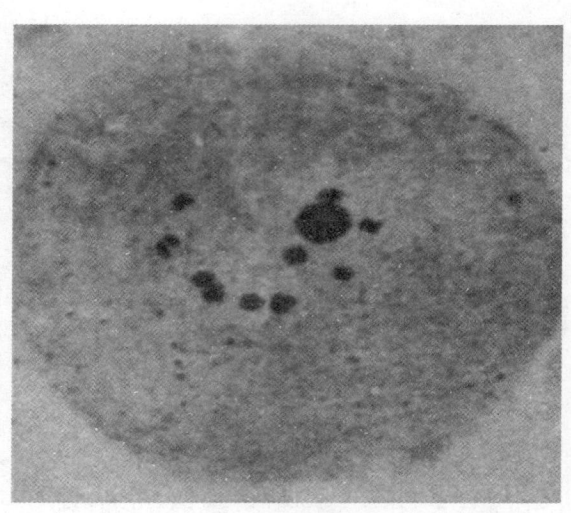

图 3-6-10　蝗虫精母细胞减数分裂 I 终变期

2. 中期 I　同源染色体排列于赤道板上，而此时染色体凝缩至最短（图 3-6-11、图 3-6-12）。

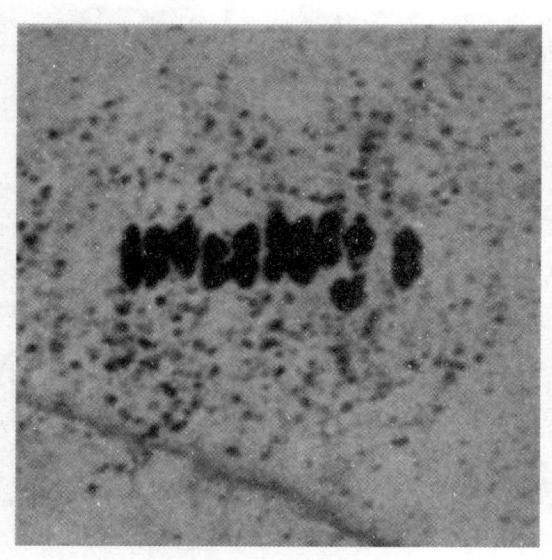

图 3-6-11　玉米花粉母细胞减数分裂 I 中期

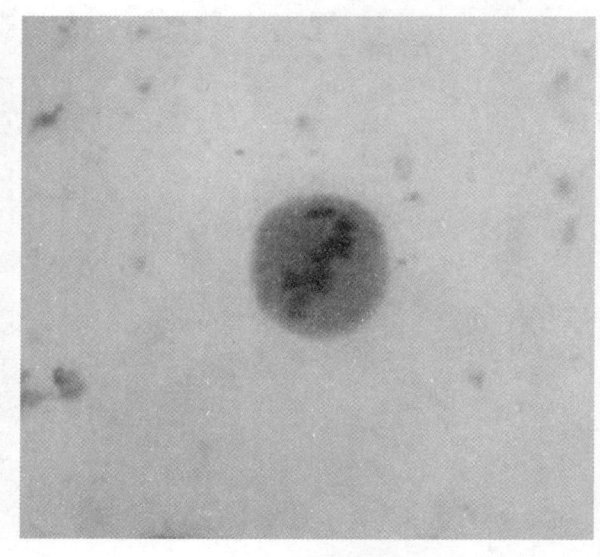

图 3-6-12　蝗虫精母细胞减数分裂 I 中期

3. 后期 I　同源染色体分别向细胞两极移动（图 3-6-13）。
4. 末期 I　染色体解螺旋，细胞分为两个子细胞，实现染色体减数（图 3-6-14）。

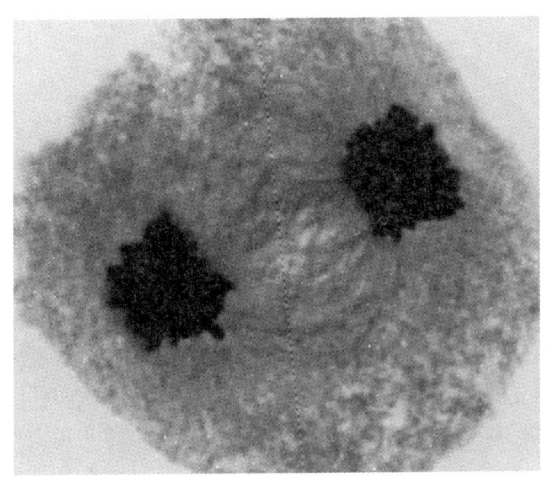 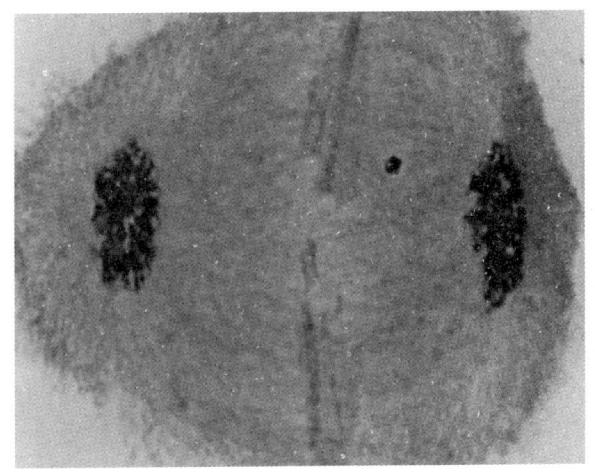

图 3-6-13　玉米花粉母细胞减数分裂 I 后期　　　图 3-6-14　玉米花粉母细胞减数分裂 I 末期

（三）减数分裂 II

1. 前期 II　与末期 I 相似。
2. 中期 II　染色体排列于赤道板上。
3. 后期 II　姐妹染色单体分离，分别移向细胞两极。
4. 末期 II　染色体解螺旋，细胞分为两个子细胞（图 3-6-15），之后形成成熟的生殖细胞，如精子（图 3-6-16）。

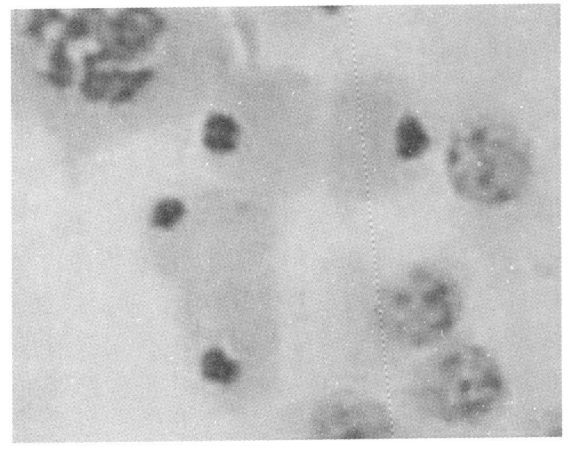 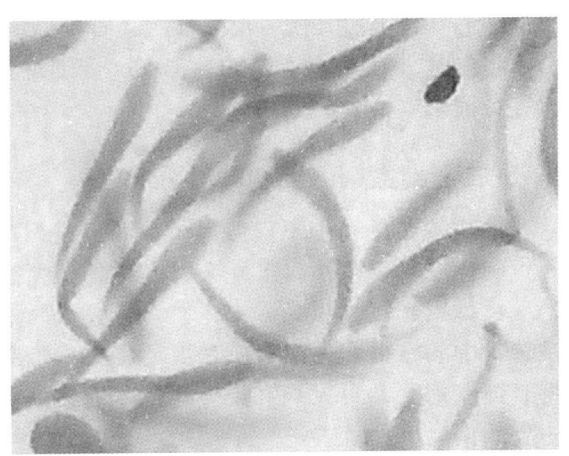

图 3-6-15　蝗虫精母细胞减数分裂 II 末期　　　图 3-6-16　蝗虫精子（柳叶状）

实验材料

1. 器材　光学显微镜、眼科镊、解剖针（玉米：1 根弯头解剖针；蝗虫：2 根普通解剖针）、载玻片、盖玻片、滤纸片、酒精灯、镜头纸。

2. 试剂　卡诺固定液、醋酸洋葱红、香柏油。

3. 标本　固定的玉米雄花序或蝗虫精巢。

实验方法

（一）玉米花粉母细胞减数分裂观察

1. 取材　取材是观察花粉母细胞减数分裂的关键性步骤。不同的植物，取材时期不同。玉米在最后一片叶刚长出叶尖的1周内，花粉母细胞进入减数分裂期。选取植物顶端部松软的地方就是雄花花序的位置。一般选在上午的7~8时开始进行取材。用刀片将此处叶鞘纵向划一刀，即可暴露雄花花序检查。选取长度合适的花序，一般为5~8cm，如长度过长，可能已经过了减数分裂时期；如长度过短，大多数还处于间期。花药长度为2~3mm。每个小穗内包含两朵小花，每朵具有3个花药，第一朵小花要比第二朵小花分裂时间晚，但同一朵小花的三个花药几乎处于同一分裂时期。一般取长的花药制片。

2. 固定　用新鲜配制的卡诺固定液在室温下固定24h，固定液量为原材料的5倍。固定好的花序可立即用于制片。但如需长时间保存，可先用95%乙醇冲洗，浸泡30min，再用80%乙醇冲洗，浸泡30min，然后转入70%乙醇中保存。固定的目的是迅速杀死活细胞，同时使染色体的蛋白质变性，保持其固有的形态。

3. 制片和镜检　从固定的花序中取1~2个小穗，用滤纸轻轻吸干液体。用眼科镊夹出花药，摆在载玻片上，加1滴醋酸洋葱红染液浸没花药，用弯头解剖针截断花药，挤出小孢子母细胞，静置20min，期间不能让染液干涸，随时滴加染液，之后放在低倍镜下观察。初步镜检合格后，用镊子尽可能将载玻片上花药壁残片去除。加上盖玻片，将多余的染液用滤纸吸干净，轻轻压片（注意不要移动盖玻片）。如染色不理想，则可以两指夹持载玻片两边，小心地在酒精灯上过几次，反复几次，直到染色体染色合适为止。

将制片放在油镜（1000×）下，仔细观察不同时期染色体联会、分离的状况以及核仁有无等特征。

（二）蝗虫精母细胞减数分裂观察

动物的卵母细胞不仅数量少，而且进行减数分裂时会在第一次减数分裂前期停留很长时间直到性成熟。另外，卵黄等物质也影响制片质量，所以选择动物的精母细胞观察更方便。

1. 取材　以蝗虫为标本，取材一般为每年7~11月，此时为蝗虫繁殖的季节，捕捉蝗虫，挑选其中的雄虫。去掉第一对步足及翅，在翅基部的后方（相当于腹部背侧前端），用解剖剪将其体壁剪开，可见到在上方两侧各有一块黄色的团块，便是蝗虫精巢。精巢由许多排列在一起的精巢小管组成。

2. 固定　将剔去脂肪的精巢投入新配制的卡诺固定液中，在室温下固定2~6h，至精巢发白。转入70%乙醇，存入4℃冰箱中备用。

3. 制片及镜检　在载玻片上滴1滴醋酸洋葱红染液，挑取3~4条曲细精管置于其中，染色10~15min，压片，用手指压住一角，在旁边敲击盖玻片一段时间，最后用手指按压，保证所有的细胞位于同一平面内，然后放在显微镜下观察。

实验报告

1. 制作质量较好的临时装片 2~3 个。
2. 绘制自己所制作装片的分裂象（3 个以上时期），说明其时期和特点。

思 考 题

1. 简述减数分裂的特点。
2. 在制作花粉母细胞减数分裂装片时如何选取适合的细胞进行观察？

实验二　果蝇唾液腺染色体的制备和观察

实验目的

1. 掌握唾液腺染色体标本的制作方法。
2. 熟悉果蝇唾液腺染色体的形态特征。
3. 了解果蝇唾液腺染色体在遗传学研究中的意义。

实验原理

双翅目昆虫（摇蚊、果蝇等）在幼虫期的唾液腺细胞很大，其中的染色体称为唾液腺染色体（图 3-6-17）。唾液腺染色体处于体细胞染色体联会配对状态，并且唾液腺染色体经过多次复制而并不分开，每条染色体有 1000~4000 根染色体丝的拷贝，所以又称多线染色体。多线染色体经染色后，会出现深浅不同、密疏个别的横纹，这些横纹的数目和位置往往是恒定的，代表果蝇等昆虫的种的特征；如染色体存在缺失、重复、倒位、易位等情况，也很容易在唾液腺染色体上识别出来。唾液腺染色体广泛应用于细胞遗传学、发生遗传学、进化遗传学及分子遗传学的研究中。

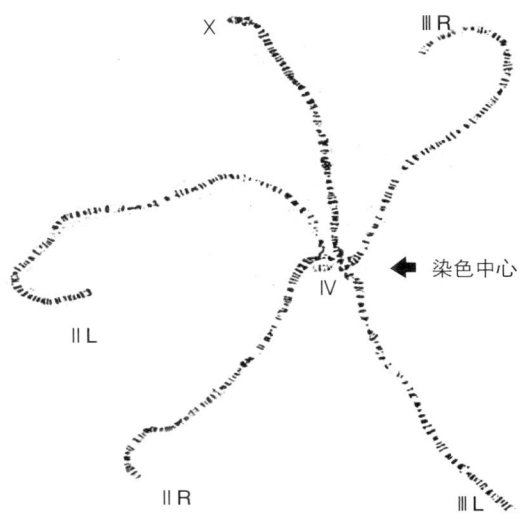

图 3-6-17　果蝇唾液腺染色体模式图

实验材料

1. 器材　光学显微镜、眼科镊、解剖针 2 根、载玻片、盖玻片、吸水纸、酒精灯、镜头纸。
2. 试剂　改良卡宝品红、1 mol/L HCl、0.7% NaCl、香柏油。
3. 标本　果蝇三龄幼虫。

实验方法

（一）培养果蝇 3 龄幼虫

将果蝇放在营养丰富的培养基中，15～18℃下饲养，当幼虫爬上瓶壁准备化蛹前，即为 3 龄幼虫，此时虫体肥大，便于解剖，唾液腺较大，是制备唾液腺染色体的最理想时期。

（二）剥取唾液腺

挑选生长肥大的 3 龄果蝇幼虫放入表面皿中，用 0.7% NaCl 尽量洗去幼虫体表所沾附的培养基，然后将幼虫置载玻片上（图 3-6-18），滴 1～2 滴 0.7% NaCl，找到具有口器的头部（有一小黑点），一手用解剖针刺入（或压住）头部，将虫固定，一手用镊子夹紧幼虫下半部（尾端 1/3 处），轻轻向两端拉开，唾液腺随头部拉出（唾液腺是一对透明的棒状腺体，外有不透明的白色脂肪组织），去除幼虫其他组织部分，并将唾液腺周围的白色脂肪剥离干净。

在低倍显微镜下，调节好光亮度观察，可见一对半透明、隐约可见细胞边界的囊状物，即唾液腺。移去虫体其余部分，用解剖针剔除附在唾液腺一侧的深色泡沫状的脂肪体（图 3-6-19），以保证制片质量。

图 3-6-18　果蝇 3 龄幼虫照片

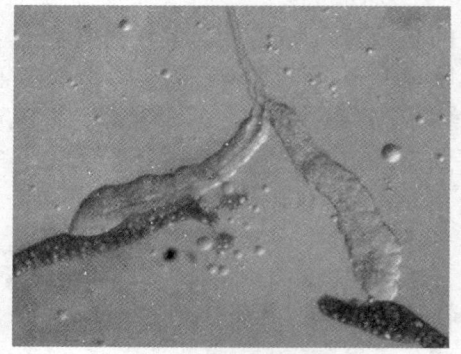

图 3-6-19　剥取的果蝇幼虫唾液腺

若载玻片上杂质较多，可用 0.7% NaCl 适当冲洗，用吸水纸吸去多余的 0.7% NaCl。注意：在整个剥离过程中，不能让载玻片上的 0.7% NaCl 干涸，否则唾液腺收缩而不易剥离；冲洗残渣和吸去多余水液时，要避免唾液腺被吸水纸吸走。

(三)解离

将剥离好的唾液腺移到载玻片中央,加1滴1 mol/L HCl 于腺体上,解离2~3 min,使组织疏松,以便压片时细胞分散,染色体展开。

(四)染色

用吸水纸吸去HCl,加1滴蒸馏水轻轻冲洗后,小心吸干。加1~2滴改良卡宝品红,染色20 min(注意:一定要将HCl冲洗干净)。也可以不用HCl解离,直接用改良卡宝品红染色20 min。

(五)压片

染色完成后,盖上干净的盖玻片,并覆一层滤纸。将装片放在实验台上,用拇指均匀用力压片(注意:压片时适当多加少许染液有利于染色体臂的伸展,但要防止染液过多而造成材料随染液而溢出。)

(六)镜检

在低倍镜选择唾液腺细胞多且染色体分散好的视野,换高倍镜(1000×)仔细观察唾液腺染色体的染色中心、染色体臂和横纹以及可能有的疏松区、裴氏环或因易位而形成的十字形图像和因倒位而形成的倒位环等各种结构(图3-6-20)。

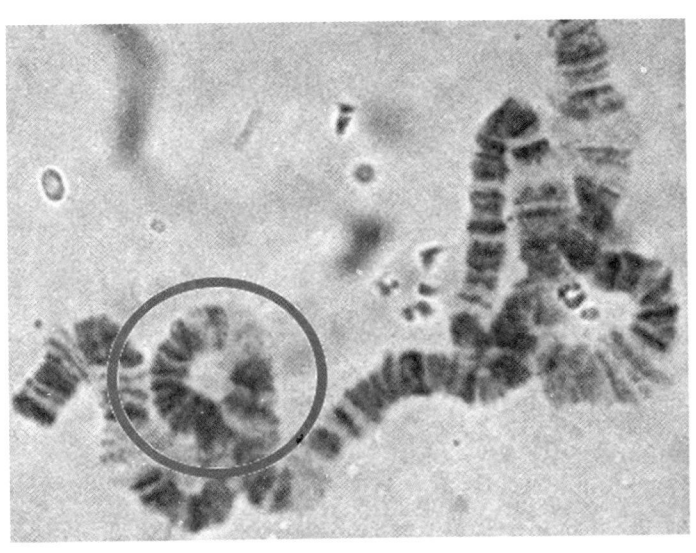

图3-6-20 果蝇唾液腺染色体倒位环

附:参考结果

显微镜下观察到的果蝇唾液腺染色体见图3-6-21和图3-6-22。

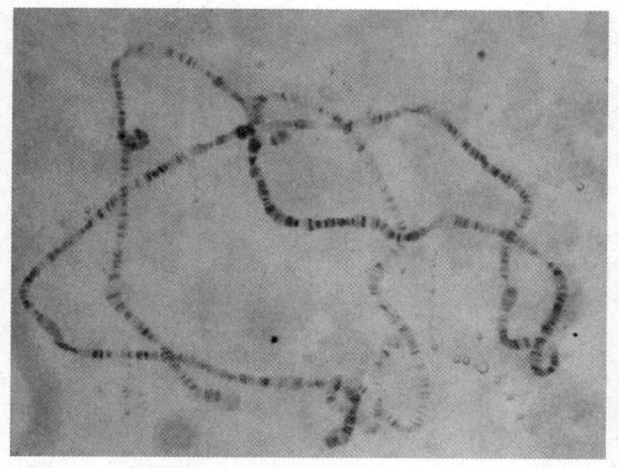
图 3-6-21　果蝇唾腺染色体（10×40）

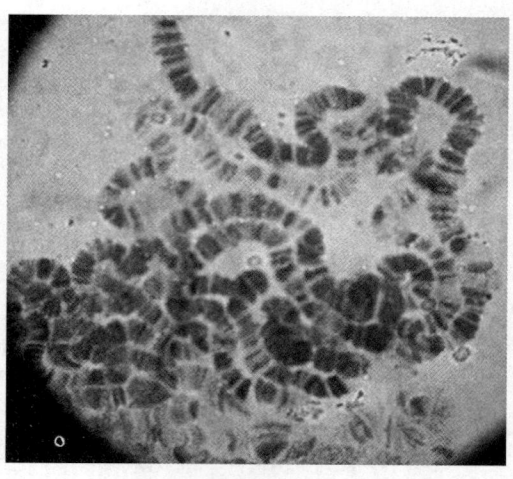
图 3-6-22　果蝇唾液腺染色体（10×100，油镜）

实验报告

绘制你所观察到的果蝇唾液腺染色体略图，并仔细描绘各染色体臂末端 5~10 条横纹。

思考题

1. 果蝇唾液腺染色体有哪些特点？
2. 果蝇被认为是使用较多的模式动物之一，观察其唾液腺染色体有利于哪些方面的研究？

实验三　人类 X 染色质的检测

实验目的

1. 熟悉人类 X 染色质（巴氏小体）的形态特征。
2. 掌握 X 染色质的检测方法。

实验原理

（一）X 染色质的发现

1949 年，加拿大学者 Barr 等人首次在雌猫的神经元细胞核中发现一种染色较深的浓缩小体，而在雄猫中则没有这种结构。进一步研究发现，除猫外，其他雌性哺乳动物（包括人类）也同样有这种显示性别差异的结构，而且不仅在神经元细胞，在其他细胞的间期核中也可以见到这一结构，称之为 X 染色质（也称为巴氏小体、X 小体）。

正常女性的间期细胞核中紧贴核膜内缘有一个染色较深，大小约为 1μm 的三角形或椭圆形小体，即 X 染色质。间期核内 X 染色质的数目总是比 X 染色体的数目少 1。正常女性有 2 条 X 染色体，因此只有 1 个 X 染色质；若有 3 条 X 染色体，就会有 2 个 X 染色质；正常男性只有 1 条 X 染色体，所以没有 X 染色质。

（二）Lyon 假说

为什么正常男、女性之间的 X 染色质存在差异？女性 2 个 X 染色体上的每个基因座的 2 个等位基因所形成的产物，为什么不比只有 1 个 X 染色体半合子男性的相应基因产物多？为什么某一 X 连锁突变基因纯合子女性的病情并不比半合子的男性严重？1961 年，Mary Lyon 提出了 X 染色体失活的假说，即 Lyon 假说，对这些问题进行了解释。

Lyon 假说的要点如下：

1. 雌性哺乳动物体细胞内仅有 1 条 X 染色体是有活性的，另一条 X 染色体在遗传上是失活的，在间期细胞核中螺旋化而呈异固缩为 X 染色质。

2. X 染色体的失活是随机的。异固缩的 X 染色体可以来自父方或来自母方。但是，一旦某一特定的细胞内的一个 X 染色体失活，那么由此细胞分裂所产生的所有子代细胞也总是这一个 X 染色体失活，即原来是父源的 X 染色体失活，则其子代细胞中失活的 X 染色体也是父源的。因此，X 染色体失活是随机的，但却是恒定的。

3. X 染色体失活发生在胚胎早期，大约在妊娠的第 16 天。在此以前的所有细胞中的所有 X 染色体都是有活性的。

（三）剂量补偿

细胞内的 X 染色体数目超过 2 条时，仍只有一条保持活性，其余的都形成异固缩的 X 染色质。正常男性只有 1 条 X 染色体，所以异固缩的 X 染色质的数目为 0。45，XO 性腺发育不全的患者虽然是女性，但是因为只有 1 条 X 染色体，所以细胞内无 X 染色质。一个细胞中所含的 X 染色质的数目等于 X 染色体数目减 1。

剂量补偿：由于雌性细胞中的 2 个 X 染色体中的一个发生异固缩（也称为 Lyon 化现象），失去活性，这样保证了雌雄两性细胞中都只有 1 条 X 染色体保持转录活性，使两性 X 连锁基因产物的量保持在相同水平上，这种效应称为 X 染色体的剂量补偿。

需要指出的是，失活的 X 染色体上的基因并非都失去了活性，有一部分基因仍保持一定活性，因此 X 染色体数目异常的个体在表型上有别于正常个体，出现多种异常的临床表征。如 47，XXY 的个体不同于 46，XY 的个体；47，XXX 的个体不同于 46，XX 的个体，而且 X 染色体越多时，表型的异常越严重。

实验材料

1. 器材　光学显微镜、酒精棉球、载玻片、盖玻片、滤纸片。
2. 试剂　60% 冰醋酸、45% 冰醋酸、改良卡宝品红。
3. 标本　口腔颊部黏膜上皮细胞、带毛囊头发。

实验方法

（一）口腔颊部黏膜上皮细胞 X 染色质观察

1. 用灭菌玻璃片刮取口腔颊部黏膜上皮细胞。
2. 涂片（两片 45°角）。
3. 60% 冰醋酸固定 5 min 之后吸去冰醋酸，用改良卡宝品红染色 1~2 min。
4. 压片，并放置在显微镜下观察（图 3-6-23、图 3-6-24）。

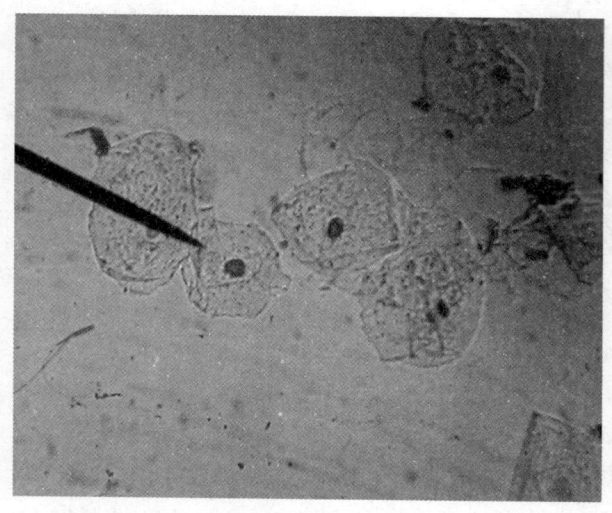
图 3-6-23　人口腔颊部黏膜上皮细胞（10×10）

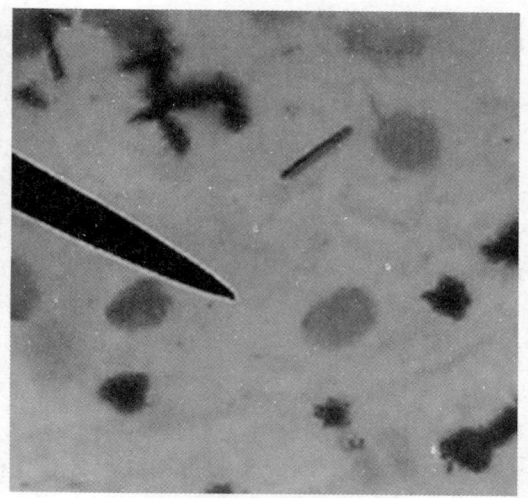
图 3-6-24　人口腔颊部黏膜上皮细胞（女性，10×40）

（二）毛囊细胞 X 染色质观察

1. 拔取带毛囊头发一段。
2. 45% 冰醋酸解离 5 min。
3. 用尖头镊剥取毛囊并用改良卡宝品红染色 2~3 min。
4. 压片，放置显微镜下观察。

在女性间期细胞核内侧靠近核膜处有约 1 μm 大小的折光极强的颗粒状亮点，即为 X 染色质。材料不同，观察结果可能有所不同，且必须和核仁区别开来（核仁往往离核膜较远或接近核中央部位）。

正常女性口腔黏膜上皮细胞中的 30%~50% 有一个 X 染色质，男性则低于 1%~2%。

注意事项

1. 刮取口腔上皮前要漱口；刮取时用灭菌玻璃片的宽边，勿用一角，以免划破口腔；第一次刮取的脱落细胞用酒精棉球擦去，在原位重复刮取一次，用于制片。

2. 涂片略晾干，再加改良卡宝品红染液。
3. 染色时间不要太长，否则核质着色深，X 染色质不易区分。
4. 毛囊细胞要充分解离，压片前可先用解剖针敲片，使细胞解离。
5. 列入计数细胞的标准　核质染色呈网状或颗粒状；核膜清晰，无缺损；染色适度，周围无杂质。

实验报告

绘制所观察到的含有 X 染色质的细胞图。（可画多个细胞，也可以只画一个细胞。）

思 考 题

1. 剂量补偿效应是指什么？
2. X 染色质的检测主要应用于哪些方面？请查阅资料回答。

实验四　人类指纹花样的遗传分析

实验目的

1. 熟悉人类指纹花样的类型及遗传特点。
2. 掌握指纹分析方法。

实验原理

在人类的手指、掌面、足趾、足掌等的皮肤表面，分布着许多细纹。这些细纹可分为两种：凸起的嵴纹及两条嵴纹之间凹陷的沟纹。由不同的嵴纹和沟纹形成了各种皮肤纹理,总称皮纹。皮纹具有一定的特征，可以分类识别。在手指端部的皮肤纹理称为指纹，每个人都有一套特定的指纹，且这套指纹的纹理终生不变。因而早在 1890 年 Galton 就提出用指纹做为识别一个人的标志。至今人们还在利用指纹确认嫌疑犯、死者、失踪的儿童或进出某些重要部门的成员等。

指纹有三种基本类型：弓形纹、箕形纹和涡形文（又称螺纹或斗形纹）。在后两种指纹中有三组纹线经过的三叉点（图 3-6-27、图 3-6-28 黑圈处），计算三叉点与指纹中心连线上的纹嵴数，即得一个手指的纹嵴数，将 10 个手指的纹嵴数相加得总指嵴数。有人研究了亲属间总指嵴数的相关性，发现同卵双生子与异卵双生子间的相关系数分别为 0.95 ± 0.07（理论相关 1.00）、0.49 ± 0.08（0.50）（这个结果也为鉴定双生儿究竟是同卵还是异卵提供了一种方法），而父母与子女间的相关性为 0.48 ± 0.03（0.50）。这个结果说明，总指嵴数是一种遗传性状，且遗传基因是加性的。目前认为这个性状是多基因控制的数量性状，但究竟由哪些基因控制、其遗传方式是什么至今尚不清楚。

据研究，指纹在胚胎发育第 13 周开始形成，在第 19 周完成。如果有某种遗传或生理因素造成嵴纹发育不良，就能在指纹上反映出来。许多研究证实了这个推论，如 Down 综合征患者的 10 个手指都是正箕纹的比例增加，示指和小指上出现反箕的比例较正常人高；Klinefelter 综合征患者的弓形纹较正常人多，从而使总指嵴数降低。因而指纹又可做为诊断某些先天畸形的一种辅助工具。

除指纹外，掌、趾、足等处的皮纹也用于遗传分析或临床诊断。

（一）指纹的类型

人类的指纹主要有三种类型。

1. 弓形纹　由几种平行的弧形嵴纹构成，纹线由指的一侧延伸到另一侧，中间隆起呈弓形。弓形纹又可分为两种：一种是中央隆起很高，形成帐篷状，称帐形弓（图 3-6-25）；另一种是中间隆起较平缓的，则称弧形弓（图 3-6-26）。

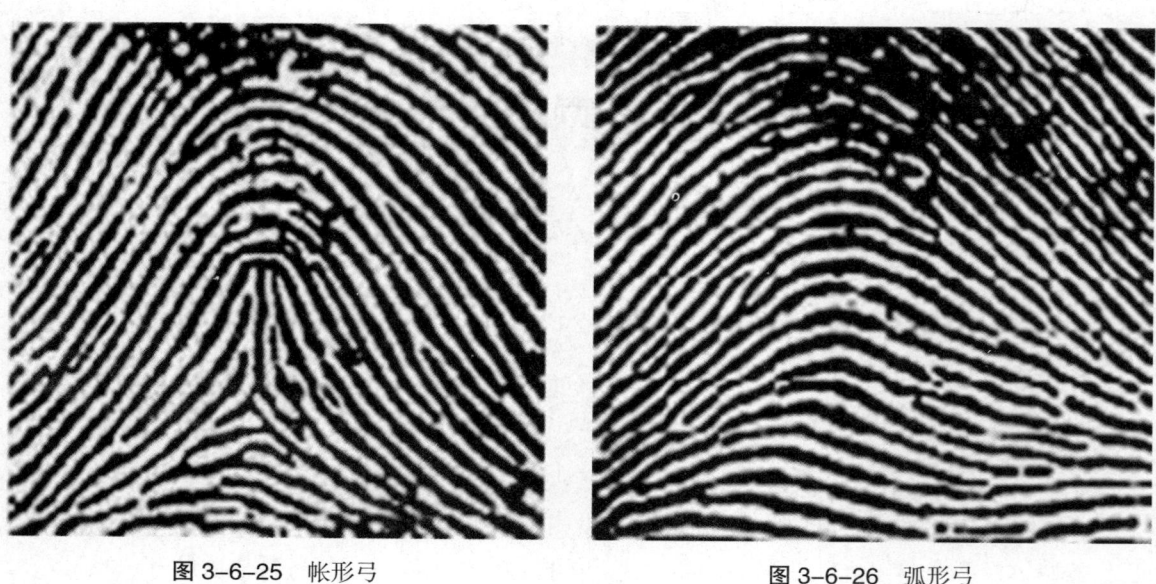

图 3-6-25　帐形弓　　　　　　　　图 3-6-26　弧形弓

2. 箕形纹　几种嵴纹从手指一侧发出后向指尖方向弯曲，再折回发出的一侧，形成一组簇箕状的纹线。箕口的开口方向有两种：一种朝着本手尺骨一侧（即小指方向），这种箕形纹称尺箕或正箕（图 3-6-27）；而开口朝着桡骨一侧（即拇指方向）的称桡箕或反箕（图 3-6-28）。

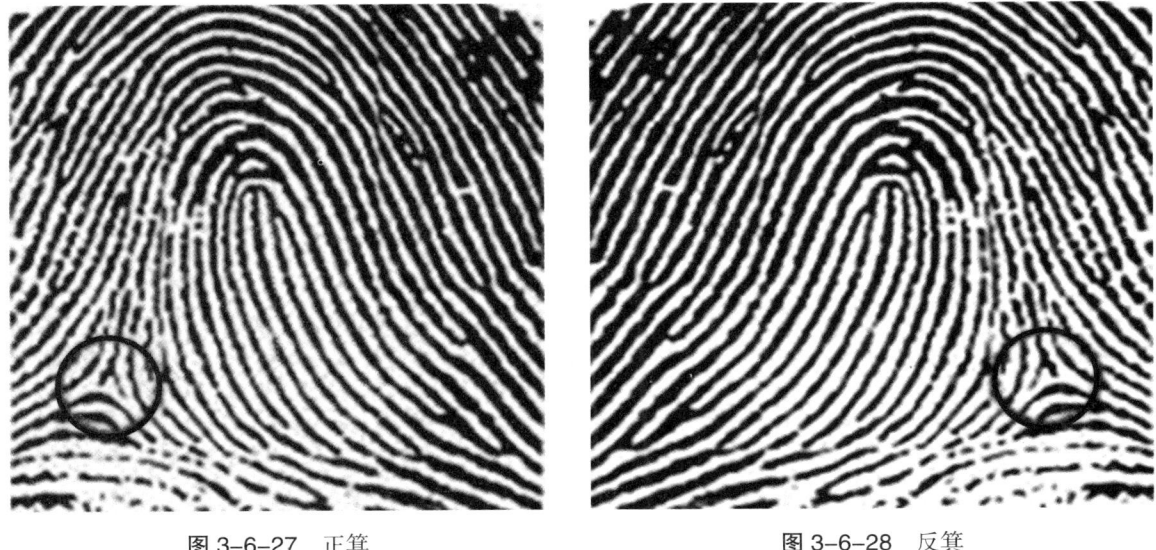

图 3-6-27　正箕　　　　　　　　　　　　　图 3-6-28　反箕

3. 斗形纹　又称螺纹或涡形纹，有几条环形或螺线形的嵴纹绕着一个中心点组成。根据构成斗形纹的嵴纹的形态，又可将斗形纹分成环形斗（图 3-6-29）、螺形斗、囊形斗（图 3-6-30）、双箕斗（图 3-6-31）等类型。环形斗由几条呈同心圆环状的嵴纹组成；螺形斗则由螺线形嵴纹组成。如果在斗形纹的中心，有一条闭合的曲线形嵴纹与其内部的几条弧形线共同组成一个囊状结构，则此斗形纹为囊形斗。

图 3-6-29　环形斗　　　　　　　　　　　　图 3-6-30　囊形斗

除了这三种基本类型的指纹外，还有其他类型。它们有的由这三种指纹混合而成（如箕、斗混合，箕、箕并列等），有的形状奇特，无法归类。在总指嵴数的计数中，无法归类的不做统计。

（二）总指嵴数统计

皮纹中凡有 3 组不同走向的嵴纹汇聚的区域称为三叉点。用铅笔从指纹中心点到距中心最远的 1 个三叉点之间划一条连线，连线所经过的纹嵴数目（连线起、止点处的嵴线数不计算在内）称纹嵴数。弓形纹没有圆心和三叉点，纹嵴数为零。斗形纹有两个甚至更多的三叉点，则取数值较大的一个做为其纹嵴数。双箕斗嵴

图 3-6-31　双箕斗

线计数时，分别将两个圆心与各自的轴作连线，计算出两条连线的嵴线数。两条嵴线数之和除以 2，其得数为该指纹的嵴线数。将 10 个手指的嵴纹数相加，总和称为总指嵴数。

不同的种族、性别间总指嵴数存在差异。欧洲人男性平均约为 145，女性约为 127。有研究表明，中国人的总指嵴数比欧美人高，男性约为 162.7，女性约为 153.1。另外，指纹类型的分布也存在民族、种族的差异。统计表明，中国人弓、箕、斗三种纹出现的比例分别为 2.5%、47.5%、50%。

实验材料

器材：2B 以上的软性铅笔、白纸（一小片即可）、透明胶带（胶带的宽度应与第 1 指节长度相当，不宜太窄）、放大镜、直尺。

实验方法

1. 洗净双手，擦干，用铅笔在白纸片上涂黑 3~4cm 见方的一小块。将要取指印的手指在涂黑的区域中涂抹，将整个指尖涂黑。揭一条宽度与手指第 1 指节长度相当的透明胶带，从指尖的一侧裹至另一侧，轻压，再揭下来，上面即附着你的指纹。将这条透明胶带贴在表 3-6-1 "我的指纹" 一栏中相应的位置上。

2. 重复第一个方法，直至获得 10 个手指的指纹。

3. 将实验结果粘贴在表 3-6-1 中，在放大镜下观察，分析你的指纹类型并计算出总指嵴数，统计分析同班同学的指嵴数的情况。

表 3-6-1　我的指纹图形及纹嵴数

左手					
	拇指	示指	中指	环指	小指
我的指纹					
指纹类型					
纹嵴数					
左手纹嵴数小计：					
右手					
	拇指	示指	中指	环指	小指
我的指纹					
指纹类型					
纹嵴数					
右手纹嵴数小计：					
总指嵴数：					

注意事项

本实验中所用取手印的方法是 Mertens 的方法。使用这种方法获取手印很方便，同时得到的指纹也很清晰。也可用印泥或油墨等获取指印。用印泥或油墨取指印时，要注意各个手指在纸上滚压时，用力要均匀，同时用力不能太重，否则很难得到清晰的指纹。

实验报告

写出各自指纹分析报告。

思 考 题

1. 指纹的类型有哪些？
2. 收集特定人群的指纹类型数据，与现有的统计数据分布比例进行比较，看是否相符？

实验五　果蝇性别鉴定性状观察与饲养方法

实验目的

1. 掌握果蝇雌、雄成虫和几种常见突变性状的主要区别方法。
2. 掌握果蝇单因子的杂交方法和杂交结果的统计处理方法，理解分离定律的原理。
3. 掌握果蝇的饲养管理、实验操作、培养基的配制方法。
4. 熟悉果蝇生活史各个阶段的形态特征。

实验原理

黑腹果蝇为双翅目昆虫，具完全变态发育。其作为实验材料的优点是：①容易饲养，生活周期短；②繁殖能力较强，每只受精的雌虫可产卵 400~600 粒，因此在短时间内可获得较大的子代群体，有利于遗传学分析；③突变类型多，研究得较清楚的突变已达 400 多个，且多数是形态特征的变异，便于观察；④唾液腺染色体较大。因此，果蝇在遗传学研究中得到广泛应用，积累了许多典型材料。

果蝇的生活周期长短与温度关系很密切，30℃以上的温度能使果蝇不育和死亡，低温则使它生活周期延长，同时生活力也减低，果蝇培养的最适温度为 20~25℃。25℃时，从卵到成虫约需 10 天；在 25℃时，成虫约存活 15 天。果蝇在不同温度下的发育天数见表 3-6-2。

表 3-6-2　果蝇在不同温度下的发育天数

	10℃	15℃	20℃	25℃
卵→幼虫			8 天	5 天
幼虫→成虫	57 天	18 天	6.3 天	4.2 天

实验材料

1. 器材　双筒解剖镜、显微镜、放大镜、小镊子、麻醉瓶、培养瓶、白瓷板、毛笔、棉塞、软木塞或橡胶塞、恒温培养箱、小滴瓶、载玻片、盖玻片、吸水纸、纱布等。
2. 试剂　琼脂、蔗糖、乙醇、乙醚、丙酸、玉米粉、酵母粉。
3. 实验动物　饲养的野生型和几种常见突变型果蝇。

实验方法

（一）果蝇的观察

1. 生活史　果蝇生活史包括受精卵、幼虫、蛹、成虫 4 个发育阶段。

2. 麻醉果蝇

（1）引出果蝇　用手轻拍饲养有果蝇的培养瓶，使果蝇震落瓶底，迅速拔去棉塞，将麻醉瓶与培养瓶的两口相对，培养瓶在下、麻醉瓶在上并朝向灯光处，双手遮住培养瓶，利用果蝇的趋光性和向上性，将果蝇引入麻醉瓶。

（2）麻醉　在麻醉瓶瓶塞的棉球上滴加1~2滴乙醚，迅速塞入麻醉瓶口，0.5~1min大部分果蝇即被麻醉而落入瓶底，摇动麻醉瓶，全部果蝇震落瓶底，之后立即将果蝇倒在白瓷板上，用毛笔小心拨动观察。如果用于杂交试验，则翅膀外展的果蝇不能使用。

3. 在双筒解剖镜下观察雌、雄果蝇的特征（表3-6-3），并分辨雌、雄果蝇。

4. 观察果蝇常见突变类型，对比各突变型特点（表3-6-4）。

表 3-6-3　果蝇成虫雌、雄个体特征对比

	雌果蝇	雄果蝇
体型	大	小
腹部	末端尖 背面：环纹5节，无黑斑 腹面：腹片7节	末端钝 背面：环纹7节，延续到末端，呈黑斑 腹面：腹片5节
第一对足	跗节基部无性梳	跗节基部有黑色鬃毛状性梳

表 3-6-4　果蝇常见突变类型

突变名称	基因符号	性状特征	在染色体上的座位
白眼	W	复眼白色	X 1.5
棒眼	B	复眼横条形，小眼数少	X 57.0
黑檀体	e	身体呈乌木色，黑亮	Ⅲ R70.7
黑体	b	体黑色，比黑檀体深	Ⅱ L48.5
黄体	y	全身呈浅橙黄色	X 0.0
残翅	vg	翅明显退化，部分残留，不能飞	Ⅱ R67.0
焦刚毛	sn3	刚毛卷曲如烧焦状	X 21.0

（二）果蝇原种保存

为了保证果蝇杂交试验材料的充分供应，必须保存一定数量和种类的果蝇原种。

1. 原种要纯　每次转移培养基都要严格检查有无混杂，如发现同一原种群体内有其他类型，应立即丢弃，以保证群体的纯度。

2. 每隔2~3周换一次新鲜的培养基，每瓶4~8对，每一原种至少保留两套，并注明类型和转移日期。

3. 平时保存可放在生化培养箱内或恒温培养箱内，温度调至15~18℃。扩大培养和实验时将温度调至20~25℃，以便加快生长繁殖。夏季高温时，最好用可制冷的生化培养箱保存原种。

(三)果蝇培养基的配制

果蝇培养基配方见表 3-6-5。配方 1 可用于培养杂交果蝇,因培养基较干稠,可避免黏着果蝇。配方 2 可用于原种保存,因培养基较稀,可延长培养时间。两种培养基也可都用苯甲酸替代丙酸。

表 3-6-5　果蝇培养基配方

配方	水(ml)	琼脂(g)	蔗糖(g)	玉米粉(g)	丙酸(ml)	酵母粉(g)
1	80	1.5	13	10	0.5	0.5
2	100	1	10	10	0.5	0.5

实验报告

1. 数一下培养瓶里共有多少只果蝇,雌、雄各几只。
2. 每个培养瓶中果蝇的品系有几种,各有什么特征,写在实验报告本上。

思 考 题

1. 野生型果蝇有什么特点?
2. 果蝇常见的突变型有什么特点?

实验六　果蝇综合杂交

实验目的

1. 掌握伴性遗传和分离、连锁交换定律。
2. 掌握基因定位的方法。
3. 了解伴性遗传和常染色体遗传的区别。

实验原理

红眼与白眼是一对相对性状,控制该对性状的基因(W)位于 X 染色体上,且红眼(W)对白眼(w)为完全显性。当红眼雌蝇与白眼雄蝇杂交时,无论雌雄均为红眼,F_2 代中红眼:白眼=3:1,但雌蝇全为红眼,雄蝇中红眼:白眼=1:1;反交时 F_1 代中雌蝇为红眼,雄蝇为白眼,F_2 代中红眼:白眼=1:1,雌蝇和雄蝇中的红眼与白眼的比例均为 1:1。

正常翅(M)对小翅(m)为显性,正常刚毛(Sn3)对焦刚毛(sn3)为显性,与红眼(W)和白眼(w)一样,均位于 X 染色体上。利用三点测交的方法只需通过一次杂交和一次测交就能同时确定三个基因在染色体上的位置顺序和基因的相对距离，绘出连锁图。

白眼小翅焦刚毛雌（♀）蝇与野生型雄（♂）蝇杂交，F_1代的雌蝇是三杂合体，表型为野生型；F_1代的雄蝇为隐性基因的半合子，表型为白眼焦刚毛小翅。F_1代的雌雄蝇互交实际上相当于三杂合体雌蝇与三隐性雄蝇的测交。通过对互交后代中各种表型比例的分析，就可进行 w、sn3 和 m 等基因的定位。

实验材料

1. 器材　放大镜、显微镜、麻醉瓶、白瓷板、毛笔、记录本。
2. 试剂　乙醚、酒精棉球、果蝇培养基。
3. 标本　野生型雄蝇、雌蝇；三隐突变型雌、雄蝇（野生型品系：长翅，直刚毛，红眼；三隐突变型品系：小型翅，卷刚毛，白眼）。

实验方法

1. 选处女蝇　选白眼焦刚毛小翅处女蝇8只，同时选野生型处女蝇8只。方法：将野生型和白眼焦刚毛小翅果蝇培养瓶内的成蝇全部赶出，12 h内将重新孵化出的雌、雄果蝇分开，即可得所需处女蝇和雄蝇。
2. 杂交　将三隐突变型处女蝇麻醉，并挑取野生型雌蝇8只麻醉后，放入培养瓶，此杂交组合可用做本实验伴性遗传和基因定位的观察统计，为正交组合。将野生型处女蝇8只麻醉，同时将同样数量的三隐突变型雄蝇麻醉，放入培养瓶，此组合用于分离定律和伴性遗传实验的反交。贴好标签，注明杂交组合、日期和学生姓名。
3. 25℃条件下培养　7~8天后，除去亲本蝇。
4. 观察F_1代　11~13天后，F_1代羽化，用放大镜对正交组的F_1代进行观察，看F_1代雌蝇是否为野生型，雄蝇是否全为三隐突变型，若不是，表明处女蝇是非处女蝇，试验失败，应重新挑选处女蝇进行实验。
5. 正交组F_1代互交（"三点测交"）　正交组F_1代观测合格后，选8对F_1代雌、雄蝇麻醉，转入新的培养瓶，进行交配，贴好标签。
6. 除去F_1代　8天后除去F_1代。
7. 观察F_2代　12天后，F_2代羽化，将其麻醉后于白瓷板上用放大镜观察，或用解剖镜、显微镜观察各种表型的果蝇并统计数目，每隔2天观察一次，连续4次。统计后的果蝇倒入死蝇盛留器中。

实验报告

将杂交结果填入表3-6-6~表3-6-9中。

表 3-6-6　正交组 F_1 代果蝇的性状

时间	正交组 F_1 代（白眼♀ × 红眼♂）	
	红眼♀	白眼♂
总数		
比例		

表 3-6-7　正交组 F_2 代的复眼颜色

时间	正交 F_2 代			
	红眼♀	白眼♂	红眼♂	白眼♀
总数				
比例				

表 3-6-8　正交组合 F_2 代的复眼颜色统计数据分析

	正交组合 F_2 代				
	红眼♂	红眼♀	白眼♂	白眼♀	合计
实际观察数（O）					
理论预期数（C）					
离均差（O−C）					
$(O-C)^2/C$					

表 3-6-9　三点测交试验的观察记录

测交后代表现型	基因型			统计日期			总数	比例	基因间是否发生交换		
									w-sn3	sn3-m	w-m
白眼焦刚毛小翅	w	sn3	m								
红眼直刚毛长翅	+	+	+								
白眼直刚毛长翅	w	+	+								
红眼焦刚毛小翅	+	sn3	m								
红眼焦刚毛长翅	+	sn3	+								
白眼直刚毛小翅	w	+	m								
红眼直刚毛小翅	+	+	m								
白眼焦刚毛长翅	w	sn3	+								
总计											
交换值											

思 考 题

1. 三点测交的原理是什么？
2. 果蝇的黑檀体突变型（e）是由另一对等位基因突变控制的，请通过对果蝇突变类型的了解以及杂交试验熟悉，举一反三，自己设计一个杂交试验方案，判断该突变型相对野生型的显隐关系，以及该基因的伴性关系。（要求写出具体杂交方案及预期结果分析）

实验七　植物 DNA 的提取及测定

实验目的

1. 掌握 CTAB 法快速抽提植物总 DNA 的方法。
2. 掌握植物组织总 DNA 的测定技术。

实验原理

DNA 是一切生物细胞的重要组成成分，主要存在于细胞核中。植物总 DNA 的抽提通常采用两种方法：

1. SDS 法　SDS 为离子去污剂，过程长，纯度高。
2. CTAB 法　该方法简便、快速，总 DNA 产量高（纯度稍次，适用于一般分子生物学操作）。CTAB 是一种非离子去污剂，植物材料在 CTAB 的处理下，结合 65℃水浴使细胞裂解，蛋白质变性，DNA被释放出来。CTAB与核酸形成复合物，此复合物在高盐浓度下（>0.7 mmol/L NaCl）可溶，并稳定存在，但在低盐浓度（0.1~0.5 mmol/L NaCl）下CTAB-核酸复合物就因溶解度降低而沉淀，而大部分蛋白质及多糖等仍溶解于溶液中。经离心、弃上清液后，CTAB-核酸复合物用70%~75%乙醇浸泡可洗脱掉CTAB，再经过氯仿/异戊醇（24:1）抽提去除蛋白质、多糖、色素等来纯化DNA，最后经异丙醇或乙醇等DNA沉淀剂作用将DNA沉淀分离出来。

实验材料

1. 器材　UV-120紫外分光光度计、磨口锥形瓶、具塞刻度试管、研钵、移液枪、离心管等器皿。
2. 试剂　1.5×CTAB、氯仿/异戊醇（24:1）、95%乙醇或无水乙醇、10 mol/L NH_4Ac、0.1 mol/L TE或无菌水等。
3. 标本　新鲜植物叶片。

实验方法

（一）DNA的提取

1. 采集适量植物幼嫩叶片，用液氮研成粉末，取0.4 g装入1.5 ml离心管中（-20℃预冷）。
2. 预热1.5×CTAB到95℃，吸取1 ml加入装有叶片粉末的离心管中，混匀（防止冻融）。
3. 立即置于65℃水浴恒温30 min，每5 min上、下颠倒一次。
4. 12 000 g离心5 min。
5. 吸取上清液约600 μl，加入等体积（600 μl）氯仿/异戊醇（24:1），上、下颠倒数次，至下层液相呈深绿色为止。
6. 2 000 g离心5 min。
7. 取450 μl上清液加入1支新的1.5 ml离心管，加入1 ml 95%乙醇和45 μl 10 mol/L NH_4Ac，混匀，室温放置10 min。
8. 12 000 g离心10 min，弃上清液，用75%乙醇浸洗沉淀，自然干燥约30 min。
9. 加入50 μl 0.1 mol/L TE或无菌水（含20 μg/RNase），置于4℃过夜，待DNA溶解后，检测总DNA浓度及质量。

（二）DNA的鉴定（紫外吸收法）

核酸类物质含有嘌呤、嘧啶碱基，这些碱基中都有共轭双键（=C-C=），在紫外区260 nm处有最高吸收峰，230 nm处有最低吸收峰，纯化的DNA在UV-120紫外分光光度计测得有$A_{260}/A_{280} \geq 2$，即为DNA的典型吸收峰，只要将第9步提取的DNA粗制品溶解并定容至5 ml，即可上机测定。

注意事项

1. 尽量取材幼嫩叶片，如叶片太老，酚类物质多，必须用10 mmol/L β-巯基乙醇处理。

2. 研钵预冻，粉末至加 CTAB 前不要熔化。
3. 用 24∶1 的氯仿/异戊醇抽提时动作应轻柔，转移用的枪头最好是剪宽。
4. 所用试剂必须灭菌。

实验报告

将实验结果贴在实验报告本上。

思 考 题

1. 详述提取植物 DNA 的方法。
2. 为什么要选取幼嫩的叶片进行提取，而不是选择大叶片进行提取？

实验八　哺乳类骨髓细胞染色体标本的制片与观察

实验目的

1. 掌握活体小鼠骨髓细胞染色体标本的制片技术。
2. 熟悉染色体的数目和结构特征。

实验原理

骨髓细胞有丝分裂活跃，不用体外培养可以直接获得大量中期细胞，制备染色体标本，方法简便，无需无菌操作。

以小鼠为材料经 10% 酵母液诱导可以增加中期细胞的数量。

实验材料

1. 器材　10 ml 离心管、滴管、2 ml 注射器、5 ml 小烧杯、扣染盘、载玻片、酒精灯、解剖器械、生物显微镜、离心机、恒温培养箱。
2. 试剂　干酵母粉、葡萄糖、无水甲醇、冰醋酸、氯化钾、0.1 mol/L PBS（50 ml 0.2 mol/L 磷酸氢二钠、50 ml 0.2 mol/L 磷酸二氢钠，定容至 200 ml，pH 6.8～6.9）、生理盐水（0.9% NaCl）、秋水仙素、Giemsa 原液等。
3. 实验动物　成年小鼠，20～22 g 体重（雌、雄均可）。

实验方法

(一) 配制 10% 酵母液

称取 1.25 g 干酵母粉，2.75 g 葡萄糖，加入 12.5 ml 蒸馏水，40℃ 恒温培养箱中培养 1.5～2 h，使其发酵冒泡，备用。

(二) 处理动物

取体重为 20～22 g 的健康成年小鼠，每只给予背部皮下注射 10% 酵母液 0.4 ml，26 h 后腹腔注射秋水仙素（2 μg/g 体重），2 h 后取材。

(三) 染色体制片

1. 将动物拉断颈椎处死，常规消毒，取 2 根股骨，剪掉肌肉后用纱布擦干净，去除股骨头后剪碎，置盛有 2 ml 生理盐水的小烧杯中，静置 3 min，取细胞悬液加入 10 ml 刻度离心管中，弃掉骨渣。

2. 低渗处理　1000 r/min 离心 7 min，弃上清液，留下细胞，加入 0.075 mol/L KCl 低渗液约 6 ml，轻轻打匀，37℃ 低渗处理 30 min。

3. 预固定　加入新配制的固定液（甲醇：冰醋酸 3：1）5～6 滴，轻轻打匀，室温下预固定 5 min。

4. 固定　1000 r/min 离心 7 min，弃上清液，留下细胞，加入 3.5 ml 新配制的固定液，轻轻打匀，室温下固定 15 min，离心（条件同上）后弃上清液，留下细胞。此方法反复 3 次。

5. 滴片　视末次离心后获得细胞的多少留固定液 0.2～0.4 ml，用细头滴管轻轻打匀。取冰浴中的载玻片，迅速将留下的细胞悬液滴在载玻片上，每张载玻片滴 2～3 滴，向一个方向轻轻吹开，在酒精灯上过火 2～3 次，自然干燥，备用。每只动物滴 3～5 张标本。

6. 染色　10% Giemsa 染液扣染 18～20 min（用 0.1 mol/L PBS 稀释 Giemsa 原液，磷酸盐缓冲液 pH 6.8～6.9），自来水冲洗片刻，自然干燥。

(四) 结果及分析

在低倍镜下寻找背景清晰、分散良好、收缩长短适宜的中期分裂象，油镜下观察并计数。小鼠染色体 $2n=40$，均为端着丝粒，性染色体难以在镜下直接加以区分（图 3-6-32）。

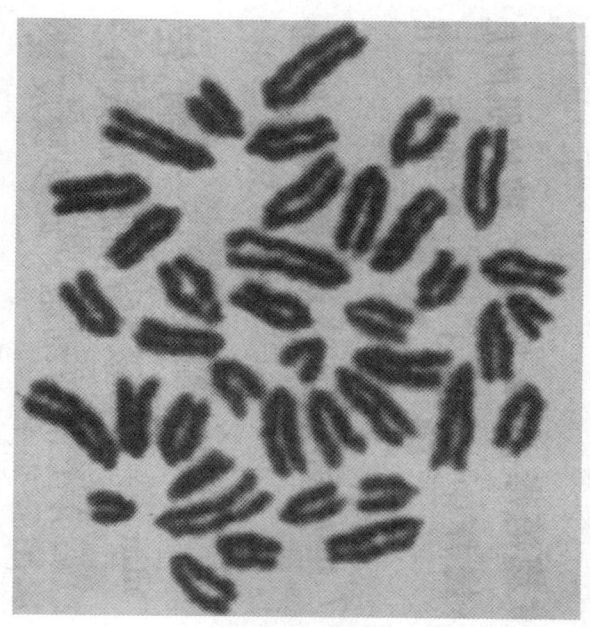

图 3-6-32　小鼠骨髓细胞核型

注意事项

1. 获得足够量的细胞是实验成功的条件之一。每次操作都要细心,弃上清液时,避免将细胞带走。
2. 滴片时的三个要点 ①要保持一定高度,以 20～30 cm 为宜;②滴片应均匀,不要重叠;③要用嘴向同一个方向吹气(避免用力,否则细胞会被吹到一端),且过文火,有助于染色体进一步伸展。
3. 扣染方式染色 将制备好的标本,细胞面向下扣在染盘内,然后用滴管将染液灌入标本下面,注意避免产生气泡。此法既可节省染料,又可避免灰尘污染标本。
4. 自来水冲洗要掌握好时间,避免标本退色。

实验报告

将观察到的小鼠骨髓细胞核型画在实验报告本上。

思 考 题

1. 小鼠骨髓细胞核型有什么特点?
2. 根据所学的核型特点对小鼠染色体进行分类。

实验九　人体外周血淋巴细胞培养和染色体标本的制备

实验目的

1. 初步掌握人体外周血淋巴细胞染色体标本常规制作的方法。
2. 熟悉人类染色体的数目和形态特征。
3. 了解人类染色体 G 显带方法

实验原理

人体外周血淋巴细胞几乎处于 G_1 期或 G_0 期,在体内、外一般不分裂,但在适宜的培养条件及植物凝集素(phytohemagglutinin,PHA)的刺激下,能转化成可分裂的淋巴母细胞。

采用微量人体外周血淋巴细胞短期培养,可获得丰富的淋巴母细胞分裂象。再适时加入适量秋水仙素可使分裂细胞停止于中期而积累大量的中期分裂象。此法操作简便,用血量少,是临床和科研中常采用的一种获得有丝分裂象及制备染色体标本的方法。

实验材料

1. **器材** 超净工作台、恒温培养箱、离心机、分析天平、圆形细胞培养瓶、5ml注射器、采血针头、10ml刻度离心管、止血带、消毒棉签、试管架、预冷载玻片、吸管、量筒。

2. **试剂** RPMI-1640或TC199培养液、小牛血清、植物凝集素（PHA）、秋水仙素（100 μg/ml）、青霉素、链霉素、0.2%肝素、0.075 mol/L氯化钾低渗液、固定液（甲醇：冰醋酸3：1，现用现配）、10% Giemsa染液、2.5%碘液、75%乙醇、0.025%胰酶溶液、磷酸缓冲液、1 mol/L NaOH溶液、0.4%酚红液等。

3. **标本** 人体静脉血。

实验方法

（一）淋巴细胞的培养

1. **培养前的准备** 对培养过程中的必需用品应灭菌、配制培养液及药品。

2. **采血** 吸入少许肝素润湿针筒后推弃，再以无菌操作法抽取静脉血。细胞培养的必需用品放置在超净工作台内，操作前用紫外线消毒20~30min。为防止污染，在操作前必须用肥皂洗手，然后用75%乙醇擦拭，若在无菌室工作还需穿消毒隔离衣、戴消毒帽、口罩。献血者的手臂皮肤须用无菌棉签蘸75%乙醇消毒2次，缚止血带，静脉取血1~2ml置针筒内，摇匀，即为抗凝血（现多数用购置现成的肝素管抽血）。

3. **培养** 在无菌条件下（或在酒精灯火焰旁）将抗凝血0.3~0.4ml加入装有培养基的培养瓶内，摇匀，置37℃恒温箱中培养68~72h（每隔24h摇匀培养瓶中的细胞一次）。

（二）人类染色体标本常规制作

1. **秋水仙素处理** 在培养终止前2~3h向每个培养瓶中加入秋水仙素，使最终浓度为0.2~0.4 μg/ml（因此期内细胞分裂象最多）。

2. **收集细胞** 细胞培养至68~72h取出培养瓶，用吸管混匀其中的细胞悬液，分别吸入刻度离心管中，在天平上平衡（用生理盐水）后离心10min（1000~1500r/min）。

3. **低渗处理** 吸弃上清液，加入预温至37℃的低渗液（0.075 mol/L KCl）8ml，用吸管吹散、打匀，使沉淀细胞与低渗液充分混匀，置37℃温箱中25~30min。

4. **预固定** 低渗处理后立即加入固定液1ml，用吸管混匀。离心（2000~2500r/min）10min。弃上清液，留下沉淀物。

5. **固定** 用吸管吸取固定液，沿离心管壁缓缓加入，直至8ml，并吹打均匀，室温下静置固定30~40min后离心（2000~2500r/min）10min。吸弃上清液。

6. **再固定** 重复以上方法，也可酌情延长或省略。

7. **制成细胞悬液** 吸弃上清液，剩余0.1~0.2ml加入新配制的固定液至0.3~0.5ml（可视细胞沉淀的多少而定），用吸管轻缓吹吸、混匀即成细胞悬液。

8. **滴片** 取冰箱中预冷的湿载玻片，用吸管吸取细胞悬液，不重叠地滴2~3滴（滴时吸管的高度应在载玻片正上方约20cm处或更高，以利于染色体铺展），立即在酒精灯上远火烘干或室温晾干，也可在干燥箱内烘干。

9. 染色 在滴有细胞的载玻片面上用记号笔作一标记，放在染色缸中（盛 10% Giemsa 染液）染色 5~10 min。取出载玻片，细流水冲洗去玻片上的染液，晾干或烘干后镜检（一染缸 10% Giemsa 染液可染 100 片）。

（四）G 显带标本的制备

1. 外周血细胞培养并按常规法制作染色体标本，置 75~80℃ 烤箱中烘 2~3 h（或置 56℃ 烤箱中过夜），待自然冷却至室温，放置 48 h 左右即可处理标本片。

2. 将 0.025% 胰酶溶液倒入染色缸中，加入 0.4% 酚红液 2 滴，并以 1 mol/L NaOH 调至 pH 7.0 左右，使颜色变为橙色，混匀后，放入 37℃ 水浴锅，使胰酶溶液温度升至 37℃。

3. 将玻片标本投入预温 37℃ 的 0.025% 胰酶溶液中轻轻摆动 60~90 s（每批胰酶溶液需要摸索）。如片龄超过 1 周，则处理时间可适当延长，精确时间需摸索。

4. 标本取出后用生理盐水漂洗一次，再立即投入用磷酸盐缓冲液配制的 10% Giemsa 染色液中染色 5~10 min。

5. 用自来水（细水流）冲洗去染料，空气干燥（或用酒精灯烤干）。

（五）镜检

在低倍镜下见视野中有较多的紫色或蓝紫色小点。换高倍镜观察，这些小点实为圆形的间期细胞核。移动推进器进一步寻找散在分布的中期分裂象，确定一个染色体分散较好（不重叠或重叠较少）的中期分裂象观察后，再换油镜分析观察。

注意事项

1. 秋水仙素处理时间 以 2~3 h 为宜，处理时间太短，分裂细胞太少；处理时间太长，细胞分裂虽多，其染色体缩得太短，则形态特征模糊。
2. 培养温度严格控制在 37℃ ±0.5℃。
3. 低渗处理极为重要，因此低渗液浓度与低渗时间应适当。
4. 固定要彻底打匀，若打散不够，则细胞在玻片上易集结；若打吹过猛，细胞易破碎，使染色体数目不完整。
5. 离心速度不宜过高，否则细胞团不易打散。

实验报告

简述人体外周血淋巴细胞染色体标本的制备过程及实验结果。

思 考 题

1. 人体外周血淋巴细胞染色体标本制备有哪些基本过程？注意事项有哪些？
2. 人类各组染色体由哪些特征？

实验十　小鼠骨髓嗜多染红细胞微核制片技术

实验目的

1. 掌握微核的制片技术、微核的识别及计数方法。
2. 掌握评价理化因子对机体染色体损伤的快速筛选方法。

实验原理

20 世纪 70 年代初期由 Matter 和 Schmid 首先建立了一种简便、快速、评价客观的检测来自环境中的各种理化及生物因子对机体产生潜在的染色体损伤方法，即用哺乳动物骨髓嗜多染红细胞微核（polychromatic erythrocyte，PCE）出现率的实验方法，称为微核试验（micronucleus test，MNT）。

微核：当染色体受到损伤以后，在有丝分裂中期、后期细胞中观察到丧失着丝粒的染色单体或染色体断片，或因纺锤体受损而丢失的整个染色体，游离于子细胞质（细胞核外）中形成次核。在间期细胞的胞质中，常见到比普通细胞核小很多的一个或几个圆形结构（次核），其直径相当于细胞直径的 1/20～1/5，故称微核（micronucleus，MN），在骨髓及外周血的有核细胞中均可见到（图 3-6-33）。

凡能使染色体发生断裂或使染色体和纺锤体连接损伤的化学物，都可用微核试验来检测。各种类型的骨髓细胞都可形成微核，但有核细胞的胞质少，微核与正常核叶及核的突起难以鉴别。嗜多染红细胞

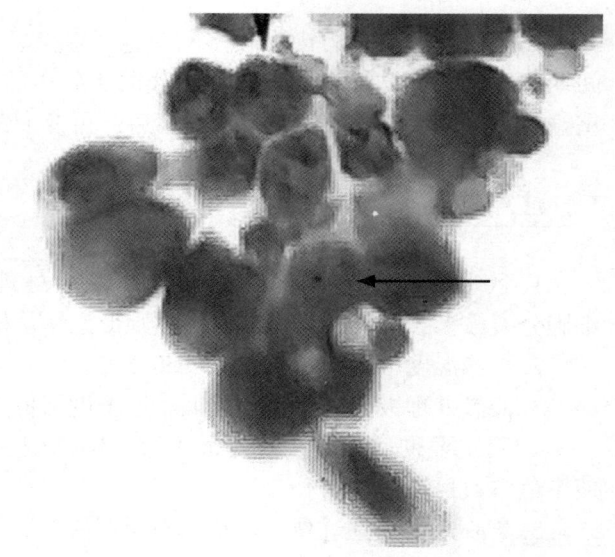

图 3-6-33　小鼠骨髓嗜多染红细胞微核

是分裂后期的红细胞由幼年发展为成熟红细胞的一个阶段，此时红细胞的主核已排出，因胞质内含有核糖体（含核糖核酸 RNA），姬姆萨染色呈灰蓝色，成熟红细胞的核糖体已消失，被染成淡橘红色。骨髓中嗜多染红细胞数量充足，微核容易辨认，而且微核自发率低，因此，骨髓中嗜多染红细胞成为微核试验的首选细胞群。也可利用斑马鱼红细胞（不用体外培养）直接涂片法进行微核试验，可以直接测得水体污染对斑马鱼或其他鱼类遗传物质的损伤。此法简便，实验周期短，不需特殊仪器和药品。小鼠、斑马鱼微核自发率较低，一般用阳性诱变剂如环磷酰胺、氟化钠等作为对照。

嗜多染红细胞又称网织红细胞，是红细胞的前身。骨髓中红细胞系统的增生发育过程是：多能干细胞→单能干细胞→原始红细胞→早幼红细胞→中幼红细胞→晚幼红细胞→网织红细

胞→成熟红细胞。从原始红细胞增殖到晚幼红细胞阶段共分裂 3~4 次，约需 72h，红细胞数由一个变为 8~16 个，细胞核由大变小而浓缩，胞质中含血红蛋白逐渐增多。晚幼红细胞以后细胞即不再分裂，发育过程中核被排出而成为网织红细胞。网织红细胞含有少量核糖核酸（RNA），用碱性染料染色时呈网状，故名网织红细胞。网织红细胞进一步成熟，RNA 消失而为成熟红细胞。从晚幼红细胞发育到成熟红细胞约需 48h，成熟红细胞的寿命约为 120 天。

实验材料

1. 器材　5ml 尖底刻度离心管、细头滴管、解剖剪、镊子、止血钳、1ml 注射器、6 号针头、头皮针、载玻片、扣染盘、立式染缸、计数器、离心机、水族箱（25cm×30cm×25cm）、恒温控制器、气泵、生物显微镜、灌胃针头、载玻片、盖玻片（24mm×50mm）、塑料吸瓶、纱布、滤纸等。

2. 试剂　环磷酰胺（医用注射针剂）、灭活小牛血清、无水甲醇、0.9% 氯化钠、氟化钠、Giemsa 原液、1/15 mol/L 磷酸盐缓冲液（pH 7.4）。

3. 标本　小鼠是微核试验的常规动物（成年小鼠体重 25~30g），也可选用成年大鼠，体重为 150~200g。斑马鱼也可用于微核试验，体重 0.5g 左右，体长 2.8~3.0cm。实验动物及实验动物房应符合国家相应规定。

实验方法

试验的基本原则：通过适当的途径使动物接触受试物，一定时间后处死动物，取出骨髓，制备涂片，经固定、染色，在显微镜下计数含微核的嗜多染红细胞，求出微核率。

（一）小鼠骨髓嗜多染红细胞微核试验

1. 剂量分组　一般取受试物 LD_{50} 的 1/2、1/5、1/10、1/20 等剂量，以求获得微核的剂量－反应关系曲线。当受试物的 LD_{50} 大于 5g/kg 体重时，可取 5g/kg 体重为最高剂量，一般至少设 3 个剂量。每个剂量组 10 只动物，雌、雄性各半。另外，还应设溶剂对照和阳性物对照组。常用环磷酰胺作为阳性物对照，剂量可为 40mg/kg 体重、30mg/kg 体重。（注：LD_{50} 表示半数致死剂量，指使实验动物一次染毒后，在既定实验期间和条件下统计学上半数实验动物死亡所使用的毒物剂量。）

根据受试物的理化性质（水溶性和/或脂溶性）确定受试物所用的溶剂，通常用水、植物油或食用淀粉等。根据受试物的理化性质，采用灌胃或皮下注射方式将受试物灌胃或皮下注射进小鼠。

2. 骨髓细胞悬液的制备及涂片　采用灌胃或皮下注射方式将受试物灌胃或皮下注射进小鼠后，根据细胞周期和不同物质的作用特点（先做预试），确定取材时间。常用 30h 给受试物法：两次给受试物间隔 24h，第二次给受试物后 6h，颈椎脱臼处死小鼠。取胸骨或股骨，用止血钳挤出骨髓液，与玻片一端的小牛血清混匀，常规涂片。或用小牛血清（也可用生理盐水）冲洗股骨骨髓腔制成细胞悬液，涂片，自然干燥。

另外介绍两种骨髓细胞悬液的制备及涂片法，供大家选用。

离心滴片法：拉断颈椎处死小鼠，取两根股骨，剔净肌肉，用纱布擦掉附在股骨上的血污及肌肉，剪掉股骨头。将股骨剪碎，置盛有 2ml 生理盐水的小烧杯中，用止血钳反复夹挤，使骨髓细胞游离于生理盐水中。去掉骨渣，静置片刻，取细胞悬液于 5ml 刻度离心管中。以 1000r/min 离心 3~5min，然后用细头滴管吸弃上清液，留下沉淀并加入 1 滴小牛血清，用细头滴管尖端仔细混匀。吸取细胞悬液一小滴于载玻片的一端，按常规涂片法涂片（2~3cm），晾干，备用。

小牛血清冲洗法：取两根股骨，剔净肌肉，用纱布擦掉附在股骨上的血污及肌肉，剪掉股骨头，露出骨髓腔。用 6 号针头注射器吸取小牛血清 1ml，将针头插进骨髓腔少许，用小牛血清将骨髓冲洗入离心管内，然后用吸管轻轻抽吸成细胞悬液，以 1000r/min 离心 3~5min，再用细头滴管吸弃上清液，留下沉淀并加入 1 滴小牛血清，用细头滴管尖端仔细混匀。吸取细胞悬液一小滴于载玻片的一端，按常规涂片法涂片（2~3cm），晾干，备用。

（二）斑马鱼红细胞微核试验

1. 用头皮针将 NaF（30μg/g 体重）腹腔注入鱼体内，24h 后取材。
2. 取出心脏放入盛有生理盐水的小烧杯中，破碎组织，静置片刻后取上层细胞悬液，于离心管中 1000r/min 离心 3min。弃上清液，留细胞，加入 1 滴小牛血清，轻轻混匀，按常规方法涂片。
3. 甲醇固定 10min 左右，晾干，备用。
4. Giemsa 染色液扣染 20min 左右（pH6.4），用自来水冲洗，自然干燥。
5. 观察与计数 低倍镜观察，寻找细胞分布均匀处确定两个观察点，每个点计数 2000 个红细胞，统计含有微核的红细胞数，一个红细胞中出现两个或多个微核，仍以一个细胞计数，微核率以千分率表示。

（三）结果与分析

小鼠骨髓嗜多染红细胞呈蓝灰色，成熟红细胞呈橘红色。微核呈圆形和椭圆形，边缘光滑、整齐，嗜碱性与核质一致，呈紫红色或蓝紫色。每只动物计数 1000~2000 个嗜多染红细胞，计数含有微核的嗜多染红细胞数，求出微核率，用千分率（‰）表示。一个嗜多染红细胞中出现两个或更多个微核时，仍以一个细胞计数。

正常小鼠嗜多染红细胞自发微核率为 2.6‰左右。阳性对照组小鼠（0.15mg/g 体重腹腔注射环磷酰胺）自发微核率为 30.4‰左右。

斑马鱼红细胞微核与主核着色相同，微核为圆形或椭圆形，与主核完全分离。自发微核率为 0.25‰左右。腹腔注射阳性对照药物（20μg/g 体重）NaF，自发微核率为 1.2‰左右。

数据处理：一般采用卡方检验、泊松分布或双侧 t 检验等统计方法进行数据处理，并按动物性别分别统计。

结果评价：试验组与对照组相比，试验结果微核率有明显的剂量－反应关系并有统计学意义时，即可确认为阳性结果。若统计学上有显著性差别，但无剂量－反应关系时，则须进行重复试验，结果能重复者可确定为阳性。

注意事项

1. 涂片时推片与载玻片之间角度应小于45°,匀速推向一端。推片速度太快,会将细胞推向末端且片子较薄;推片速度太慢,会使片子太厚,细胞分散不均匀而影响计数。

2. 斑马鱼取材时要十分细心。因其心脏小可获取细胞不多,所以在每个操作中均要避免细胞丢失,确保实验成功。

实验报告

写出实验步骤,并将所观察到的微核绘图表示出来。

思考题

1. 活体小鼠骨髓嗜多染红细胞微核测定法为什么优于离体细胞培养方法?
2. 微核试验可应用到哪些方面?有什么意义?

(罗桐秀　龚　琳　刘一舟)

第七章 分子生物学

实验一 质粒 DNA 及 λDNA 的酶切、连接、转化及重组子的筛选鉴定

实验目的

1. 掌握 DNA 的酶切、连接、转化和筛选的原理。
2. 掌握设计构建重组 DNA 的基本方法和原则。
3. 掌握酶切、连接、转化和筛选鉴定的基本方法和实验操作技术。

实验原理

（一）限制性核酸内切酶及酶切方法

限制性核酸内切酶（简称限制酶）是一类能够识别双链 DNA 分子中的某种特定核苷酸序列，并由此切割 DNA 双链结构的酶。目前第 II 型限制酶的切割位点在基因克隆中有特别广泛的用途。限制酶对 DNA 底物的酶解作用是否完全，直接关系到连接反应、重组体分子的筛选和鉴定等实验结果。

体外构建重组 DNA 分子，首先要了解目的基因的酶切图谱，选用的限制酶都不能在目的基因内部有专一的识别位点，即当用一种或者两种限制酶切割外源供体 DNA 时，能够得到完整的目的基因。其次，选择具有相应的单一酶切位点的质粒、噬菌体等载体分子做为克隆的载体。常用的酶切方法有双酶切法和单酶切法两种。

（二）DNA 连接酶及连接反应

DNA 连接酶(ligase)能催化双链 DNA 片段紧靠在一起的 3′- 羟基末端与 5′- 磷酸基团末端之间形成磷酸二酯键，使两末端连接起来。目前用于连接 DNA 片段的 DNA 连接酶有 E.coli DNA 连接酶和 T4 DNA 连接酶。DNA 连接酶只能催化双链 DNA 片段互补黏性末端之间的连接，不能催化双链 DNA 片段平末端之间的连接。T4 DNA 连接酶既可用于双链 DNA 片段互补黏性末端之间的连接，也能催化双链 DNA 片段平末端之间的连接，但平末端之间连接的效率比较低。

（三）转化

重组质粒 DNA 分子通过与膜蛋白结合进入受体细胞，并在受体细胞内稳定维持和表达的过程称之为转化（transformation）。细菌转化的本质是受体菌直接吸收来自供体菌的游离 DNA 片段，即转化因子，并在细胞中通过遗传交换将之组合到自身的基因组中，从而获得供体菌的相应遗传性状的过程。

（四）α-互补筛选法（蓝白斑筛选）

蓝白斑筛选是重组子筛选的一种方法，依据是所采用的载体的遗传特征——α-互补原理。蓝白斑筛选所用的载体上带有 β-半乳糖苷酶 N 端的一个蛋白质片段（α-肽）的编码区，当未重组质粒转化 *lacZ* ΔM15 基因型的宿主菌（含有 β-半乳糖苷酶 C 端氨基酸序列，称为 ω-肽）后，质粒与细菌基因组分别合成互补的两个肽段（即 α-互补），形成了有功能的 β-半乳糖苷酶，该酶能把培养基中无色的 X-gal（5-溴-4氯-3-吲哚-β-D半乳糖苷）分解成蓝色的产物，致使非重组菌呈蓝色。外源 DNA 插入质粒的多克隆位点后可使 β-半乳糖苷酶 α-肽灭活，从而破坏了 α-互补作用。带有重组质粒的细菌将产生白色菌落，利用这种筛选方法可方便地将含目的基因的重组子筛选出来。

lacZ 基因是诱导启动子调控的，诱导物 IPTG（异丙基-β-D-硫代半乳糖苷）可以诱导该基因的启动，因此在实验中要利用 IPTG 和 X-gal 两种化学试剂，诱导蓝白斑出现。

实验材料

1. 器材　恒温振荡培养箱、高速冷冻离心机、漩涡振荡器、恒温水浴锅、Eppendorf 管、微量移液器、培养皿、锥形瓶、酒精灯、量筒、牛皮纸、接种环、涂布器、电子天平、微波炉、水平电泳装置、紫外透射仪、制冰机。

2. 试剂　LB 培养基、IPTG、X-gal、NaOH 溶液、氨苄西林母液、无水乙醇、限制性核酸内切酶 Hind Ⅲ 及其相应的 Buffer、T4 DNA 连接酶及其 Buffer、100 mmol/L $CaCl_2$ 溶液、Omega 质粒抽提试剂盒、琼脂糖、50×TAE 电泳缓冲液、6× 上样缓冲液、溴化乙锭（EB）。

3. 材料　E.coli DH5α（pUC19）、pUC19 质粒、λ DNA。

实验方法

（一）酶切

1. 在 1.5ml Eppendorf 管中依次加入酶切反应的各种成分（表 3-7-1），混匀，适当离心，使样品集中于管底。

2. 在 37℃ 恒温水浴锅中反应 2h 以上。

表 3-7-1　pUC19 质粒及 λDNA 酶切反应体系

目的 DNA（λDNA）		载体 DNA（pUC19 质粒）	
试剂	体积（μl）	试剂	体积（μl）
λ DNA	15.0	pUC19 质粒	2.5
10× 酶切缓冲液	10.0	10× 酶切缓冲液	2.0
ddH$_2$O	70.0	ddH$_2$O	70.0
Hind Ⅲ	5.0	Hind Ⅲ	1.0
总体积	100.0	总体积	20.0

（二）连接

1. 在 0.5 ml Eppendorf 管中依次加入连接反应的各种成分（表 3-7-2），混匀，适当离心，使样品集中于管底。

表 3-7-2　连接反应体系

试剂	体积（μl）
λ DNA/Hind Ⅲ	3.0
pUC19DNA/Hind Ⅲ	2.0
10× 连接酶缓冲液	1.0
ddH$_2$O	3.2
T4 DNA 连接酶	0.8
总体积	10.0

2. 在 16℃恒温水浴锅中反应 12～16h 或者过夜。
3. 连接产物可用于转化实验。

（三）感受态细胞的制备

1. 用接种环从含有 E.coli DH5α 的培养基平板上挑取少量 E.coli 菌落，接种到 20ml LB 培养基中，37℃振荡培养过夜。实验均在无菌条件下进行，以防污染。

2. 取 37℃过夜培养物，此时的培养物较混浊，颜色变深。按 1% 的接种量吸取 400μl 转接到 40ml LB 培养基中，37℃振荡培养 2～3h。分别取 1.5ml 菌液置 2 个无菌 1.5ml Eppendorf 管中，4000r/min 离心 5min，弃上清液，吸干。重复收集菌体一次，使菌量增多；每支离心管中加入用冰预冷的 800μl 0.1mol/L CaCl$_2$，漩涡震荡使细胞悬浮，混匀，冰上放置 10min，4℃ 4000r/min 离心 5min。

3. 弃上清液，吸干后，加入 100μl CaCl$_2$ 悬浮，冰浴至使用。上述方法制好的感受态细胞置于冰上，48h 之内均可用于转化，分装成 2×50μl 和 100μl 三管。

(四)转化实验

1. 取制备好并摇匀后的三管感受态细胞悬液,取其中一管 50μl 和 100μl 感受态细胞,分别加入 5μl 重组质粒、1μl pUC19 质粒,用枪尖缓慢吹打混匀,三管均于冰上放置 10min。
2. 在 42℃水浴中热击 90s,然后迅速置于冰上,质粒已经吸附到感受态细胞的表面,此时不能剧烈振荡,以增加转化效率。
3. 向上述 3 管中分别加入 450μl、450μl 和 900μl 新鲜 LB 培养基,混匀后,置 37℃摇床培养 1h,使受体菌恢复正常生长状态。

(五)稀释和涂布平板

1. 无菌操作,将转化细胞溶液按以下操作涂布平板。
(1)受体菌对照管 取 50μl 受体菌液分别涂布含有氨苄西林和不含氨苄西林的 LB 培养基。
(2)pUC19 质粒对照组 取 50μl 培养液涂布于含有氨苄西林、IPTG、X-gal 的 LB 培养基。
(3)重组质粒转化组 取 50μl、100μl、150μl、200μl 培养液分别涂布于含有氨苄西林的 IPTG、X-gal 的 LB 培养基,每个浓度涂布 2 个平板。
2. 当菌液完全被培养基吸收后(大约 10min)倒置培养皿,于 37℃恒温培养 24~36h,观察菌落生长情况(蓝白菌落法)。

(六)重组子的筛选与鉴定

1. 取一个含有氨苄西林、IPTG、X-gal 的 LB 培养基平板,在底部划线分成 8 个区域。在涂有重组质粒转化组的平板上分别选取 8 个单个的白色转化子,用接种针划线转接到平分成 8 份的含有氨苄西林、IPTG、X-gal 的 LB 培养基上,37℃过夜培养。
2. 在划线的 8 个单菌落中选取 2 个,分别接种到含有 5ml 含氨苄西林的 LB 液体培养基的试管中,37℃振荡培养过夜。
3. 分别取 3ml 菌液,用试剂盒抽提重组质粒 DNA,具体步骤见说明书。
4. 酶切鉴定,反应体系如表 3-7-3。

表 3-7-3 重组质粒 Hind Ⅲ 酶切体系

大质量质粒		中等质量质粒	
试剂	体积(μl)	试剂	体积(μl)
ddH$_2$O	6.2	ddH$_2$O	5.2
重组质粒 DNA	2.0	重组质粒 DNA	1.0
10× 酶切缓冲液	1.0	10× 酶切缓冲液	3.0
Hind Ⅲ 核酸内切酶	0.8	Hind Ⅲ 核酸内切酶	0.8
总体积	10.0	总体积	10.0

将上述反应体系在 37℃恒温水浴锅中反应 1h。

5. 将 pUC19 质粒酶切及两组重组质粒酶切体系分别加入 6× 上样缓冲液,混合均匀,进行琼脂糖凝胶电泳。

实验报告

1. 对 pUC19 质粒及 λDNA 酶切之后，进行琼脂糖凝胶电泳，分析酶切结果。
2. 质粒转化感受态细胞之后，涂布培养过夜，描述培养情况，填写表 3-7-4。

表 3-7-4　各组平板内菌落生长情况

项目	不含氨苄西林培养基	含氨苄西林培养基	结果分析
受体菌对照组			
pUC19 质粒对照组	—		
重组质粒转化组	—		

3. 对重组质粒的筛选与鉴定结果进行讨论与分析。

思 考 题

1. 从电泳图上如何判断质粒 DNA 是否单酶切完全？
2. 影响质粒 DNA 转化效率的因素有哪些？
3. 蓝白斑筛选的原理是什么？
4. 什么是转化？如何计算转化效率？
5. 构建高效表达重组子时，需要注意哪些因素？

实验二　反转录-聚合酶链反应

实验目的

1. 掌握反转录-聚合酶链反应（RT-PCR）的原理。
2. 熟悉由 RNA 反转录扩增 cDNA 的基本操作过程。

实验原理

目前 PCR 技术只能扩增 DNA 模板，对 RNA 模板不能直接扩增。mRNA 反转录生成的 cDNA 可作为 PCR 的模板进行扩增，这种在 mRNA 反转录后进行的 PCR 扩增称为反转录-聚合酶链反应（RT-PCR）。RT-PCR 步骤：第一步，使用 oligo（dT）或随机引物先与 mRNA 杂交，之后由反转录酶催化合成互补的 cDNA 第一链；第二步，以 cDNA 第一链为模板进行 PCR 扩增。RT-PCR 比 Northern 杂交更灵敏，对 RNA 的质量要求较低，操作简便，是在转录水平上检测基因时空表达的常用方法。

本实验以水稻叶 RNA 为材料，检测 β-actin 基因的表达。实验中设定 2 个阴性对照：一个不加模板 RNA，另一个不加反转录酶，主要是消除 DNA 及 PCR 试剂方面引起的假阳性；同时以叶片 DNA 为阳性对照，检验 PCR 试剂和扩增过程是否有问题。

实验材料

1. 器材　PCR 仪、离心机、灭菌并经 DEPC 处理的 Eppendorf 管和 Tip 头、微量移液器、核酸水平电泳系统、紫外透射仪或凝胶成像系统。

2. 试剂　RNA PCR Kit 试剂盒（TaKaRa 公司）、DEPC-ddH_2O、DNase I（无 RNase）、10×DNase I 缓冲液、5×MMLV 缓冲液。

3. 材料　水稻叶 RNA。

实验方法

（一）制备总 RNA

1. TRIzol 法制备总 RNA，用 DEPC-ddH_2O 稀释总 RNA 浓度为 1μg/μl。
2. 按表 3-7-5 将各组成分加入 0.5 ml 灭菌 Eppendorf 管中。
3. 37℃温浴 15 min，之后在 70℃下放置 10 min。

表 3-7-5　总 RNA 溶液制备

项目	加样量
总 RNA	0.5～1μg
RNase-free DNase I（无 RNase）	1μl（1 U/μl）
10×DNase I 缓冲液	1μl
DEPC-ddH_2O 定容至	10μl

（二）反转录反应

1. 加 1μl 500μg/ml oligo(dT)$_{15}$ 引物，轻轻漩涡震荡，并瞬时离心收集混合液。
2. 65℃保温 10 min，室温放置 10 min，按照表 3-7-6 加下列成分。
3. 轻轻漩涡震荡，瞬时离心收集反应液，37℃水浴 2 min。

表 3-7-6　反转录反应体系

项目	加样量
5×MMLV 缓冲液	4μl
RNase 抑制剂	1μl（40 U/μl）
10 mmol/L dNTP	1μl
DEPC-ddH_2O 定容至	2μl

4. 加 1 μl 200 U/μl MMLV RNase（反转录酶），轻轻混匀，37℃保温 1 h。此时反应液总体积为 20 μl。

5. 加热 70℃变性 15 min，再加 20 μl ddH₂O，cDNA 的第一条链可以作为 PCR 扩增的模板。

6. 加 1 μl RNase H，37℃温育 20 min，以去除与 cDNA 互补的 RNA 链。

（三）PCR 扩增

1. 在冰上准备以下 PCR 扩增体系（表 3-7-7）。
2. 混匀后，设置 PCR 反应程序，如表 3-7-8。

PCR 结束后，取反应液 5～10 μl 进行琼脂糖凝胶电泳，检测基因扩增情况，其余 PCR 产物冻存。

表 3-7-7 RT-PCR 反应体系

项目	加样量（μl）
cDNA 第一条链	1
TaKaRa Ex Taq (5 U/μl)	0.5
10 × Ex Taq buffer	5
dNTP mixture (2 mmol/L)	4
Primer F (10 μmol/L)	2
Primer R (10 μmol/L)	2
ddH₂O	35.5

表 3-7-8 PCR 反应程序参数设定

程序阶段	程序名称	温度（℃）	时间（s）	循环数
1	预变性	94	120	1
	变性	94	30	
2	退火	50～60	30	30
	延伸	72	30～240	
3	延伸	72	600	1
4	保温	4	∞	1

注意事项

1. 反应系统中各成分的量应尽量准确。
2. 操作过程中应尽量减少污染，以减少非特异性扩增的概率。

实验报告

1. 对制备的总 RNA 进行琼脂糖电泳凝胶检测，分析电泳结果。
2. 对 RT-PCR 结果进行讨论与分析。

思考题

1. 第一步反转录酶催化使 RNA 反转录的 cDNA 第一链只包括特异基因的 cDNA 吗？
2. RT-PCR 的原理是什么？
3. 如何提高 RT-PCR 的灵敏度？
4. RT-PCR 有哪些用途？

实验三　蛋白质免疫印迹分析

实验目的

1. 掌握蛋白质免疫印迹的基本原理。
2. 掌握蛋白质免疫印迹的技术及基本操作。
3. 了解蛋白质免疫印迹分析中的注意事项。

实验原理

蛋白质免疫印迹（Western blotting）是根据抗原抗体的特异性结合，专一性地检测复杂样品中某种蛋白质的方法。蛋白质免疫印迹采用的是聚丙烯酰胺凝胶（PAGE）电泳，被检测物是蛋白质，"探针"是抗体，"显色"用标记的二抗。经过 PAGE 电泳分离的蛋白质样品，转移到固相载体如硝酸纤维素薄膜（NC 膜）上，固相载体以非共价键形式吸附蛋白质，且能保持电泳分离的多肽类型及其生物学活性不变。以固相载体上的蛋白质或多肽作为抗原，与对应的抗体起免疫反应，再与酶或放射性核素标记的第二抗体起反应，经过底物显色或放射自显影以检测电泳分离的特异性目的基因表达的蛋白质成分。该技术也广泛应用于检测蛋白水平的表达。

实验材料

1. 器材　垂直电泳系统、封口机、磁力搅拌器、水平摇床、电转移装置、微量加样器、格尺、剪刀、小镊子、培养皿、硝酸纤维素薄膜（NC 膜）、滤纸、玻璃棒、杂交袋、小烧杯、乳胶手套等。

2. 试剂　SDS-PAGE 电泳相关试剂（参照 SDS-PAGE 电泳实验）、封闭液、湿转缓冲液、第一抗体、HRP 标记的二抗、DAB 底物显色缓冲液（新鲜配制）、PBS。

3. 材料　组织裂解液或细胞裂解液。

实验方法

1. 将组织裂解液或细胞裂解液适当处理后，进行 SDS-PAGE 电泳，电泳结束后，小心将玻璃板取下，切去浓缩胶，量出分离胶的长和宽。

2. 将胶泡入湿转缓冲液中，裁出与胶长和宽一致的 6 张滤纸和 1 张 NC 膜（同样用湿转缓冲液浸泡至少 5 min）。

3. 做"三明治"　依次铺上 3 层滤纸，凝胶，NC 膜，3 层滤纸，尽量排尽气泡，以防短路。接好电极（凝胶接负极，NC 膜接正极）。

4. 转膜　电流约为 400 mA，稳流转移 40 min～1.5 h。

5. 封闭　把 NC 膜放于塑料袋中，加入封闭液进行封闭，排尽气泡，封口，置摇床室温 2 h 或 4 ℃过夜。

6. 弃去封闭液，加入稀释为合适比例的一抗，置摇床 4 ℃过夜。

7. 将 NC 膜用 PBS 洗涤 3 次，每次 10 min。

8. 将 NC 膜转至新塑料袋中，加入稀释为合适比例的二抗，置室温摇床 1 h。

9. 将膜用 PBS 洗涤 3 次，每次 10 min。

10. 显色　将 NC 膜放入 DAB 底物显色缓冲液中孵育，一旦显色，立即放入去离子水中终止反应。

注意事项

1. 裁切滤纸和膜时一定要戴手套，因为手上的蛋白质会污染膜。

2. 关于电转"三明治"的组装　整个操作在转移液中进行，要不断地赶出气泡。膜两边的滤纸不能相互接触，接触后会发生短路。（转移液含甲醇，操作时要戴手套，实验室要开门、窗以使空气流通）。

3. 取出凝胶后应注意分清上、下，可用刀片切去凝胶的左上角作为标记。转膜时也应用同样的方法对 NC 膜做标记，以分清正、反面和上、下关系。

4. 转膜时缓冲液温度升高会导致转膜效率降低，可将整个装置放入冰箱或包埋在碎冰中。

5. 一抗、二抗的稀释度、作用时间和温度对不同的蛋白质要经过预实验确定最佳条件。

6. 封闭时一般在室温下 2 h 就足够了，但要注意如果是生物素标记的二抗就不宜用牛奶做封闭液，因为牛奶中含有生物素，用 BSA 更好。

7. 设置内参　内参即内部参照，对于哺乳动物细胞表达来说，一般是指由管家基因编码表达的蛋白质，它们在各组织和细胞中的表达相对恒定，在检测蛋白质的表达水平变化时常用它（如 3-磷酸甘油醛脱氢酶 GAPDH 和细胞骨架蛋白 β-actin 或 β-tubulin）来做参照物。其作用是校正蛋白质定量、上样过程中存在的实验误差，保证实验结果的准确性。

实验报告

请对显色结果进行讨论与分析。

思 考 题

1. Western blotting 中转膜过程的作用是什么？
2. 造成 Western blotting 结果不理想的原因都有哪些？如何避免？
3. Western blotting 分析过程中有几次抗原抗体结合反应？
4. Western blotting 的结果中出现多条带，请解释可能的原因。

（陈珂珂）

第八章 发酵工程

实验一 地衣芽孢杆菌的液体发酵

实验目的

1. 了解地衣芽孢杆菌的特性。
2. 熟悉培养基的配制和地衣芽孢杆菌稀释分离法。
3. 掌握发酵罐的操作规程及使用。
4. 掌握地衣芽孢杆菌液体发酵的基本原理和方法。

实验原理

地衣芽孢杆菌为革兰阳性菌，其形态和排列呈杆状，单生，大小约 $0.8\ \mu m \times (1.5 \sim 3.5)\ \mu m$。其活菌形式进入肠道后，对葡萄球菌、酵母菌等致病菌有拮抗作用，而对双歧杆菌、乳酸杆菌、消化链球菌、拟杆菌有促进生长作用，可促使机体产生抗菌活性物质，杀灭致病菌。此外，地衣芽孢杆菌具有独特的生物夺氧作用机制，能抑制致病菌的生长繁殖，维持机体微生态平衡，是一种重要的微生态调节剂。地衣芽孢杆菌已大规模应用于保健制剂以及"整肠生"等药品的生产。

本实验将从整肠生中分离出一株地衣芽孢杆菌，再进行扩增培养和液体发酵。

实验材料

1. 器材 培养箱、灭菌锅、移液管、锥形瓶、试管、显微镜、可见分光光度计、恒温摇床、超净工作台、5L 机械搅拌通气式发酵罐等。
2. 试剂 蛋白胨、NaCl、牛肉膏、琼脂、可溶性淀粉、酵母膏、$(NH_4)_2SO_4$、KH_2O_4、$CaCO_3$、$MgSO_4 \cdot 7H_2O$。
3. 样品 整肠生。

实验方法

（一）地衣芽孢杆菌的分离

1. 实验准备 配制地衣芽孢杆菌增殖固体培养基，高压蒸汽灭菌；准备无菌水、移液管、试管等。

2. 地衣芽孢杆菌的分离 称取菌剂 1g，放入 99ml 无菌水中溶解，混匀，再依次稀释至 10^{-3}、10^{-4}、10^{-5}、10^{-6}、10^{-7}，取 0.1ml 10^{-6}、10^{-7} 稀释液涂布于平板培养基上（注意无菌操作），30℃培养 36h。观察菌落的大小、形状、颜色。挑取有皱褶状菌落，用显微镜观察菌体形态是否一致，确认纯化后保存，作为备用菌种。

（二）地衣芽孢杆菌的扩大培养

1. 实验准备 配制地衣芽孢杆菌发酵培养基 1L，分装于 4 个 250ml 锥形瓶中，装量 80ml，高压蒸汽灭菌。

2. 接种培养 在超净工作台中（注意无菌操作），将纯种单菌落接种到上述装有发酵液的锥形瓶中，标记注明菌种、操作人、日期，然后再置 30℃摇床中，200r/min，振荡培养 12h。

（三）地衣芽孢杆菌的液体发酵

1. 清洗发酵罐 清洗前应取出 pH 电极和溶氧电极。清洗罐内可配合进水、进气、电机搅拌、加温一起进行。

2. 配制培养基 配制发酵液体培养基，发酵罐装液量少于 70%。

3. 离位灭菌 将发酵培养基装入发酵罐，旋紧罐体上每一个接口、堵头、电极紧固帽，确保发酵罐密封完好，其进气孔和排气孔则用多层纱布包扎。然后将发酵罐和补料瓶、酸碱瓶一同放入高压蒸汽灭菌锅内灭菌，121℃，30min。

4. 连接冷却系统和空气系统，设置发酵条件温度 30℃，搅拌转速 250~300rpm，通风量 1:0.5 v/v·min。

5. 火焰接种法 待培养基冷却至 30℃时，在接种口用酒精火圈消毒，然后打开接种口盖，迅速将适量的接种液倒入罐内（接种量 1%~5%），再把盖拧紧。

6. 过程检测与监控

（1）溶解氧（DO）的测量和控制

溶解氧的校正：接种前，在一定的发酵温度下，将转速及空气量开到最大值时的 DO 值作为 100%，0 点则在饱和亚硫酸溶液中。

发酵过程的 DO 的控制可采用调节空气流量和调节转速来达到。最简单的是调节转速控制，其次是同时调节进气量（手动）控制。

（2）pH 的测量与控制

pH 值的校正：在灭菌前应对 pH 电极进行校正，在发酵过程中 pH 值的控制使用蠕动泵的加酸加碱来达到。

（3）间隔 8h，开启取样阀，取样 100ml 发酵液分别测定残糖度、菌体浓度等。

7. 发酵参数到达放罐指标时，发酵结束。进行设备还原、清洗工作。

实验报告

1. 测定发酵生物量。

2. 测定发酵过程菌体浓度，以时间为横坐标、DO 值为纵坐标，绘制菌体生长曲线图。

思考题

1. 地衣芽孢杆菌的分离除了用本实验所用的稀释涂布分离法外还可以用其他方法分离吗？
2. 发酵罐离位灭菌时应将发酵罐每个接口和孔都密封好吗？为什么？
3. 如果发现发酵前期和后期染菌，应该分别采取哪些措施？

实验二　红曲霉固态发酵及红曲色素的分离

实验目的

1. 熟悉培养基的配制和红曲霉菌种的分离方法。
2. 熟悉红曲米红曲色素制备的基本原理。
3. 掌握红曲霉的固态发酵方法和小规模制备红曲的方法。
4. 掌握从红曲米中浓缩和分离、纯化红曲色素的方法。

实验原理

红曲霉广泛存在于自然界中，是我国最早应用于食品加工的有益真菌之一。红曲霉在麦芽汁琼脂培养基上生长良好，菌落初期呈白色，老熟后变成淡粉色、紫红色、灰黑色等，多数为红色。

红曲霉在生长过程中能产生大量的优良的红曲色素而备受关注。它是目前世界上唯一产食用色素的微生物。红曲色素具有稳定性强、安全性高等优点，在乙醇和醋酸中的溶解性比较好。

红曲霉固态发酵后，红曲色素的含量很低，首先通过萃取、蒸馏等方法浓缩红曲霉代谢产物，再用层析法将红曲色素从浓缩物中分离出来。

实验材料

1. **器材**　水浴锅、10 ml 无菌吸管、灭菌锅、培养箱、锥形瓶、培养皿、移液管、试管、分光光度计、层析柱、旋转蒸发仪、分液漏斗等。
2. **试剂**　葡萄糖、酵母提取物、$NaNO_3$、K_2HPO_4、$MgSO_4 \cdot 7H_2O$、KCl、$FeSO_4 \cdot 7H_2O$、琼脂、无水硫酸钠、麦芽汁、豆芽、丙酮、己烷、乙酸乙酯、氯仿、甲醇、硅胶、瓷盘、无菌水、大米、8 层纱布等。
3. **材料**　红曲米或红曲酒药。

实验方法

（一）红曲霉菌种的分离

1. 实验准备　配制豆芽汁固体培养基，移液管、试管、去离子水等高压蒸汽灭菌121℃，30min。

2. 红曲霉菌种的分离　称取红曲米（或红曲酒药）10g，置入90ml无菌水中振荡摇匀，然后置于水浴锅中，60℃保温30min，杀死不耐热的细菌及酵母。将上层孢子悬浮液再依次稀释10^{-3}、10^{-4}、10^{-5}、10^{-6}，取0.1ml 10^{-4}、10^{-5}、10^{-6}稀释液涂布于平板培养基上（注意无菌操作），30℃培养5天，挑取能产生红色色素的红曲霉菌单菌落，用显微镜观察细胞形态是否一致，判断是否纯种，确认后保存。

（二）红曲霉固态发酵

1. 制备种子液　将上述红曲霉菌种接种于液体摇瓶，发酵作为种子（接种前调pH至4.0）。

2. 红曲霉固态发酵

（1）泡米　称取适量大米，在室温下浸泡5~8h，用清水淋去米浆水，沥干至无水滴。

（2）蒸米　将上述沥干的大米分装于250ml锥形瓶，装量为40g，放入高压蒸汽灭菌锅，121℃，20min。蒸好的饭粒不夹生，呈玉色，粒粒疏松，无结团块。

（3）接种　接种前将米充分摇散，有时适当喷少量水冷却至34℃，接入准备好的种子液5ml，充分翻搅。

（4）培养　恒温32℃，恒湿80%，培养6天，敲瓶翻曲（1次/天），加无菌水保湿。

3. 检测

（1）目测红曲米成熟度　从外观观察它的红色深浅，判断是否成熟或者是否被污染。此外，通过破碎红曲米观察红曲米内部颜色来判断成熟度。

（2）色价测定　在发酵第3、第6天，分别取少许红曲米干燥后研磨碎，放入装有9ml 70%乙醇的试管中，将试管放入60℃水浴锅内浸提2h后过滤，再用70%乙醇稀释500倍，在505nm处测定其吸光度，计算色价：

$$色价 = 吸光度 A \times 稀释倍数 / 重量 = 吸光度 A \times 5000$$

4. 烘干　成熟后取下置于40~45℃烘箱内，保持12h烘干。用研钵磨碎，待用。

（三）浓缩红曲霉固态发酵产物

1. 取上述200g红曲粉放入500ml锥形瓶中，加入300ml提取液（丙酮：水＝8:2），锥形瓶用保鲜膜封口，每隔2h摇动一次。室温下浸提24h，过滤，收集滤液。

2. 滤渣加入上述同样的提取液100ml浸提2h，过滤后合并滤液。滤渣浸提2次。

3. 将所得滤液装入旋转蒸发仪中，水浴温度40℃条件下，减压蒸去丙酮，当馏出液速度很慢时就停止蒸馏。

4. 用1mol/L HCl将残留液pH调节至3.0，然后导入分液漏斗中，再加入乙酸乙酯70ml，充分混匀后静置，收集有机相。

5. 水相中则分2次依次加入乙酸乙酯50ml、30ml，同样收集有机相，合并。

6. 加入适量无水硫酸钠于所收集有机相中，充分接触，过夜除去水分，过滤，收集滤液。

将滤液倒入旋转蒸发仪中减压浓缩，得到酸性浓缩物。

7. 萃取前将第三步得到的溶液分别调 pH 至 9.7 和 7.0，以相同方法可分别得到碱性、中性组分。将各组分减压蒸发除去溶剂得到碱性、中性浓缩物，分别装于样品管中低温保存。

（四）分离、纯化红曲色素

1. 取上述红色最深的组分，称重。
2. 用 98% 氯仿/2% 甲醇调匀样品质量 50～100 倍的硅胶，装入层析柱。将样品放至硅胶层析柱上部。
3. 从层析柱上端加 3 倍硅胶体积的流动相（98% 氯仿/2% 甲醇），开始层析，收集红色流出液。
4. 如加样品部分仍有红色，可依次用 95% 氯仿/5% 甲醇、90% 氯仿/10% 甲醇层析，洗脱液的体积约为硅胶体积的 3 倍，收集红色流出液。
5. 将各次收集的红色流出液减压蒸发后得到红曲色素样品。

实验报告

1. 记录固体发酵第 3、第 6 天的目测成熟度和色价测定的结果。
2. 计算此次固态发酵所得红曲粉中红曲色素所占的质量分数。

思 考 题

1. 分离红曲霉菌种时，样品为何要在 60℃水浴中保温 30 min？
2. 是否可从市售红腐乳中分离到红曲霉菌？为什么？
3. 固态发酵时怎样操作才能尽量减少杂菌污染？
4. 影响红曲霉发酵的主要因素有哪些？如何影响？
5. 最后得到的红曲色素样品，如要进一步纯化可以采取哪些方法？

（贺气志　唐　亮）

第四篇

设计创新性实验

第一章 植物学

实验一 植物向性运动实验设计

实验目的

1. 设计植物的向光性和根的向地性的实验方案。
2. 观察植物的向光性和根的向地性现象并记录分析。
3. 通过共同设计和研究观察，学会合作、交流、互相学习。
4. 培养动手能力、科研意识、创新精神。

实验材料

1. 器材　若干锡纸、不透光的纸盒2个、培养皿、剪刀、胶带、脱脂棉。
2. 试剂　无土栽培营养液等。
3. 实验植物　豌豆种子、玉米种子或其他合适材料。

实验方法

1. 明确研究学习本实验的目的。
2. 阅读教材和相关书籍。
3. 上网查询，了解相关信息。
4. 咨询老师，讨论研究。
5. 设计出实验方案定稿。

实验报告

1. 每人完成一份实验设计报告。
2. 每人写一篇实验设计的总结，并进行交流。

（赵　娟）

第二章 动　物　学

实验一　动物再生试验设计

实验目的

1. 通过对三角涡虫、环毛蚯蚓等较低等动物的再生试验，了解动物再生的特点。
2. 培养动手能力、科研意识、创新精神和团队合作能力。

实验材料

1. 器材　显微镜、解剖镜、滴管、载玻片、盖玻片、培养皿、双面刀片等。
2. 实验动物　三角涡虫、环毛蚯蚓或其他合适材料。

实验方法

1. 每三人一组，每组成员明确研究、学习本实验的目的。
2. 阅读教材和相关书籍。
3. 上网查询，了解相关信息。
4. 咨询老师，讨论研究。
5. 设计出实验方案定稿。

实验报告

1. 每人完成一份实验设计报告。
2. 每人写一篇实验设计的总结，并进行交流。

（张敬敬）

第三章 微生物学

实验一 不同来源自来水中菌落总数和大肠菌群的测定

实验目的

1. 训练学生独立查阅资料、整理资料,独立设计实验的能力。
2. 训练学生的实验操作技能,独立完成自行设计的实验的能力。
3. 根据已掌握的微生物计数的方法,查阅相关资料,学习和掌握大肠埃希菌测定方法,调查不同来源自来水中细菌总数和大肠埃希菌含量,了解饮用水中菌落总数和大肠菌群检测的意义。
4. 了解学生对微生物实验基础知识的灵活应用能力。

实验原理

水中微生物种类繁多,主要来源有:水中的水生性微生物(如光合藻类)、土壤径流、降雨的外来菌群、下水道的污染物和人畜的排泄物等。水中的病原菌主要来源于人和动物的传染性排泄物。

水中微生物学检验,特别是肠道细菌的检验,在保证饮水安全和控制传染病方面有着重要意义,同时也是评价水质状况的重要指标。国家饮用水标准规定,饮用水中大肠菌群数每升中不超过3个,细菌总数每毫升不超过100个。

所谓细菌总数是指1 ml或1 g检测样品中所含细菌菌落的总数,所用的方法是稀释平板计数法。由于计数的是平板上形成的菌落(colony-forming unit,cfu)数,故其单位应是cfu/g(ml)。它反映的是检测样品中活菌的数量。

所谓大肠菌群是指在37℃,24 h内能发酵乳糖产酸、产气的兼性厌氧的革兰阴性无芽胞杆菌的总称。水的大肠菌群数是指100 ml水检测样品中含有的大肠菌群实际数值,以大肠菌群最近似数(MPN)表示。在正常情况下,肠道中主要有大肠菌群、粪链球菌和厌氧芽胞杆菌等多种细菌。这些细菌都可随人、畜排泄物进入水源。由于大肠菌群在肠道内数量最多,所以,水源中大肠菌群的数量是直接反映水源被人、畜排泄物污染的一项重要指标。目前,国际上已公认大肠菌群的存在是粪便污染的指标。因而对饮用水必须进行大肠菌群的检查。

根据这些原理,查阅书籍和文献资料,了解水中大肠菌群检测的方法,设计合适的测定方案。

实验材料

1. 器材　高压蒸汽灭菌锅、培养皿、吸管、试管及其他根据实验方案确定需要的器材等。
2. 培养基　牛肉膏蛋白胨琼脂培养基及根据实验方案确定需要的其他培养基。
3. 样品　用灭菌的容器从不同来源自来水样点采取水样。

实验方法

（一）实验方案设计

1. 分四组进行，每组设计一个测定方案。
2. 查阅资料，了解测定方法，独立设计实验方案并进行可行性分析。
3. 指导老师对各组设计的方案进行综合评价，根据合理性和可行性等对方案进行修正，并对修正之处向学生阐明原因。
4. 各组根据实验方案开始实验。

（二）实验安排

1学时　指导老师给出课题，解释原理，给学生提供资料查询方式，要求各组学生各自写出一种实验方案。

3~5学时　学生查阅资料，设计方案并对方案进行可行性分析。指导老师对方案进行点评和修正。

5~6学时　实施实验方案，记录实验过程，观察结果并对实验结果进行分析。

（三）结果分析与讨论

各组对本组的实验结果进行总结和讨论，分析本组的实验方案实施结果的可靠性，并与其他组进行交流。

注意事项

1. 指导老师要对各组方案进行点评，并对其可行性和可操作性进行分析，帮助学生修改和完善实验设计。
2. 实验设计方案尽量根据实验室的实际情况（如仪器、试剂、耗材等）进行。
3. 实验操作过程中，注意实验室安全，老师要现场监督、检查和指导；要求学生规范操作，严格按照实验流程进行。

实验报告

根据实验方案要求，写出实验报告，并分析结果。

思 考 题

1. 在你的实验方案中选择了哪种测定方案？你认为该方法的优、缺点是什么？
2. 各类测定方案的原理是什么？
3. 本次实验过程中，你学到了哪些知识？掌握了哪些实验方法？得到了什么启示？

实验二　发酵食品中的微生物检测

实验目的

1. 训练学生独立查阅资料、整理资料，独立设计实验的能力。
2. 训练学生的实验操作技能，以及独立完成自行设计的实验的能力。
3. 通过本实验设计，了解市场上常见的发酵食品的种类，查阅资料了解食品微生物检测的常规项目、检测方法和检测意义，选择其中一种检测方法确定某一种发酵食品中的微生物含量。
4. 了解学生对微生物实验基础知识的灵活应用能力。

实验原理

食品中富含蛋白质、脂肪、糖类等营养物质，是微生物生长繁殖的优良环境。因此，在食品生产、加工到成品包装过程中都有机会受到微生物污染。检测食品中的菌落总数可以了解其污染情况，也可以反映食品的卫生质量。一般来讲，食品中菌落总数越多，表明食品卫生质量越差，遭受病原菌污染的可能性越大。发酵食品本身就是通过微生物的发酵作用而制成的，且是活菌制品，因此，这些食品中细菌总数的测定对评价食品的新鲜度和卫生质量起着至关重要的作用。但是判定食品的卫生质量，不能单凭这一项指标，还需要配合一些其他指标如大肠菌群和致病菌等检验，才能做出全面、准确的评价。

根据这些原理，查阅书籍和文献资料，了解和学习食品中微生物检测的常用指标和检测方法，设计合适的检测方案，对某发酵食品的卫生质量情况进行检测。

实验材料

1. **器材**　高压蒸汽灭菌锅、培养皿、吸管、试管及其他根据实验方案确定需要的器材等。
2. **培养基**　根据设计好的实验方案，配制所需要的检测用的培养基。
3. **样品**　用灭菌容器从目标市场上采来发酵食品样品。

实验方法

（一）实验设计

1. 分四组进行，每组设计一个检测方案。
2. 查阅资料，了解测定方法，独立设计实验方案并进行可行性分析。
3. 指导老师对各组设计的方案进行综合评价，根据合理性和可行性等对方案进行修正，并对修正之处向学生阐明原因。
4. 根据实验方案组织实验。

（二）实验安排

1 学时　指导老师给出课题，解释原理，给学生提供资料查询方式，要求各组学生写出一种实验方案。

3~5 学时　组织学生查阅资料，设计方案并针对方案的可行性进行讨论分析。指导老师对方案进行点评和修正。

5~6 学时　实施实验方案，记录实验过程，观察结果并对实验结果进行分析。

实验报告

各组对本组的实验结果进行总结和讨论，分析本组的实验方案实施结果的可靠性，并与其他组进行交流。

注意事项

1. 指导老师要对各组方案进行点评，并对其可行性和可操作性进行分析，帮助学生修改和完善实验设计。
2. 实验设计方案尽量根据实验室的实际情况（如仪器、试剂、耗材等）进行。
3. 实验操作过程中，注意实验室安全，老师要现场监督、检查和指导点；要求学生规范操作，严格按照实验流程进行。

实验报告

1. 记录你所统计的市场中发酵食品的种类。
2. 记录某发酵食品中微生物检测的结果，并根据检测结果分析这种发酵食品的卫生质量情况。

思 考 题

1. 在你的实验方案中选择了哪种测定方法？你认为该方法的优、缺点是什么？
2. 为了判定食品的卫生质量，食品中微生物的检测除了检测菌落总数之外，还需要结合哪些指标进行分析？
3. 本次实验过程中，你学到了哪些知识？掌握了哪些实验方法？得到了什么启示？

（罗　琼　黄秋霞）

第四章 细胞生物学

实验一 某药物对肿瘤细胞生长增殖的影响

实验目的

1. 掌握细胞培养和细胞计数的方法,熟悉细胞增殖的基本测定方法。
2. 研究某药物对肿瘤细胞生长增殖的影响。
3. 培养学生独立查阅资料、设计实验,完成实验设计的能力。

实验原理

细胞增殖是生物体的重要生命特征,细胞以分裂的方式进行增殖。多细胞生物以细胞分裂的方式产生新的细胞,用来补充体内衰老或死亡的细胞;同时,多细胞生物可以由一个受精卵,经过细胞的分裂和分化,最终发育成一个新的多细胞个体。通过细胞分裂,可以将复制的遗传物质,平均地分配到两个子细胞中去。细胞增殖是生物体生长、发育、繁殖和遗传的基础。

正常细胞的生长依赖于生长因子的调节,但肿瘤细胞可以在很少甚至完全没有生长因子的条件下,保持其持续增殖的能力。这说明,正常细胞原来的生长调节系统在肿瘤细胞中已经失效或出现异常,使得肿瘤细胞的增殖特性不同于正常细胞。

细胞增殖检测技术广泛应用于分子生物学、遗传学、肿瘤生物学、免疫学、药理和药代动力学等研究领域。目前常用的检测方法有 MTT(噻唑蓝比色)法、^{3}H-TdR(氚胸腺嘧啶核苷)标记法、BrdU(溴脱氧尿嘧啶核苷)法等。其中最基础的检测方法是台盼蓝拒染实验。台盼蓝是细胞活性染料,常用于检测细胞是否存活。活细胞不会被染成蓝色,而死细胞会被染成淡蓝色。通过这些方法,可以较客观地评价某药物或某条件对培养的细胞增殖能力有无影响。

实验材料

1. 器材 超净工作台、二氧化碳培养箱、倒置显微镜、吸管、橡皮头、培养瓶、12孔细胞培养板、酒精灯、酒精棉球、试管架、标记笔。
2. 试剂 含有10%小牛血清的1640培养液、0.4%锥虫蓝染液。
3. 细胞株 HL-60细胞(白血病细胞)、Hela细胞(宫颈癌细胞)。

实验方法

（一）实验设计

1. 分四组进行，每组分别查阅文献，自行选择一个药物。
2. 查阅资料，学习常用的细胞增殖测定方法，独立设计实验方案并进行可行性分析。
3. 指导老师对各组设计的方案进行综合评价，根据合理性和可行性等对方案进行修正，并对修正之处向学生阐明原因。
4. 各组根据实验方案开始实验。

（二）实验安排

1. 指导老师给出课题，解释原理，给学生提供资料查询方式，要求各组学生自行选择一个药物，写出实验方案，1学时。
2. 学生查阅资料，设计方案并对方案进行可行性分析。指导老师对方案进行点评和修正，3学时。
3. 制备适合浓度的药液，准备细胞培养，2学时。
4. 培养细胞，加入药液，每24 h通过台盼蓝拒染实验记录活细胞比率或者通过其他检测方法进行增殖检测。连续5~6天，每天3学时。
5. 绘制细胞生长曲线，观察结果并对实验结果进行分析。

注意事项

1. 指导老师要对各组方案进行点评，并对其可行性和可操作性进行分析，帮助学生修改和完善实验设计。
2. 实验设计方案尽量根据实验室的实际情况（如仪器、试剂、耗材等）进行。
3. 实验操作过程中，注意实验室安全，老师要现场监督、检查和指导；要求学生规范操作，严格按照实验流程进行。

实验报告

各组对本组的实验结果进行总结和讨论，分析本组的实验方案实施结果的可靠性，并与其他组进行交流。

思考题

1. 在你的实验方案中选择了哪种药物？为何选择该种药物？
2. 还有哪些方法可以筛选有抑制肿瘤细胞作用的药物？
3. 本次实验过程中，你学到了哪些知识？掌握了哪些实验方法？得到了什么启示？

（罗琼 刘佳）

第五章 生物化学

实验一 碱性磷酸酶的分离、性质鉴定及活性测定

实验目的

1. 设计牛碱性磷酸酶的分离、性质鉴定及活性测定的实验方案。
2. 测定牛碱性磷酸酶的等电点、分子量及活性并记录分析。
3. 通过共同设计和研究观察,学会合作、交流、互相学习。
4. 培养动手能力、科研意识、创新精神。

实验材料

1. 器材 等电点聚焦电泳仪、酶标仪、离心机、离心管、烧杯、玻璃棒、剪刀、纱布等。
2. 试剂 按实验设计方案自行配制试剂。
3. 实验用品 动物肝或肾。

实验方法

1. 明确研究学习本实验的目的。
2. 阅读教材和相关书籍。
3. 上网查询,了解相关信息。
4. 咨询老师,讨论研究。
5. 设计出实验方案定稿。

(陈珂珂 赵 娟)

第六章 遗传学

实验一 番木瓜 DNA 提取与性别分子鉴定

实验目的

1. 掌握植物 DNA 的提取方法。
2. 掌握 SCAR 标记方法并用其进行性别鉴定。

实验原理

番木瓜株性复杂，有雄株、雌株和两性株，是研究植物性别决定的模式植物。早在 20 世纪 30 年代，有科学家就推断番木瓜的性别受 3 个复等位基因控制，雄株、两性株及雌株的基因型分别为 M1m、M2m、mm。根据属间杂交的结果提出番木瓜性别是由性染色体决定的，属于经典的 XX–XY 型。随着研究的深入，认为番木瓜包含一个原始的 Y 染色体，其雄性特异区域可能与两亿四千万到三亿两千万年前人 Y 染色体的祖先相似。番木瓜雄株一般不结果，雌株和两性株均能结果，但是雌株果实果腔大、果肉薄，市场价值不如两性株果实。番木瓜性别分化较迟，一般在开花后才能准确鉴别其性别，因此在生产中果农总是 1 个穴中种 2~3 株小苗，等到 7~9 个月开花后再将雄株和雌株拔掉，这在生产上造成极大的浪费。因此，番木瓜性别早期鉴定在番木瓜生产上具有重要意义。Deputy 等获得了与番木瓜性别紧密连锁的 2 个 RAPD 标记，并将其转化为 SCAR 标记。SCART12 在两性株上能扩增出约 800 bp 的特异条带，而在雌株中不出现，重复性良好，能很好地将两性株和雌株区分开，在生产上具有重要应用价值。

SCAR（sequence characterized amplified regions，特定序列扩增）标记通常是由 RAPD、SRAP、SSR 标记转化而来。SCAR 标记是将特异标记片段从凝胶上回收并进行克隆和测序，根据其碱基序列设计一对特异引物（18~24 个碱基）；也可对 RAPD 标记末端进行测序，在原 RAPD 所用 10 个碱基引物的末端增加 14 个左右的碱基，成为与原 RAPD 片段末端互补的特异引物。SCAR 标记一般表现为扩增片段的有无，是一种显性标记，当扩增区域内部发生少数碱基的插入、缺失、重复等变异时，表现为共显性遗传的特点。若待检 DNA 间的差异表现为扩增片段的有无，则可直接在 PCR 反应管中加入溴化乙锭，通过在紫外灯下观察有无荧光来判断有无扩增产物，检测 DNA 间的差异，从而省去电泳的方法，使检测变得更方便、快捷，可用于快速检测大量个体。相对于 RAPD 标记，SCAR 标记所用引物较长且引物序列与模板 DNA 完全互补，可在严谨条件下进行扩增，因此结果稳定性好、可重复性强。由于上述优点，SCAR 标记成为目前分子标记在育种实践中能直接应用的首选标记。实际上，它也是标记辅助育种中可以直接应用的一类标记。

实验材料

1. 仪器　UV-120 分光光度计、磨口锥形瓶、具塞刻度试管、研钵、移液枪等器皿、PCR 仪、离心机。
2. 试剂　SDS、CTAB、Tris、EDTA、NaCl、PVPP、乙醇、氯仿、异戊醇；ExTaq、dNTPs、质粒提取试剂盒。
3. 标本　实验用新鲜番木瓜叶片。

实验方法

（一）2×CTAB + 质粒提取试剂盒法

将番木瓜叶片于 2×CTAB 缓冲液中研磨成匀浆，65℃温育 15min 后，离心，然后将上清液加入质粒提取试剂盒的柱子中，其余方法参照试剂盒使用说明书。

（二）DNA 质量检测

取 3μl DNA 样品并稀释 100 倍，在 TU1901 型紫外分光光度计上测定 A_{260}、A_{280}，并计算检测 DNA 的纯度、浓度和产率。计算 DNA 浓度 $c: c/(\mathrm{mg \cdot L^{-1}}) = A_{260} \times 50 \times 100$。各取 8μl DNA 样品，经 1% 琼脂糖凝胶电泳检测 DNA 质量（图 4-6-1）。各取 8μl DNA 样品用 SauA I 与 EcoR I 酶切，将酶切产物经琼脂糖凝胶电泳检测酶切效果。

（三）番木瓜性别连锁 SCAR 标记的扩增

根据 Deputy 等发表的番木瓜性别连锁 SCAR 标记合成引物，上游引物 T 12-F：5′-GGGTGTGTAG-GCACTCTCCTT-3′，下游引物 T12-R：5′-GGGTGTG-TAGCATGCATGATA-3′，片段长度为 800bp。利用番木瓜 Actin 基因保守区做阳性对照，上游引物为 5′-CACTGCTGAGCGGG AAATTGT-3′，下游引物为 5′-GATCCTCCAATCCAGACACTGT-3′，片段长度为 426bp。以提取的番木瓜基因组 DNA 为模板，扩增性别连锁 SCAR 标记。PCR 扩增程序：94℃预变性 5min；35 个扩增循环的 94℃变性 30s，52℃退火 30s，72℃延伸 50s；最后 72℃继续延伸 7min。扩增 PCR 产物经 1% 琼脂糖凝胶电泳检测（图 4-6-2）。

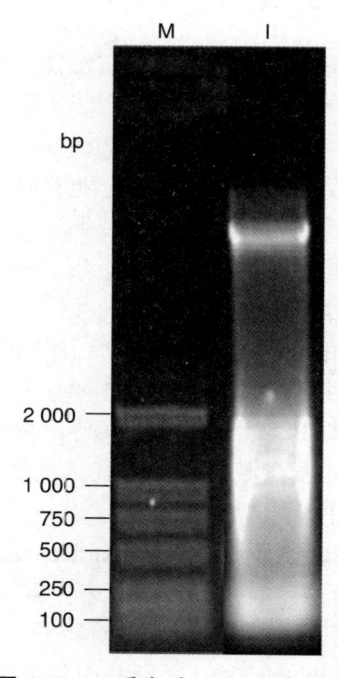

图 4-6-1　番木瓜 DNA 电泳图谱

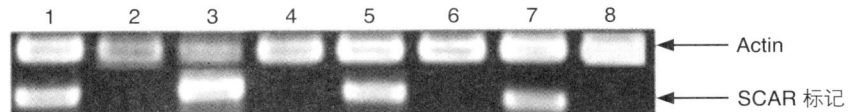

图 4-6-2　番木瓜性别连锁 SCAR 标记的扩增
1、3、5、7 为两性株；2、4、6、8 为雌株

（四）实验结果

实验报告

将实验结果贴在实验报告本上。

思　考　题

1. 什么是 SCAR 标记？
2. 除了用番木瓜为实验材料外，SCAR 标记还能用于哪些植物性别鉴定？请查阅资料回答。

（罗桐秀　龚　琳　刘一舟）

第七章 分子生物学

实验一 聚合酶链反应引物的电子设计

实验目的

1. 掌握使用软件 Primer 5.0 设计聚合酶链反应引物的方法。
2. 掌握聚合酶链反应引物设计的原则。

实验原理

聚合酶链反应（PCR）是分子生物学实验中重要的且广泛使用的实验方法。其中引物设计是 PCR 实验成功的前提。PCR 引物的电子设计是利用软件，根据输入的引物设计参数（如扩增区间、PCR 产物长度、退火温度、引物 GC 含量和 3′端序列特征等）的限制，计算机根据限制条件，测算出全部的候选引物，然后对每一对引物可能出现的自身发夹结构、引物间的错配、引物和模板间的错配等进行量化评分，在综合全部因素后计算机给出最佳的引物组合。这种高通量的综合筛选方法的优越性是手工设计望尘莫及的。

实验材料

器材　安装有 Primer 5.0，Adobe Acrobat 软件的计算机。

实验方法

1. 打开 Primer 5.0，选择 File——New——DNA Sequence，出现输入序列窗口，将复制的目的序列粘贴在输入框内，选择 As Is，后应加数个 N 以备后续设计时加酶切位点及保护碱基，见图 4-7-1。

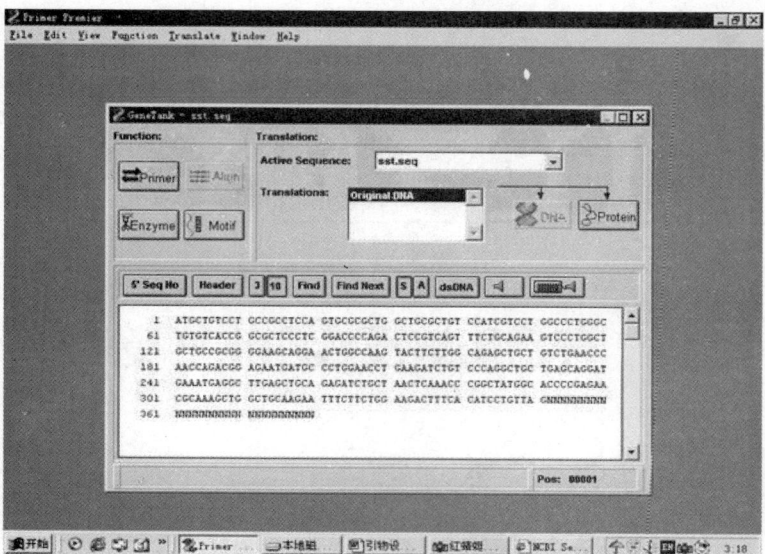

图 4-7-1

2. 选中 Enzyme 图标,将所选质粒上的多克隆酶切位点加入左栏,见图 4-7-2。

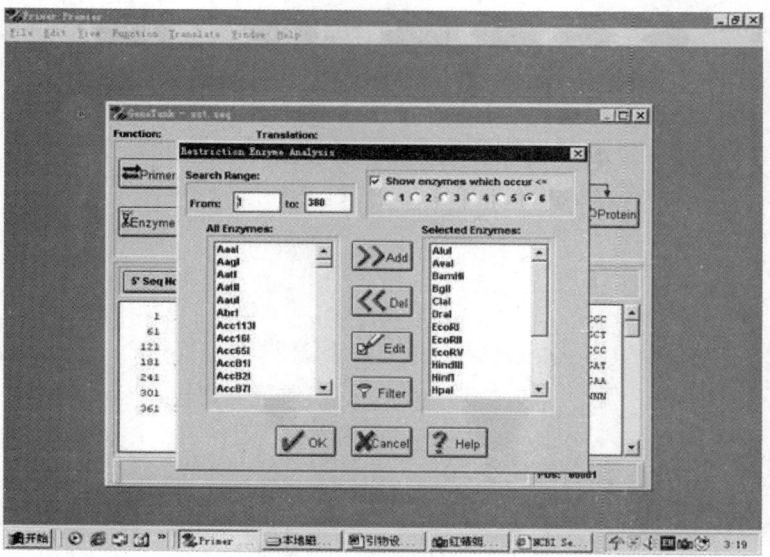

图 4-7-2

3. 选中 OK 键,分析目的基因中所含的酶切位点,选插入位点时就应排除这些酶,见图 4-7-3。

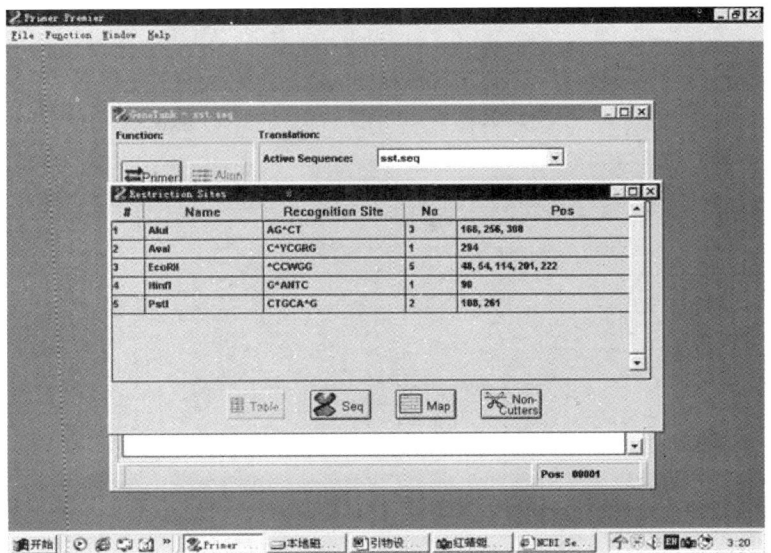

图 4-7-3

4. 选中 Primer 图标,点 S 图标,Edit Primers,开始设计正义链,见图 4-7-4。

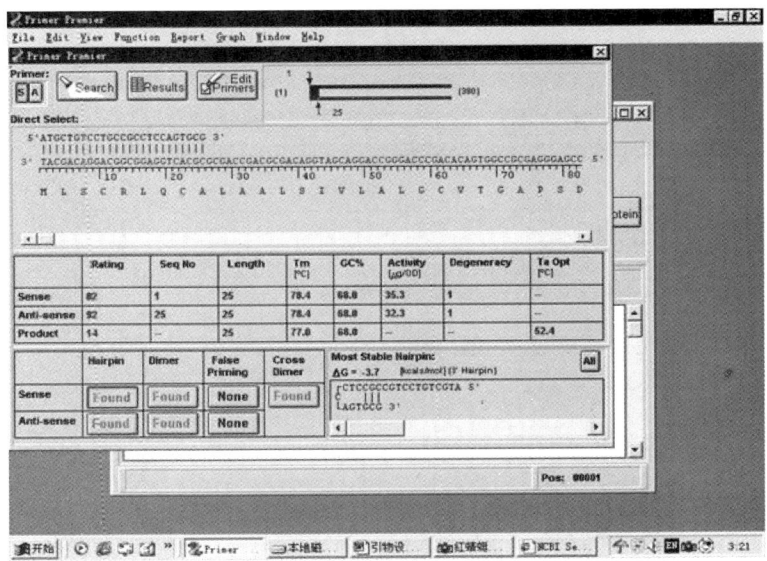

图 4-7-4

5. 软件默认引物为 25 个碱基,引物窗口中显示出该引物的综合情况,包括引物的序列和位置、引物发卡结构、引物二聚体和错配信息,见图 4-7-5。

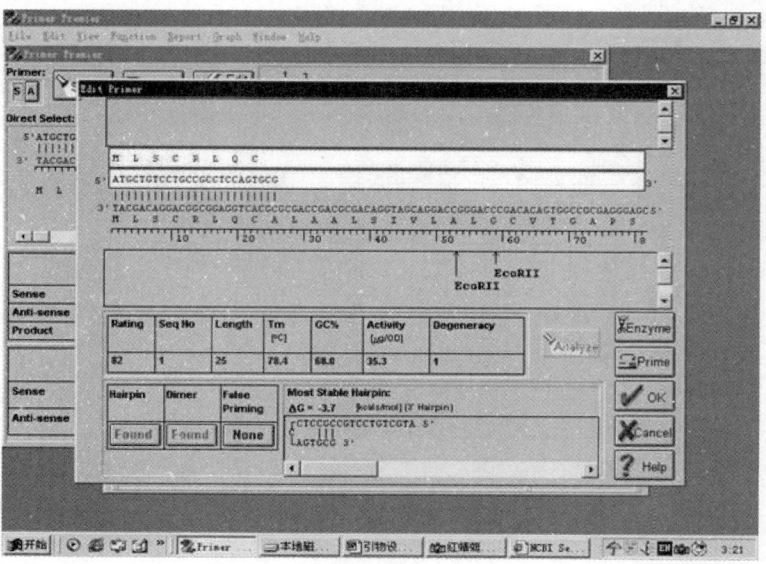

图 4-7-5

6. 可将鼠标点在设计框的 3 端从右向左删除 7~9 个碱基，保留 16~18 个配对即可，见图 4-7-6。

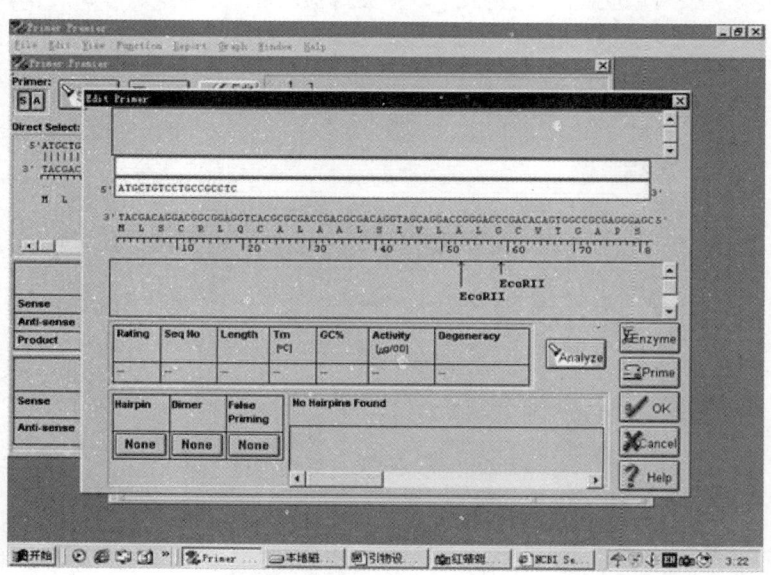

图 4-7-6

7. 在引物的 5′ 端加入选好的酶切位点并在其左侧加 3 个保护碱基，如图 4-7-7 加入 HIND Ⅲ 酶切位点及 TTA 保护碱基，完成后点 Analyze，认为可以后点 OK。

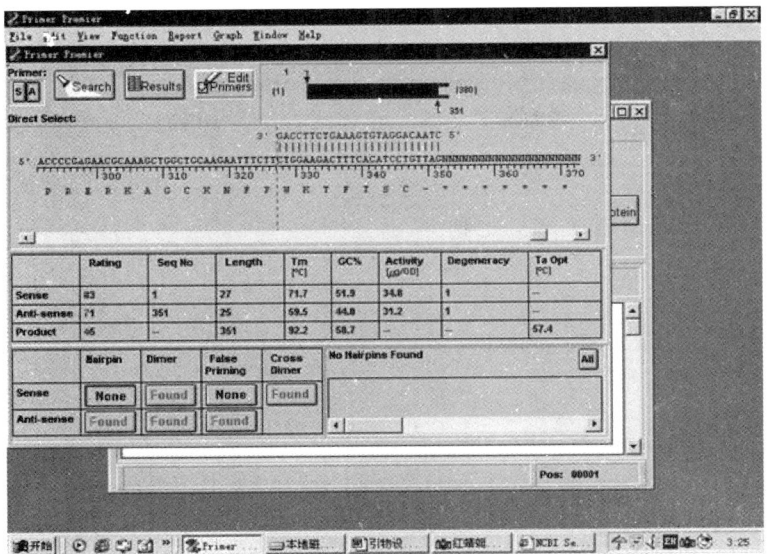

图 4-7-7

8. 选中左上角 A 图标，用鼠标拉动滑块将待选引物放至目的基因末端。如图 4-7-8，选中 Edit Primers 图标，开始设计反义链。

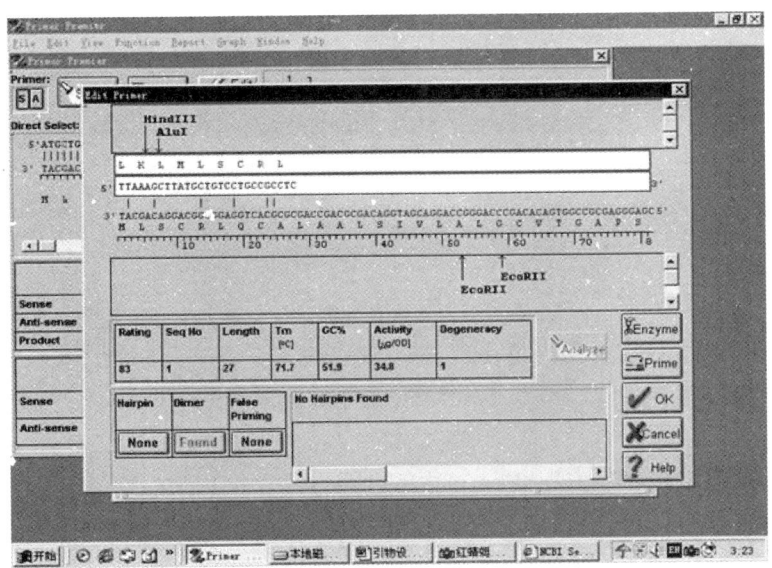

图 4-7-8

9. 从 3 端删除 7~9 个碱基同正义链，见图 4-7-9。

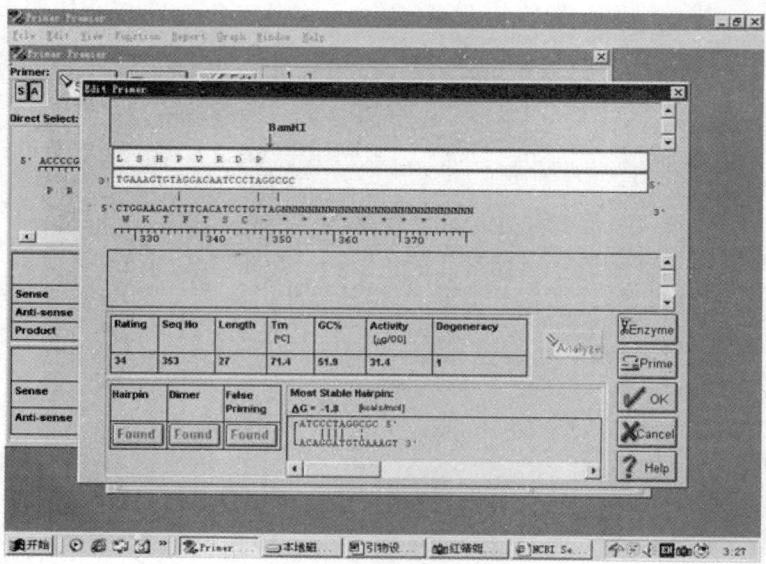

图 4-7-9

10. 将酶切位点加在 5 端，应将产品目录所示的酶切位点序列从右至左加入（注意不要加反），如图 4-7-10 加入 BamH Ⅰ 酶切位点及 CGC 3 个保护碱基，完成后点 Analyze，认为可以后点 OK。

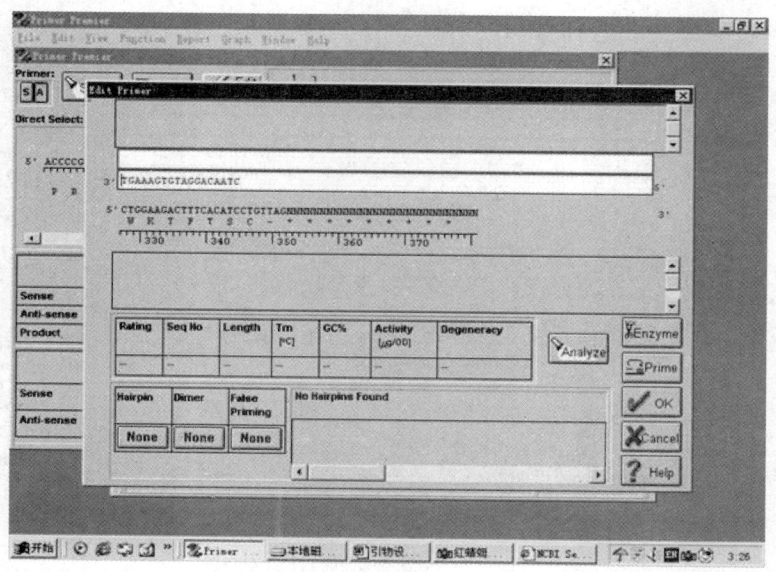

图 4-7-10

11. 最后分析结果如图 4-7-11，反义链的 False Priming 可以不考虑，Rating 表示引物评分也可以不考虑，主要看 T_m 值正义链和反义链相差不应超过 3℃。GC 含量不应超过 60%。

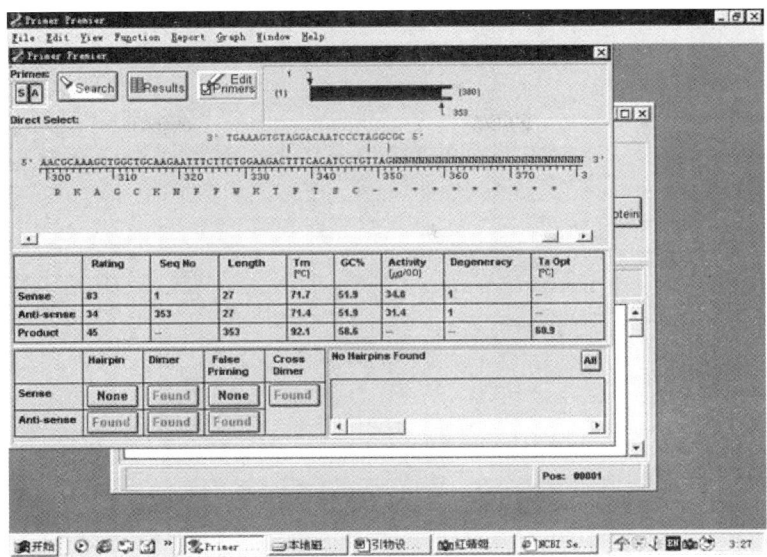

图 4-7-11

12. 该软件有一个缺点，即不能保存分析结果，只能选择打印，见图 4-7-12。

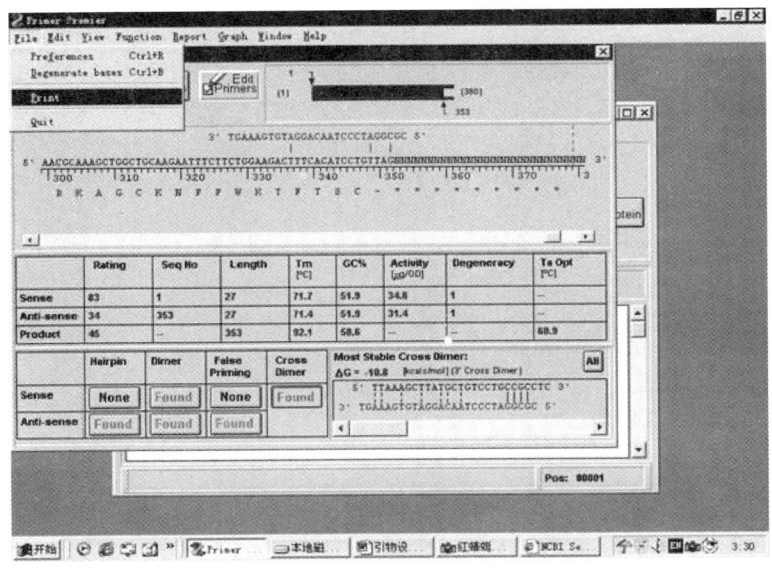

图 4-7-12

13. 如果设计 RT-PCR 检测的引物就如下所示：同上输入目的基因片段，选 Search 图标，选择参数，一般选 PCR Primers——Both——100～250 个碱基，引物长短 20 + /-2，Search Parameters 中的参数可以不选，为默认设置，点 OK，见图 4-7-13。

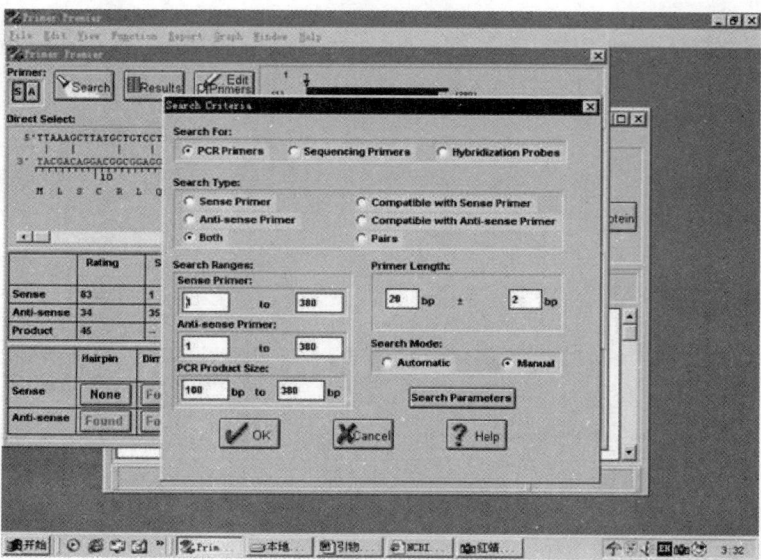

图 4-7-13

14. 结果如图 4-7-14。

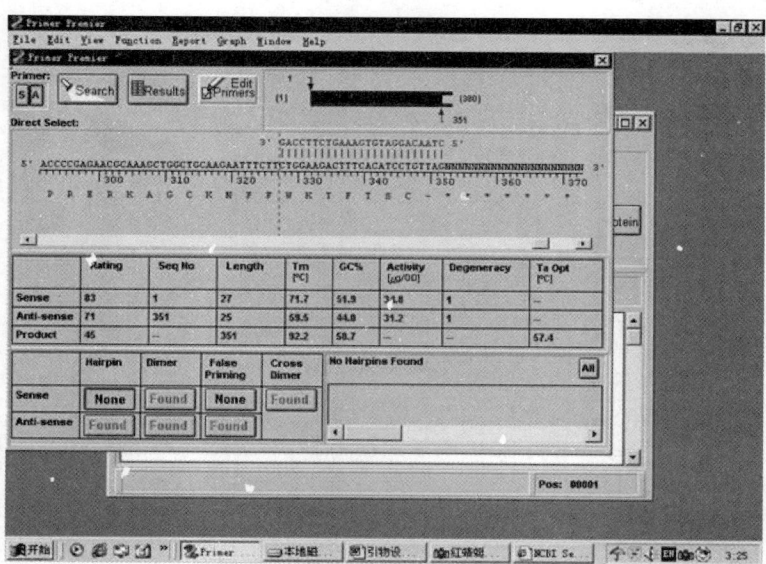

图 4-7-14

15. 显示满足设计参数的候选结果,点 OK,见图 4-7-15。

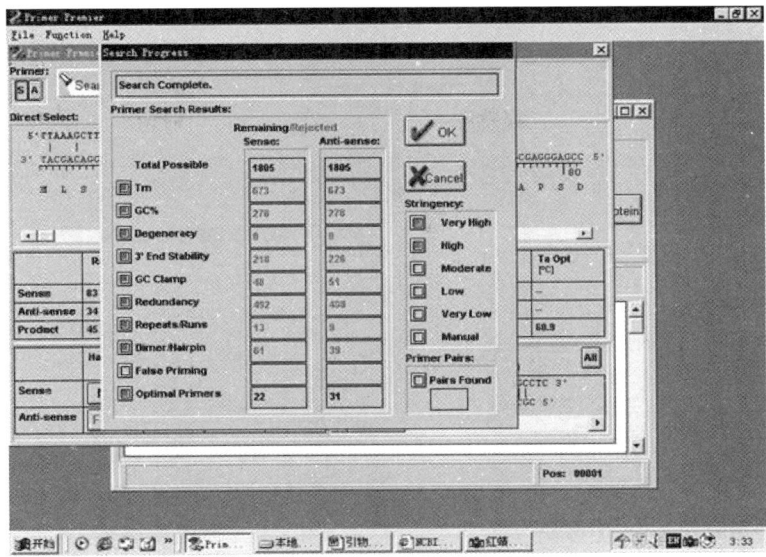

图 4-7-15

16. 点 Sense 选择正义链，Rating 表示引物评分，最好选评分高的，见图 4-7-16。

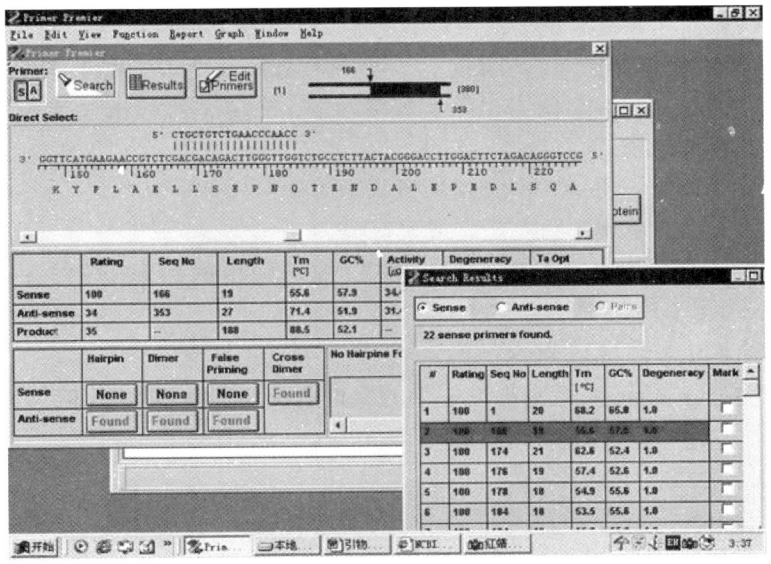

图 4-7-16

17. 点 Anti-sense，相同方式选择反义链。对引物的评价原则与目的基因克隆的引物设计原则相同，见图 4-7-17。

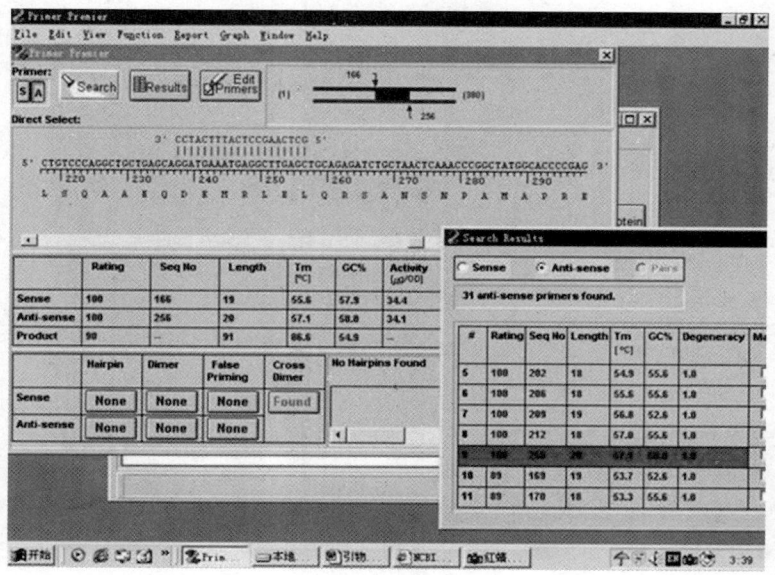

图 4-7-17

引物设计原则：

1. 引物长度一般为 15～30 bp，常用 18～27 bp，引物过长导致延伸温度大于 74℃，不适于 Taq DNA 聚合酶进行反应。

2. 引物的 GC 含量在 40%～60%，一对引物的 GC 含量要尽量接近。

3. 引物 3′端要注意避开密码子的第三位，因其具有简并性；引物 3′端出现 3 个以上的连续碱基，如 GGG 或 CCC，也会使错误引发概率增加。5′端序列对 PCR 影响不太大，因此常用来引进酶切位点或标记物。

4. 引物 3′端尽量不要选择 A，因为错配概率 A>G、C>T。

5. 碱基要随机分布，尽量不要有嘌呤或聚嘧啶。

6. 引物序列的一级结构决定了 PCR 反应的 T_m 值。T_m 值的计算有多种方法，粗略估算 T_m 值可用公式：$T_m=4（G+C）+2(A+T)$。

7. 引物发夹结构也可能导致 PCR 失败。

8. 两引物之间不应互补，尤其应避免 3′端的互补重叠，造成引物"互扩"，形成引物二聚体。

实验报告

针对某种目的基因，请自行设计引物，并对引物设计过程进行分析和讨论。

思 考 题

1. PCR 引物手工设计和电子设计的优、缺点各是什么？
2. 引物设计原则有哪些？
3. 简并引物和随机引物有何区别？

（陈珂珂）

第八章 发酵工程

实验一 微生物发酵条件的优化

实验目的

1. 掌握发酵条件优化设计方法。
2. 提高实验动手能力和数据分析能力。
3. 通过共同设计和研究观察,学会合作、交流、互相学习。

实验材料

1. 器材　高压蒸汽灭菌锅、恒温振荡培养箱、循环水式真空泵、滤纸、电子天平、pH 计。
2. 试剂　葡萄糖、玉米浆、蛋白胨、KH_2PO_4、$MgSO_4 \cdot 7H_2O$、蔗糖、酵母浸膏。
3. 菌种　灵芝真菌菌种、毕赤酵母或其他适合菌种。

实验方法

1. 每四人一组,每组成员明确研究学习本实验的目的,并进行分工。
2. 阅读教材和相关书籍。
3. 上网查阅文献,了解相关信息。
4. 进行小组讨论,初步设计实验方案。
5. 咨询老师,再进行讨论研究,修改和完善实验方案。
5. 设计出实验方案定稿。

实验报告

1. 每人完成一份实验设计报告。
2. 每人写一篇实验设计的总结,并进行交流。

思 考 题

1. 发酵培养基有哪些优化方法?
2. 讨论直观法和正交法各自的优、缺点。

（贺气志　唐　亮）

主要参考文献

1. 姚家玲. 植物学实验. 2版. 北京:高等教育出版社,2009.
2. 周仪. 植物形态解剖实验. 4版. 北京:北京师范大学出版社,2008.
3. 汪小凡,杨继. 植物生物学实验. 2版. 北京:高等教育出版社,2006.
4. 杨琰云,韦正道,屈云芳. 动物学实验教程(电子版). 北京:科学出版社,2005.
5. 刘凌云,郑光美. 普通动物学实验指导. 北京:高等教育出版社,2009.
6. 黄诗笺. 动物生物学实验指导. 2版. 北京:高等教育出版社,2006.
7. 沈萍,范秀容,李广斌. 微生物学实验. 3版. 北京:高等教育出版社,2001.
8. 何绍红,陈雯莉. 微生物学实验. 北京:中国农业出版社,2007.
9. 黄秀梨,辛明秀. 微生物学实验指导. 2版. 北京:高等教育出版社,2008.
10. 王秀奇. 基础生物化学实验. 2版. 北京:高等教育出版社.1999.
11. 陈钧辉. 生物化学实验. 4版. 北京:科学出版社.2008.
12. 魏群. 基础生物化学实验. 3版. 北京:高等教育出版社.2009
13. 刘箭. 分子生物学及基因工程实验教程. 2版. 北京:科学出版社,2008.
14. 刘维全. 分子生物学实验指导. 北京:化学工业出版社,2009.
15. 王丽. 分子生物学实验指导. 北京:高等教育出版社,2012.
16. 陈坚. 发酵工程原理与技术. 北京:化学工业出版社,2012.
17. 吴根福. 发酵工程实验指导. 2版. 北京:高等教育出版社,2013.
18. 杨海龙. 药用真菌深层发酵生产技术. 北京:化学工业出版社,2009.